MATLAB GUI 纯代码编写从入门到实战

•••••• 苑伟民 ◎ 编著 ••••••

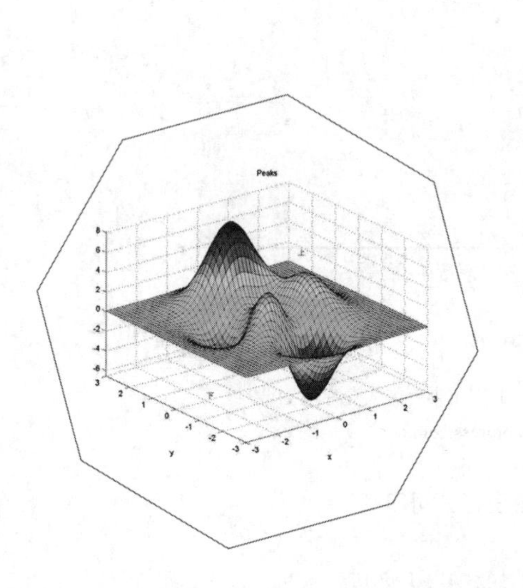

人 民 邮 电 出 版 社
北 京

图书在版编目（CIP）数据

MATLAB GUI纯代码编写从入门到实战 / 苑伟民编著
. -- 北京 : 人民邮电出版社, 2025.5
ISBN 978-7-115-62229-7

Ⅰ. ①M… Ⅱ. ①苑… Ⅲ. ①Matlab软件－程序设计
Ⅳ. ①TP317

中国国家版本馆CIP数据核字(2023)第121695号

内 容 提 要

本书介绍如何使用代码（.m 与.mlx 文件）开发图形用户界面（GUI），辅以大量的编程示例详细讲解基于 figure 函数的 uicontrol、容器、坐标区、常用控件、图窗工具、检测控件、对话框和通知，基于 uifigure 函数的对话框和通知，以及布局函数、控制流函数、App 数据和预设函数等内容。

与采用 GUIDE、App Designer 的方式相比，用代码开发的 GUI 能兼容几乎所有的 MATLAB 版本，灵活性和适用性较强，且便于重构。

本书适合有一定代码编写基础且想快速入门 MATLAB GUI 的人员学习，可以作为高校学生的教材，也可以作为从事管理、技术、研发等工作的人员的学习参考书。

◆ 编　　著　苑伟民
责任编辑　李永涛
责任印制　王　郁　胡　南

◆ 人民邮电出版社出版发行　　北京市丰台区成寿寺路 11 号
邮编　100164　　电子邮件　315@ptpress.com.cn
网址　https://www.ptpress.com.cn
大厂回族自治县聚鑫印刷有限责任公司印刷

◆ 开本：787×1092　1/16
印张：14.25　　2025 年 5 月第 1 版
字数：362 千字　　2025 年 5 月河北第 1 次印刷

定价：69.90 元

读者服务热线：(010)81055410　印装质量热线：(010)81055316
反盗版热线：(010)81055315

序

古人云“工欲善其事，必先利其器”。科学计算在科技工作者的工作中占有相当大的比例。MATLAB 作为一个科学计算“神器”则是我们必不可少的工作“利器”。无论是在辅助计算、科学研究还是日常工作中，我们往往会根据实际需求利用 MATLAB 开发一些或大或小的程序，以便提高效率。但是，随手编写的程序往往没有 GUI。有没有办法让我们的程序“脱胎换骨”，走出“深闺”，服务于大众呢？答案是“有”——给 MATLAB 程序编写 GUI。有了 GUI，小程序就能“闯荡江湖，扬名立万”——服务于大众。同时，也能让程序开发者的才华有用武之地。

MATLAB GUI 的编写方式有多种，各种介绍资料也很多，不过多集中于应用各种辅助工具进行编写，而专注于介绍纯代码编写的不多。纯代码编写（指在编程中直接使用文本编辑器或集成开发环境，而不依赖可视化工具）是一种返璞归真的开发方式，具有许多优点。

一是灵活性和控制性较强。使用纯代码编写，您可以完全掌控应用程序的每个方面。您可以编写自定义算法、逻辑和界面，以满足特定需求，而不受可视化工具的限制。

二是可重复性较好。代码是可重复使用的。一旦您编写了代码，可以轻松地将其用于其他项目或场景，从而节省时间和减少工作量。

三是版本控制容易。使用版本控制系统（如 Git）管理代码变更非常容易。这有助于跟踪项目的发展历史、协作开发和回滚到以前的版本。

四是便于进行性能优化。对于需要高性能的应用程序，通过编写代码可以更好地优化和控制资源使用情况，以提高性能和效率。

尽管纯代码编写具有这些优点，但也需要更多的编程技能和经验。因此，我推荐这本《MATLAB GUI 纯代码编写从入门到实战》。该书是一本非常实用和深入的指南，适合那些希望在 MATLAB 中创建强大 GUI 的人。该书以清晰的语言、详细的示例和逐步指导的方式，带领读者探索 MATLAB 中 GUI 开发的方方面面。

作者通过深入剖析 MATLAB 的 GUI 工具箱，以及从基础到高级的编程技巧，使读者能够轻松地构建自己的 GUI。不仅如此，书中还包括实际应用示例，让读者能够将所学的知识直接应用到自己的项目中，提高工作效率并增加 MATLAB 应用的交互性。

最后，衷心祝愿您通过这本书给自己的程序配上方便、实用的 GUI，展现您的才华，服务于大众，服务于社会。

我由衷地向您推荐《MATLAB GUI 纯代码编写从入门到实战》！

中国石油大学（北京）李晓平

2025 年 1 月

前 言

MATLAB GUI 是一种图形窗口，可以向其中添加用户能操作的组件，可根据需要选择、调整和放置组件。使用回调函数，可以使组件在用户单击或通过按键操作时执行相应的操作。

创建 MATLAB GUI 主要有以下 3 种方法。

（1）使用 GUIDE（GUI 开发环境）。

（2）以交互方式，使用 App 设计工具（App Designer）。

（3）以编程方式，使用 MATLAB 函数。

这些方法中的每一种都提供不同的工作流程和一组略有不同的功能。

（1）使用 GUIDE 创建 GUI。

该方法从拖曳图形布局编辑器中的组件进行布置开始。使用 GUIDE 创建一个关联的代码文件，其中包含 GUI 及其组件的回调函数。GUIDE 在保存图形（.fig 文件）的同时会自动保存代码文件，打开其中一个时也会自动打开另一个以运行 GUI。

该方法已经被 MATLAB 建议停用，但目前仍能使用。

（2）使用 App 设计工具创建 GUI。

App 设计工具是 MATLAB R2016a 中引入的丰富的交互环境，是在 MATLAB 中构建应用程序的推荐环境。它包括一个完全集成的 MATLAB 编辑器。布局视图和代码视图紧密相连，因此在一个视图中所做的更改会立即影响另一个视图。与 GUIDE 相比，App 设计工具提供了更多的交互式组件，包括日期选择器、树和图像；还有一些组件，如网格布局管理器，可让应用程序实现自动检测并适应屏幕尺寸的变化。

App 设计工具是 MATLAB 推出的替代 GUIDE 的一款产品。如果想学习 App 设计工具，可以参考《MATLAB App Designer 从入门到实践》一书。

（3）使用 MATLAB 函数创建 GUI。

可以完全使用 MATLAB 函数对应用程序的布局和行为进行编码。利用这种方法，可以使用 uifigure 或 figure 函数创建一个图形作为 UI（用户界面）的容器，然后以编程方式向其中添加组件。创建代码文件定义所有组件的属性和行为；当用户执行文件时，它会创建一个图窗，用组件填充它，并处理用户交互命令。与使用 GUIDE 和 App 设计工具创建 GUI 相比，以纯代码方式创建的 GUI 对各版本的 MATLAB 适用性比较好，这是它的一个优势。此外，MATLAB 软件还提供简化标准对话框（例如发出警告或打开和保存文件的对话框）创建的功能。

本书主要介绍以基于 uifigure 函数和 figure 函数的编程方式创建 GUI、进行交互及简化标准对话框的创建等内容。

由于笔者水平有限，书中难免存在一些不足之处，欢迎广大读者对书中内容提出宝贵意见和建议，以便笔者进行修改，笔者联系邮箱：yuanvmin@hotmail.com。

苑伟民
2025 年 1 月

目　录

第 1 章 GUI 图形的层次结构

在 MATLAB 中使用纯代码编写 GUI 的方法适用性非常好，它基于.m 或者.mlx 脚本文件，几乎用任何版本的 MATLAB 纯代码生成的 GUI 都不会出现版本不兼容的问题，这种编写方法结合“使用 ASCII 表示中文字符”的方法，是非常可靠的 GUI 编写方法。该方法并没有像 GUIDE 和 App Designer 那样流行，因为它需要编程者熟知每种控件的编写代码和属性，在界面排版方面没有在画布上拖放控件直观、快捷，但是该方法容易入门，使用相对简单。本书将每个控件用到的属性一一列出并对其做解释，方便读者查询和使用。

下面 3 个示例演示了采用代码编写 GUI 的不同属性设置。

下面一段代码展示了按钮随着窗口大小的改变而改变，起到这个作用的关键字为'Units', 'normalized'，这是一对名值（Name,Value）参数对，逗号前面为属性名，后面是该属性的值。Units 为单位（大小的量度），normalized 的意思为归一化。

```
f1=figure('Units', 'centimeters', ...
    'position',[2 6 6 6],'menubar','none', ...
    'numbertitle','off','resize','on');
str = '<html>会当凌绝顶，<br>一览众山小。</html>';
h1=uicontrol('Style', 'pushbutton', ...
    'Units', 'normalized','FontSize', 12, ...
    'position', [0.2 0.4 0.6 0.3], 'string', str);
```

运行结果如图 1-1 所示。

Units 属性指定为表 1-1 中的一个值。

表 1-1　Units 属性的值及说明

值	说明
'normalized'（默认值）	针对包含注释的图窗、uipanel 或 uitab 进行归一化。容器的左下角映射到(0,0)，右上角映射到(1,1)
'inches'	英寸，1 英寸≈2.54 厘米
'centimeters'	厘米
'characters'	基于系统默认字体的字符大小。 字符宽度=字母 x 的宽度 字符高度=两个文本行的基线的距离
'points'	磅，1 磅=1/72 英寸
'pixels'	像素

Position 属性的值[left bottom width height]代表[与父容器左边的距离 与父容器底边的距离 该控件的长度 该控件的高度]。

无论采用什么单位，生成的对象的位置都是以父容器左下角为基准进行测量的。

Units 属性会影响 Position 属性。如果编程者更改 Units 属性的值，则比较好的做法是在完成该段代码运行后将其恢复为默认值，以便不影响其他假定 Units 属性为默认值的函数。

如果编程者在创建对象时以名值参数对的形式指定 Position 属性和 Units 属性，则指定顺序很重要。如果想用特定单位定义位置，则必须在设置 Position 属性之前设置 Units 属性。

下面一段代码展示了单位为厘米，并且增加了前景色为蓝色、字体为斜体的示例。如果不指定父容器，则 MATLAB 给出默认的父容器，该父容器的大小可以在命令行窗口输入 f=get (figure); f.Position 语句来获取。运行结果如图 1-2 所示。

```
str = '<html>欲穷千里目，<br>更上一层楼。</html>';
h2=uicontrol('Style', 'pushbutton', 'FontSize', 12, ...
    'Units', 'centimeters','position', [3,3,3,2], ...
    'string', str,'ForegroundColor','blue', ...
    'FontAngle','Italic');
```

图 1-1 运行结果（1）

图 1-2 运行结果（2）

下面一段代码展示了颜色设置的另一种方式——用矩阵代表颜色。运行结果如图 1-3 所示。

```
str = '<html>欲穷千里目，<br>更上一层楼</html>';
h3=uicontrol('Style', 'pushbutton', ...
    'FontSize', 12,'String', str);
h3.Position=[50 50 150 80];
set(h3,'ForegroundColor',[1,0,1]);
```

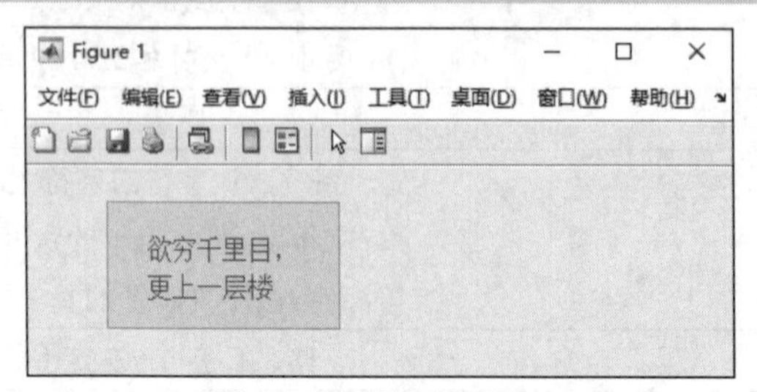

图 1-3 运行结果（3）

从上面的示例可以看出，代码不仅可以写为一句长代码，也可以分段书写。

上面的示例涉及图形对象、图形对象句柄、图形对象属性、图形句柄操作等内容。

1.1　图形对象

图形对象很容易理解，就是显示出来的图形及控件，可以通过设置底层对象的属性自定义图形。每个对象在图形中都具有特定的角色。例如，图形可能包含线条、文本和坐标区，它们都显示在图窗中。

每个对象都有一个名为句柄的唯一标识符。在创建对象后，MATLAB 会返回该句柄值。编程者可以通过操作该句柄（如前面例子中的 h1、h2、h3），查看、修改、设置对象属性来操作现有图形对象的特征。编程者还可以在创建图形对象时指定属性值。

1.2　图形对象层次结构

1. 图形由具体对象组成

当创建图形（如通过调用 plot 函数创建图形）时，MATLAB 会自动执行一系列步骤生成图形。这些步骤包括创建对象和将这些对象的属性值设置为适合特定图形的值。

2. 图形对象的组织

图形对象的层次结构组织如图 1-4 所示。

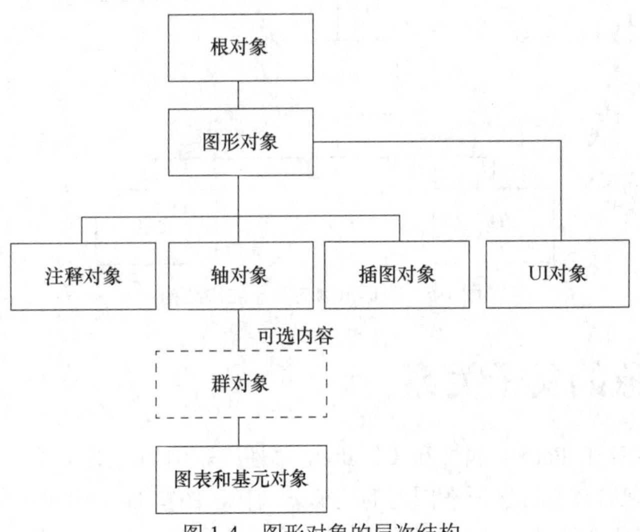

图 1-4　图形对象的层次结构

图形对象的层次结构本身反映出对象之间的包含关系。

例如，用户使用 plot 函数创建线图。坐标区对象定义了表示数据的线条的参考框架，图窗是显示图形的窗口。图窗包含坐标区，坐标区包含线条、文本、图例，以及其他用于表示图形的对象。用户可以通过设置它们的属性来自定义图形对象。

注意	坐标区是表示 x、y 和 z 坐标区标度、刻度线、刻度标签、坐标区标签等对象的单个对象。

图 1-5 所示是一个简单的图形示例。

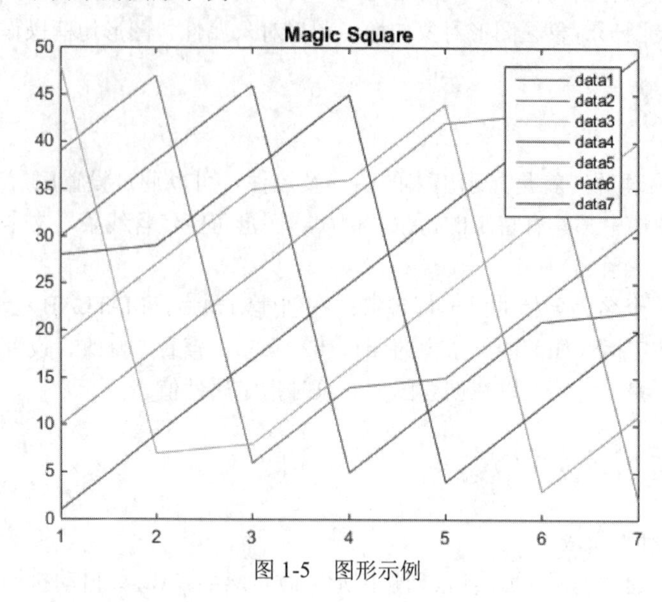

图 1-5　图形示例

该图形形成了对象层次结构，如图 1-6 所示。

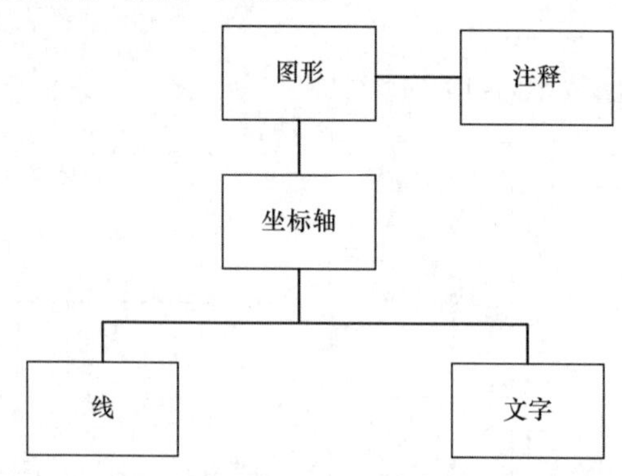

图 1-6　图形示例的对象层次结构

1.3　图形对象的父子关系

对象间的关系保存在 Parent 属性和 Children 属性中。例如，坐标区的父级是一个图窗。坐标区的 Parent 属性包含该坐标区所在图窗的句柄。同样，图窗的 Children 属性包含其所含的所有坐标区，还包含其所含的其他所有对象，如图例和用户界面对象。

用户可以使用父子关系找到其他对象句柄。例如，如果绘制一个图形，当前坐标区的 Children 属性包含所有线条的句柄，代码如下，运行结果如图 1-7 所示。

```
plot(rand(5))
ax = gca;
ax.Children
ans =
```

```
5x1 Line array:

Line

Line

Line

Line

Line
```

提示　ax=gca 表示返回当前图窗中的当前坐标区（或独立可视化）。使用 ax 获取和设置当前坐标区的属性。

用户还可以指定对象的父级。例如，创建一个组对象，让该组对象成为坐标区中线条的父级，即让新生成的图形在上一个图形的基础上显示，代码如下，运行结果如图 1-8 所示。

```
hg = hggroup;

plot(rand(5),'Parent',hg)
```

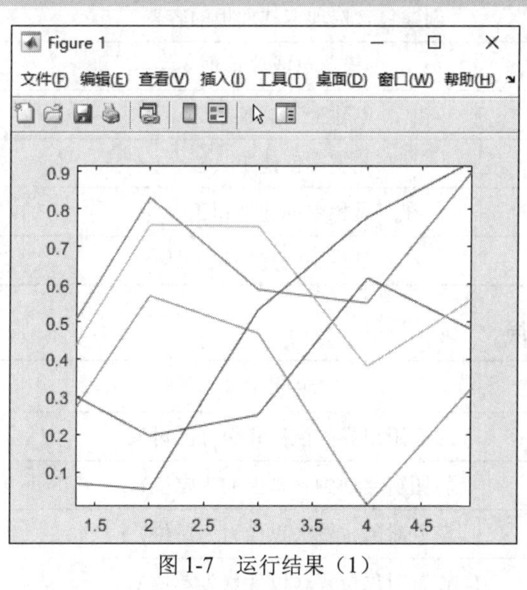

图 1-7　运行结果（1）

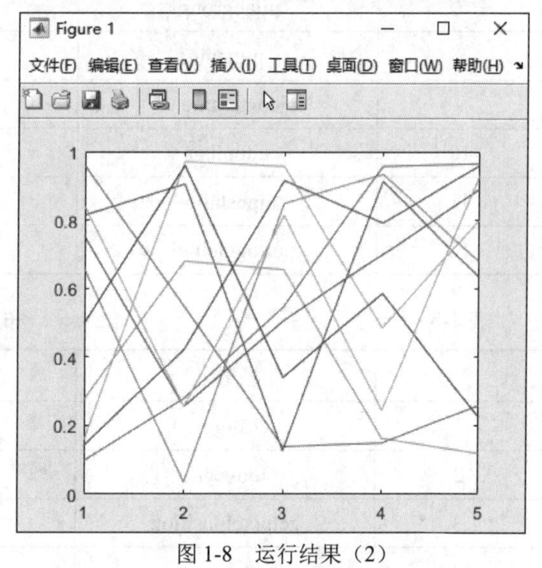

图 1-8　运行结果（2）

综上所述，使用代码编写 GUI，就是通过设置图形对象属性、定义默认值等来实现 GUI 的创建和修改。

用户可以通过设置特定图形对象的属性来控制其行为和外观。要设置属性，可通过创建该对象的函数将其以输出参数的形式返回。例如，使用 plot 函数返回图形线条对象，然后，使用圆点表示法查看和设置属性。

```
p = plot(1:10,1:10);

p.LineWidth = 3;
```

用户也可以在创建对象时使用名值参数对设置属性，例如 plot(1:10,1:10,'LineWidth',3)。大多数绘制图形函数都支持名值参数对，名值参数对也是常用的属性设置方法，可以一次赋予多个属性值。

用代码创建 GUI 大致可分为两大类，一类是基于 uifigure 函数创建，另一类是基于 figure 函数创建。图形对象有很多，包含放置对象的容器、坐标区、图窗工具、检测组件、可扩展组件，以及对话框和通用通知等。

基于 figure 函数创建的对象、布局、对话框和通知、控制流，以及 App 数据和预设见表 1-2～表 1-6。

表 1-2　　对象

序号	函数名	说明
1	axes	创建笛卡儿坐标区
2	uicontrol	创建用户界面控件
3	uitable	创建表
4	uipanel	创建面板容器
5	uibuttongroup	创建用于管理单选按钮和切换按钮的按钮组
6	uitab	创建选项卡式面板
7	uitabgroup	创建包含选项卡式面板的容器
8	uimenu	创建菜单或菜单项
9	uicontextmenu	创建上下文菜单
10	uitoolbar	在图窗中创建工具栏
11	uipushtool	在工具栏中创建按钮工具
12	uitoggletool	在工具栏中创建切换工具

表 1-3　　布局

序号	函数名	说明
1	align	对齐用户界面控件和坐标区对象
2	movegui	将图窗移动到屏幕上的指定位置
3	getpixelposition	获取对象位置（以像素为单位）
4	setpixelposition	设置对象位置（以像素为单位）
5	listfonts	列出可用的系统字体
6	textwrap	使用户界面控件的文本换行
7	uistack	对用户界面控件的视图层叠重新排序

表 1-4　　对话框和通知

序号	函数名	说明
警报		
1	errordlg	创建错误对话框
2	warndlg	创建警告对话框

续表

序号	函数名	说明
3	msgbox	创建消息对话框
4	helpdlg	创建帮助对话框
5	waitbar	创建或更新等待条对话框
确认和输入		
1	questdlg	创建问题对话框
2	inputdlg	创建收集用户输入的对话框
3	listdlg	创建列表选择对话框
4	uisetcolor	打开颜色选择器
5	uisetfont	打开字体选择对话框
6	export2wsdlg	创建用于将变量导出到工作区的对话框
文件系统		
1	uigetfile	打开文件选择对话框
2	uiputfile	打开用于保存文件的对话框
3	uigetdir	打开文件夹选择对话框
4	uiopen	打开文件选择对话框并将选定的文件加载到工作区中
5	uisave	打开用于将变量保存到.mat 文件的对话框
打印和导出		
1	printdlg	打开图窗的“打印”对话框
2	printpreview	打开图窗的“打印预览”对话框
3	exportsetupdlg	打开图窗的“导出设置”对话框
其他		
1	dialog	创建空的模态对话框
2	uigetpref	创建根据用户预设打开的对话框

表 1-5　　控制流

序号	函数名	说明
1	uiwait	阻止程序执行并等待恢复
2	uiresume	恢复执行已阻止的程序
3	waitfor	阻止程序执行并等待条件
4	waitforbuttonpress	等待单击或按键
5	closereq	默认图窗关闭请求函数

表 1-6　App 数据和预设

序号	函数名	说明
1	getappdata	检索应用程序定义的数据
2	setappdata	存储应用程序定义的数据
3	isappdata	确定应用程序数据是否存在，是则返回 1（true），否则返回 0（false）
4	rmappdata	删除应用程序定义的数据
5	guidata	存储或检索用户界面数据
6	guihandles	创建包含图窗的所有子对象的结构体
7	uisetpref	管理 uigetpref 中使用的预设

本书在介绍对象属性的时候，如字体中的 FontName、FontSize、FontWeight、FontAngle、FontUnits，交互性中的 Visible、Enable、Tooltip、ContextMenu，回调执行控制中的 Interruptible、BusyAction、BeingDeleted，以及标识符中的 Tag、UserData 等，由于其在不同对象中含义是一致的，因此在最先出现的时候会做详细介绍，后文不重复介绍。

第 2 章　为控件编写回调函数

回调函数是程序使用者与 App 中的控件进行交互时执行的函数，大多数控件都至少包含一个回调函数。能编写回调函数是 GUI 编程的基本要求，回调函数编写得准确，才能使控件能够顺利地按照用户的指令做出响应。回调的编写和使用主要分为两大类：一类是通过名值参数对的形式，在控件属性中直接编写回调内容；另一类是单独编写函数，在名值参数对中引用该函数。回调是回调函数和回调属性的通称。本章对回调函数的基本编写方法进行初步介绍。

2.1 回调函数

回调函数是对某些预定义操作（如单击图形对象或关闭图窗窗口）做出响应的函数。将回调函数分配给特定操作的回调属性，可使回调函数与该操作关联。

所有图形对象都具有以下属性，用户可以用它们来定义回调函数。

（1）ButtonDownFcn：当鼠标指针悬停在对象上或在距对象几像素以内的位置单击鼠标左键时执行相应的动作。

（2）CreateFcn：在创建对象过程中，MATLAB 设置所有属性之后执行。

（3）DeleteFcn：在 MATLAB 删除对象之前执行。

2.2 不同控件的回调

控件具有特定的属性，可以将这些属性与特定的回调函数相关联。其中每个属性对应一项特定的操作。例如，某个 uicontrol 对象包含名为 Callback 的属性。可以将此属性的值设为某个回调函数或匿名函数的句柄，或包含 MATLAB 表达式的字符向量。通过此属性，可以让程序使用者与该 uicontrol 对象交互时做出响应。如果 Callback 属性没有指定值，则当用户与该 uicontrol 对象交互时不会发生任何操作。

控件（Controls）与组件（Components）是 MATLAB 对按钮、滑块、复选框等的称呼，可认为两种称呼通用。一般情况下，基于 figure 函数编写 GUI 而生成的称为控件，基于 uifigure 函数、App 设计工具编写 GUI 而生成的称为组件。

表 2-1 列出了可用的回调属性、触发回调函数的用户操作，以及具有这些属性的常见控件。

表 2-1　回调及说明

序号	回调属性	响应	具有此属性的控件
1	ButtonDownFcn	在鼠标指针位于控件或图窗上时单击鼠标按键	axes、figure、uibuttongroup、uicontrol、uipanel、uitable

续表

序号	回调属性	响应	具有此属性的控件
2	Callback	触发控件。例如：选择菜单项、移动滑块或单击普通按钮	uicontextmenu、uicontrol、uimenu
3	CellEditCallback	在可编辑单元格的表中编辑值	uitable
4	CellSelectionCallback	最终用户选中的表中的单元格	uitable
5	ClickedCallback	单击按钮工具或切换工具	uitoggletool、uipushtool
6	CloseRequestFcn	关闭图窗	figure
7	CreateFcn	在 MATLAB 创建对象后且在该对象显示之前执行回调	axes、figure、uibuttongroup、uicontextmenu、uicontrol、uimenu、uipushtool、uipanel、uitable、uitoggletool、uitoolbar
8	DeleteFcn	在 MATLAB 删除图窗之前执行回调	axes、figure、uibuttongroup、uicontextmenu、uicontrol、uimenu、uipushtool、uipanel、uitable、uitoggletool、uitoolbar
9	KeyPressFcn	在鼠标指针位于对象上时按下键盘键	figure、uicontrol、uipanel、uipushtool、uitable、uitoolbar
10	KeyReleaseFcn	在鼠标指针位于对象上时松开键盘键	figure、uicontrol、uitable
11	OffCallback	在切换工具的 State 更改为'off '时执行	uitoggletool
12	OnCallback	在切换工具的 State 更改为'on'时执行	uitoggletool
13	SizeChangedFcn	调整 Resize 属性为'on'的按钮组、图窗或面板的大小	figure、uipanel、uibuttongroup
14	SelectionChangedFcn	选择按钮组内的另一个单选按钮或切换按钮	uibuttongroup
15	WindowButtonDownFcn	在鼠标指针位于图窗窗口中时单击鼠标按键	figure
16	WindowButtonMotionFcn	在图窗窗口内移动鼠标指针	figure
17	WindowButtonUpFcn	松开鼠标按键	figure
18	WindowKeyPressFcn	在鼠标指针位于图窗或其任何子对象上时按下按键	figure
19	WindowKeyReleaseFcn	在鼠标指针位于图窗或其任何子对象上时松开按键	figure
20	WindowScrollWheelFcn	在鼠标指针位于图窗上时滚动鼠标滚轮	figure

2.3 指定回调属性值

要将一个回调函数与一个控件关联，需将该控件的一个回调属性的值设为对该回调函数的引用。通常在定义控件时进行此设置，但也可以在代码中的任意位置更改回调属性值。

可以采用以下方法之一指定回调属性值。

（1）指定函数句柄。

函数句柄提供了一种以变量表示函数的方法。函数必须是与 App 代码处于同一文件内的局部或嵌套函数，也可以将其写入置于 MATLAB 路径上的单独文件。

要创建函数句柄，需要在函数名称前面添加@符号。例如，以下代码将 Callback 属性指定为函数 pushbutton_callback 的句柄。

```
b = uicontrol('Style','pushbutton','Callback',@pushbutton_callback);
```

以下是 pushbutton_callback 的函数定义。

```
function pushbutton_callback(src,event)

   display('Button pressed');

end
```

请注意，函数句柄不会显式引用任何输入参数，但函数声明中包含两个输入参数（src、event）。这两个输入参数对于所有指定为函数句柄的回调都是必需的。MATLAB 会在回调函数被执行时自动传递这些参数。第一个输入参数是触发回调的控件，第二个输入参数为回调函数提供事件数据。如果没有可供回调函数使用的事件数据，则 MATLAB 将以空数组的形式传递第二个输入参数。表 2-2 列出了使用事件数据的回调属性和适用的控件。

表 2-2 回调属性及适用的控件

序号	回调属性	适用的控件
1	WindowKeyPressFcn	figure
2	WindowKeyReleaseFcn	figure
3	WindowScrollWheel	figure
4	KeyPressFcn	figure、uicontrol、uitable
5	KeyReleaseFcn	figure、uicontrol、uitable
6	SelectionChangedFcn	uibuttongroup
7	CellEditCallback	uitable
8	CellSelectionCallback	uitable

指定回调函数为函数句柄的好处在于，MATLAB 会在回调函数指定给控件时检查函数中是否存在语法错误和依赖项缺失。如果回调函数中存在问题，则 MATLAB 会立即返回错误，而不是等待触发回调后返回错误。此行为可帮助调试者查找代码中存在的问题，以免问题遗留到用户手中。

（2）指定元胞数组。

使用元胞数组指定回调函数，可以接收用户希望在回调函数中使用的更多输入参数。元胞数组中的第一个元素是函数句柄，元胞数组中的其他元素是用户希望使用的更多输入参数，元素之间以逗号分隔。用户指定的函数必须定义与指定函数句柄中所述的完全相同的两个输入参数。不过，用户可以在前两个输入参数之后在函数声明中定义其他输入参数。

以下代码将会创建一个普通按钮，并将 Callback 属性指定为元胞数组。在此示例中，函数的名称为 pushbutton_callback，其他输入参数的值为 5。

```
b = uicontrol('Style','pushbutton','Callback',{@pushbutton_callback,5});
```

以下是 pushbutton_callback 的函数定义。

```
function pushbutton_callback(src,event,x)
   display(x);
end
```

与指定回调属性值为函数句柄一样，使用元胞数组指定回调属性值时，MATLAB 会在用户将回调函数指定给对象时检查回调函数中是否存在语法错误和依赖项缺失。

（3）指定匿名函数。

在为对象指定要执行的函数时，如果该函数不支持函数句柄和元胞数组所必需的两个参数，则可以将回调属性值指定为匿名函数。例如，以下代码将会创建一个普通按钮，并将 Callback 属性指定为匿名函数。在此示例中，函数的名称为 myfun，该函数仅定义一个输入参数 x。

```
b = uicontrol('Style','pushbutton','Callback',@(src,event) myfun(x));
```

（4）指定包含 MATLAB 命令的字符向量（不推荐）。

如果用户需要执行一些简单的命令，但回调属性值包含过多的命令可能变得难以管理，则可以将回调属性值指定为字符向量。用户所指定的字符向量必须包含有效的 MATLAB 表达式，其中可能包括函数参数，例如：

```
hb = uicontrol('Style','pushbutton',...
          'String','Plot line',...
          'Callback','plot(rand(20,3))');
```

字符向量'plot(rand(20,3))'是一条有效命令，并且 MATLAB 会在用户单击按钮时为其求值。如果字符向量包含变量，例如，'plot(x)'，当用户触发回调函数时，变量 x 必须在基础工作区内存在，否则将会返回错误。该变量在用户指定回调属性值时不需要存在，但在用户触发回调函数时必须存在。

与指定为函数句柄或元胞数组的回调不同，MATLAB 不会检查字符向量是否存在语法错误或依赖项缺失。如果 MATLAB 表达式存在问题，在用户触发回调函数之前，将无法检测到该问题。

2.4 回调函数语法

1. 图形回调函数必须至少接收两个输入参数

（1）正在执行其回调函数的图形对象的句柄。在用户的回调函数中使用该句柄以引用回调对象。

（2）事件数据结构。它对于某些回调函数可能是空的，或包含该对象的属性说明中的具体信息。

无论何时执行作为特定触发操作结果的回调函数，MATLAB 都会调用回调函数并传递这两个参数给该函数。

例如，为 plot 函数创建的线条定义一个名为 lineCallback 的回调函数。通过使用 MATLAB 内置函数 lineCallback，使用@符号将函数句柄分配给 plot 创建的每个线条的 ButtonDownFcn 属性，代码如下。

```
plot(x,y,'ButtonDownFcn',@lineCallback)
```

定义接收两个输入参数的回调函数。使用第一个参数引用正在执行其回调函数的特定线条，使用该参数设置线条的 Color 属性，代码如下。

```
function lineCallback(src,~)
   src.Color = 'red';
end
```

第二个参数对于 ButtonDownFcn 回调为空。～字符表示该参数未使用。

2. 传递额外输入参数

要定义回调函数的额外输入参数，将参数添加到函数定义中，同时保持默认参数和其他参数的正确顺序，代码如下。

```
function lineCallback(src,evt,arg1,arg2)
   src.Color = 'red';
   src.LineStyle = arg1;
   src.Marker = arg2;
end
```

将包含函数句柄和额外输入参数的元胞数组分配给属性，代码如下。

```
plot(x,y,'ButtonDownFcn',{@lineCallback,'--','*'})
```

用户可以使用匿名函数传递额外输入参数，例如：

```
plot(x,y,'ButtonDownFcn',...
    @(src,eventdata)lineCallback(src,eventdata,'--','*'))
```

3. 将回调函数定义为默认值

用户可以将回调函数分配给特定对象的属性或定义该类型所有对象的默认回调函数。

要定义所有线型对象的 ButtonDownFcn，可在根级别设置默认值。

（1）使用 groot 函数指定对象层次结构的根级别。

（2）定义 MATLAB 路径上的回调函数。

（3）将引用该函数的函数句柄分配给 defaultLineButtonDownFcn。

```
set(groot,'defaultLineButtonDownFcn',@lineCallback)
```

默认值仍然被分配给 MATLAB 会话。用户可以在 startup.m 文件中进行默认值分配。

没接触过 MATLAB 编程的读者可能会认为本章内容读起来比较晦涩难懂，但看不懂也没有关系，随着学习后文的大量示例，再返回来看的时候，就会觉得本章内容简单、易懂。

第 3 章　基于 uicontrol 的 GUI 编程

使用 uicontrol 函数创建 GUI 属于基于 figure 函数的 GUI 编程内容，本章把使用 uicontrol 函数创建 GUI 的内容提前介绍，对其进行详细的剖析，为后续基于 figure 函数的 GUI 编程学习打下基础。

本章前半部分介绍如何创建控件，后半部分介绍回调函数的编写。对 uicontrol 控件的创建和回调函数进行介绍和举例，以便读者理解和运用。

3.1　uicontrol 总述

使用 uicontrol 函数创建 GUI，仅用于 figure 函数生成的对象作为父容器的情况；图窗可以指定，也可以由系统自动生成。

用户界面控件是程序使用者与 App 交互的界面控件对象的简称。使用 uicontrol 函数可以创建一个用户界面控件，并可以在界面显示它之前设置任何想设置的属性。通过更改属性值，可以修改用户界面控件的外观和行为。可以使用圆点表示法引用特定的对象和属性，进行修改和设置，例如，生成按钮的代码如下。

```
f = figure;
b = uicontrol(f,'Style','pushbutton');
b.Position = [100 100 50 20];
```

1. 函数使用说明

（1）c = uicontrol：在当前图窗创建一个普通按钮，并返回 uicontrol 对象属性。如果图窗不存在，则 MATLAB 将调用 figure 函数创建一个图窗。

（2）c = uicontrol(Name,Value)：创建一个用户界面控件，其中包含使用一个或多个名值参数对指定的属性值。例如，'Style','checkbox'表示创建一个复选框。

（3）c = uicontrol(parent)：在指定的父容器中创建默认用户界面控件，而不是在当前图窗中创建。

（4）c = uicontrol(parent,Name,Value)：指定用户界面控件的父容器和一个或多个名值参数对。

（5）uicontrol(c)：将焦点放在一个以前定义的用户界面控件上。

2. 输入参数

（1）parent：父容器，指定为使用 figure 函数创建的图形对象或其子容器（Panel、ButtonGroup 或 Tab 对象）之一。在创建用户界面控件时，使用此参数指定父容器。

（2）c：用户界面控件对象，指定为 uicontrol 对象。使用此参数指定具有焦点的、一个以前定义的用户界面控件。

示例：uicontrol(c)。

（3）Name,Value：指定可选的、以逗号分隔的名值参数对。将可选的参数对指定为如 Name1,Value1,Name2,Value2,...,Name*N*,Value*N* 或者 Name1=Value1,Name2=Value2,...,Name*N*= Value*N* 的形式，其中 Name 是参数名称，Value 是对应的值。名值参数对必须出现在其他参数之后，但各名值参数对出现的顺序无关紧要。

示例：uicontrol('Style','checkbox')表示将用户界面控件的样式指定为复选框。

3．属性

uicontrol 对象的属性用于控制用户界面控件的外观和行为。

uicontrol 对象的主要属性见表 3-1～表 3-14。

表 3-1　Style 属性

序号	Style 属性值	示例	说明
1	'pushbutton'	Push Button	释放鼠标按键前显示为按下状态的普通按钮
2	'togglebutton'	Toggle Button Toggle Button	切换按钮，它在外观上类似于普通按钮，但在视觉上有选中和非选中状态
3	'checkbox'	Check Box Check Box	可以单独选中或取消选中的复选框
4	'radiobutton'	Radio Button Radio Button	单选按钮作为组的一部分，选中它时会取消选中组中的其他单选按钮。 要为一组单选按钮实现互斥行为，需将它们置于 uibuttongroup 中
5	'edit'	Enter search term.	可编辑的文本编辑字段。 要启用多行文本，需设置 Max 和 Min 属性以满足 Max−Min>1
6	'text'	Select an item below:	静态文本编辑字段。通常使用静态文本为其他用户界面控件添加标签，向用户提供信息，或显示与滑块相关联的值。 要使静态文本响应鼠标左键单击，需将 Enable 属性设置为 'Inactive'，并使用 ButtonDownFcn 回调函数编写响应代码
7	'slider'		可以沿水平或垂直方向移动的“滑块”按钮。按钮根据条形的位置表示指定范围内的值
8	'listbox'	Item 1 Item 2 Item 3	用户可从中选择一项或多项的项列表。与弹出式菜单不同，单击列表框时不会展开。 要启用多项选择，需设置 Max 和 Min 属性以满足 Max−Min>1。要在可以从一个列表框中选择多项时延迟操作，用户可以将普通按钮与该列表框相关联。然后，使用该按钮的回调函数来计算列表框的 Value 属性
9	'popupmenu'	Item 1 Item 1 Item 2 Item 3	弹出式菜单（也称为下拉菜单），展开以显示选项列表。关闭时，弹出式菜单显示出当前选项。要提供许多互斥选项，需使用弹出式菜单

表 3-2　Value 属性

序号	uicontrol 的样式	Value 值属性的描述
1	'togglebutton'	抬起：Value 属性等于 Min 属性的值。 按下：Value 属性等于 Max 属性的值
2	'checkbox'	取消选中：将 Value 属性更改为 Min 属性的值。 选中：将 Value 属性更改为 Max 属性的值
3	'radiobutton'	取消选择：将 Value 属性更改为 Min 属性的值。 已选择：将 Value 属性更改为 Max 属性的值
4	'slider'	Value 属性等于对应的滑块控件的值
5	'listbox'	Value 属性等于与列表框中的选定项对应的数组索引。值 1 对应列表中的第一个项目
6	'popupmenu'	Value 属性等于与弹出式菜单中的选定项对应的数组索引。值 1 对应弹出式菜单中的第一项

表 3-3　Max 属性

序号	uicontrol 的样式	Max 值属性的描述
1	'togglebutton'	按下切换按钮时，将 Value 属性更改为 Max 属性的值
2	'checkbox'	当选中复选框时，将 Value 属性更改为 Max 属性的值
3	'radiobutton'	当选择单选按钮时，将 Value 属性更改为 Max 属性的值
4	'edit'	当 Max–Min>1 时，编辑文本框接受多行输入。否则，编辑文本框接受单行输入。 Max 和 Min 的绝对值不影响可能的行数。只要差异大于 1，则编辑文本框可以包含任意行数
5	'slider'	Max 属性值是滑块控件的最大值，该值必须大于 Min 属性值
6	'listbox'	Max 属性值可帮助确定用户是否可同时选择列表框中的多个项目。如果 Max–Min>1，则用户可以同时选择多个项目。否则，用户不能同时选择多个项目。如果设置 Max 和 Min 属性以允许可选择多个项目，则 Value 属性值可以是索引向量

表 3-4　Min 属性

序号	uicontrol 的样式	Min 值属性的描述
1	'togglebutton'	抬起切换按钮时，将 Value 属性更改为 Min 属性的值
2	'checkbox'	当取消选中复选框时，将 Value 属性更改为 Min 属性的值
3	'radiobutton'	当取消选择单选按钮时，将 Value 属性更改为 Min 属性的值
4	'edit'	当 Max–Min>1 时，编辑文本框接受多行输入。否则，编辑文本框接受单行输入。 Max 和 Min 的绝对值不影响可能的行数。只要差异大于 1，则编辑文本框可以包含任意行数
5	'slider'	Min 属性值是滑块控件的最小值，该值必须小于 Max 属性值
6	'listbox'	Min 属性值可帮助确定用户是否可同时选择列表框中的多个项目。如果 Max–Min>1，则用户可以同时选择多个项目。否则，用户不能同时选择多个项目。如果设置 Max 和 Min 属性以允许可选择多个项目，则 Value 属性值可以是索引向量

表3-5 String属性

序号	样式属性	支持的数组格式	示例
1	'pushbutton'	字符向量 字符向量元胞数组 字符串数组 分类数组	'Option 1' {'Option 1'} "Option 1" categorical({'Option 1'})
2	'togglebutton'		
3	'checkbox'		
4	'radiobutton'		
5	'edit'		
6	'text'		
7	'listbox'	字符向量 字符向量元胞数组 字符串数组 分类数组 竖线（|）分隔的行向量	'One' {'One','Two','Three'} ["One" "Two" "Three"] categorical({'one','two','three'}) 'One|Two|Three'
8	'popupmenu'		

String为要显示的文本，指定为字符向量、字符向量元胞数组、字符串数组、分类数组或以竖线分隔的行向量。Style属性指定可以使用的数组格式。

注意 如果为普通按钮、切换按钮、复选框或单选按钮指定元胞数组或分类数组，则MATLAB仅显示数组中的第一个元素。

表3-6 SliderStep和ListboxTop属性

序号	属性	说明
1	SliderStep	滑块控件的步长，指定为数组[minorstep majorstep]。此属性控制当用户单击箭头按钮或滑块槽（滑块滑道）时滑块值变化的幅度。 ① minorstep是滑块滑动范围的最小步长，当用户单击箭头按钮时，Value属性将依此步长增加或减少。 ② majorstep是滑块滑动范围的最小步长，当用户单击滑块槽时，Value属性按此步长增加或减少。 当majorstep值大于1时，滑块比例不超过100%。 minorstep和majorstep都必须大于1×10^{-6}，而minorstep必须小于或等于majorstep。 当majorstep增大时，滑块变长。当majorstep等于1时，滑块的长度是槽长的一半。对于大于1的majorstep值，滑块更长。 示例： 此滑块的范围符合以下条件：Max-Min=1。用户每单击一下箭头按钮，滑块的Value属性就更改1%。当用户在滑块槽中单击时，该属性变化10%。 s= uicontrol('Style','Slider','Min',0,'Max',1,'SliderStep',[0.01 0.10]);
2	ListboxTop	列表框中顶部项的索引，指定为整数值。此属性仅适用于列表框样式。此属性指定哪个项目显示在列表框中的顶部位置，该列表框不够大，无法显示所有列表项。ListboxTop值是用户指定的String属性值的数组的索引。ListboxTop值必须介于1和数组中的元素数之间。非整数值固定为下一最小整数。 String和Value属性可能覆盖ListboxTop属性，而不管所指定的ListboxTop值为何。ListboxTop值可能随其他属性的值而变。例如，显示设置Value属性可将列表滚动到该值。 为获得可靠的结果，可在MATLAB窗口上绘制完用户界面控件后查询或修改ListboxTop属性

表 3-7　　文本和样式

序号	属性	说明
1	ForegroundColor	文本颜色，在 MATLAB 中通用。 如果对列表框更改 ForegroundColor 的值，则 MATLAB 对所有列表框项目使用该颜色，但当前选定的列表框项目除外。对于所选项，MATLAB 使用的颜色可确保在所选项的文本和选择颜色之间形成鲜明对比。 示例：[0 0 1]。 示例：'b'。 示例：'blue'。 数据类型：double|char
2	BackgroundColor	背景颜色
3	CData	可选图标，指定为三维真彩色 RGB 值数组。数组中的值可以是介于 0.0 和 1.0 之间的双精度值、介于 0 和 255 之间的 Uint8 值。 普通按钮和切换按钮是唯一完全支持 CData 的 uicontrol 对象。如果为单选按钮或复选框指定 CData 属性，则图像可能与文本重叠。另外，为单选按钮或复选框指定图像会禁用在选择或取消选择它们时显示的功能。 数据类型：double|uint8

表 3-8　　字体

序号	属性	说明
1	FontName	字体名称，指定为系统支持的字体名称或'FixedWidth'。默认字体取决于具体操作系统和区域设置。 要使用在任何区域设置中都有较好显示效果的等宽字体，需指定'FixedWidth'。使用的实际等宽字体取决于根对象的 FixedWidthFontName 属性。更改 FixedWidthFontName 属性会导致立即更新显示方式以使用新字体。 示例：'Arial'
2	FontSize	字体大小，指定为正数。使用 FontUnits 属性指定单位。默认大小与操作系统相关。 示例：12。 示例：12.5
3	FontWeight	字体粗细，指定为以下值之一。 ① 'normal'：特定字体的默认粗细。 ② 'bold'：比普通字符粗。 MATLAB 使用 FontWeight 属性从操作系统提供的字体中选择一种字体。并非所有字体都有加粗字体，因此，指定加粗字体仍可能得到普通字体。 在 MATLAB R2014b 中，'light'和'demi'字体粗细值已被移除。如果指定其中任一值，则结果是普通字体
4	FontAngle	字体角度，指定为'normal'或'italic'。MATLAB 根据此属性从操作系统中的可用字体中选择一种。将此属性设置为'italic'可选择字体的倾斜版本（如果操作系统上提供）。 'oblique'值已被删除，可改用'italic'

续表

序号	属性	说明
5	FontUnits	字体单位，指定为以下值之一。 ① 'points'：磅，1 磅等于 1/72 英寸。 ② 'normalized'：归一化值，将字体大小指定为高度的一定比例。当用户调整控件的大小时，MATLAB 会缩放显示的字体以保持该比例。 ③ 'inches'：英寸。 ④ 'centimeters'：厘米。 ⑤ 'pixels'：像素

表 3-9 交互性

序号	属性	说明
1	Visible	可见性状态，指定为'on'或'off'，或者指定为数值或逻辑值，即 1（true）或 0（false）。值'on'等效于 true，'off'等效于 false。因此，用户可以使用此属性的值作为逻辑值。该值存储为 matlab.lang.OnOffSwitchState 类型的 on/off 逻辑值。 ① 'on'：显示对象。 ② 'off'：隐藏对象而不删除它。用户仍然可以访问不可见控件的属性。 要使用户的 App 更快地启动，需将不需要在启动时出现的所有控件的 Visible 属性设置为'off '
2	Enable	用户界面控件的工作状态，指定为 'on'、'off' 或 'inactive'。使用 Enable 属性控制用户界面控件是否响应用户交互。以下是可能的值。 ① 'on'：用户界面控件处于工作状态。 ② 'off'：用户界面控件未处于工作状态，并且呈灰显。 ③ 'inactive'：用户界面控件未处于工作状态，但外观与 Enable 设置为'on'时的相同
3	Tooltip	工具提示，指定为字符向量、字符串标量或分类数组。如果使用此属性，则在运行时当用户将鼠标指针悬停在控件上时，将显示消息。禁用控件时，不显示工具提示。如果将此属性指定为分类数组，MATLAB 将使用数组中的值，而不是完整的类别集。 要创建多行文本，需使用 sprintf 函数在文本中插入换行符（'\n'）。例如： txt=sprintf('Line 1\nLine 2'); 然后将 Tooltip 属性设置为 txt 的值
4	ContextMenu	上下文菜单，指定为使用 uicontextmenu 函数创建的 ContextMenu 对象。使用此属性可在用户使用鼠标右键单击控件时显示上下文菜单
5	TooltipString	工具提示。 从 MATLAB R2018b 开始，不推荐使用 TooltipString 属性，可改用 Tooltip 属性
6	Selected	逻辑值，可以设置为'on'或'off'，默认为'off'。 Selected 属性的行为在 MATLAB R2014b 中已经改变，不推荐使用。它对此类型的对象不会再产生任何影响。在以后的版本中可能会删除该属性
7	SelectionHighlight	逻辑值，可以设置为'on'或'off'，默认为'on'。 SelectionHighlight 属性的行为在 MATLAB R2014b 中已经改变，不推荐使用。它对此类型的对象不会再产生任何影响。在以后的版本中可能会删除该属性

表 3-10 位置

序号	属性	说明

1	Position	位置和大小，指定为[left bottom width height]形式的四元素向量。下面列出该向量中的每个元素。
		① left：父容器的内部左边缘与控件的外部左边缘的距离。
		② bottom：父容器的内部下边缘与控件的外部下边缘的距离。
		③ width：控件的左右外部边缘的距离。
		④ height：控件的上下外部边缘的距离。
		所有测量值都采用 Units 属性指定的单位。
		Position 值是指相对于父容器大小，绘制（摆放）控件的区域。可绘制区域是指容器边框内的区域，不包括标题所占的区域。如果父容器是一个图窗，可绘制区域还不包括菜单栏和工具栏。
		修改位置向量中的一个值。
		如果要更改 Position 向量中的一个值，可以结合使用圆点表示法和数组索引。例如，运行下面的代码将用户界面控件的宽度更改为 52：
		b = uicontrol;
		b.Position(3) = 52;
		b.Position
		ans =
		20 20 52 20

2	InnerPosition	位置和大小，指定为[left bottom width height]形式的四元素向量。所有测量值都采用 Units 属性指定的单位。 此属性值等同于 Position 和 OuterPosition 属性值
3	OuterPosition	位置和大小，指定为[left bottom width height]形式的四元素向量。所有测量值都采用 Units 属性指定的单位。 此属性值等同于 Position 和 InnerPosition 属性值
4	Extent	此属性为只读。 外围矩形的大小，以四元素行向量形式返回。向量的前两个元素始终为 0。第三个和第四个元素分别表示矩形的宽度和高度。所有测量值都采用 Units 属性指定的单位。 MATLAB 基于 String 属性值的大小和字体特征确定矩形的大小。要调整宽度和高度以适应 String 值的大小，需将 Position 的宽度和高度值设置为略大于 Extent 的宽度和高度值。 对于属于单行文本的 String 值，Extent 属性的高度元素指定单行的高度。宽度元素指定最长线条的宽度，即使显示在控件上的文本换行时也是如此。对于多行文本，Extent 矩形包含所有文本行。如果 Max−Min>1，则将可编辑的文本编辑字段视为多行

续表

序号	属性	说明
5	Units	测量的单位，指定为以下值之一。 ① 'pixels'：（默认值）像素。 从 MATLAB R2015b 开始，以像素为单位的距离不再依赖 Windows 和 macOS 上的系统分辨率。 在 Windows 系统上，1 像素是 1/96 英寸。 在 macOS 上，1 像素是 1/72 英寸。 在 Linux 系统上，像素的大小由系统分辨率确定。 ② 'normalized'：单位依据父容器进行归一化。容器的左下角映射到(0,0)，右上角映射到(1,1)。 ③ 'inches'：英寸。 ④ 'centimeters'：厘米。 ⑤ 'points'：磅，1 磅=1/72 英寸。 ⑥ 'characters'：此单位基于图形根对象的默认 uicontrol 字体。 字符宽度=字母 x 的宽度。 字符高度=两个文本行的基线的距离。 要访问默认的 uicontrol 字体，可使用 get(groot,'defaultuicontrolFontName')或 set(groot,'defaultuicontrolFontName')。 此属性会影响 Position 属性。如果更改 Units 属性，可考虑在完成计算后将其值还原为默认值，以免影响采用 Units 默认值的其他函数。 指定 Units 和 Position 属性的顺序具有以下影响。 ① 如果用户在 Position 属性之前指定 Units，则 MATLAB 会使用用户指定的单位来设置 Position。 ② 如果用户在 Position 属性之后指定 Units 属性，则 MATLAB 会使用默认的 Units 来设置 Position。然后，MATLAB 将 Position 值转换为以用户指定的单位表示的等价值
6	HorizontalAlignment	uicontrol 文本的对齐方式，指定为'center'、'left'或'right'。此属性确定 String 属性文本的对齐方式。 HorizontalAlignment 属性仅影响 uicontrol 的'text'和'edit'样式

表 3-11　回调

序号	属性	说明
1	Callback	主回调函数，指定为下列值之一。 ① 函数句柄。 ② 第一个元素是函数句柄的元胞数组。元胞数组中的后续元素是传递到回调函数的参数。 ③ 包含有效 MATLAB 表达式的字符向量（不推荐）。MATLAB 在基础工作区计算此表达式。 此函数将执行以响应用户交互，例如普通按钮单击、滑块移动或复选框选中。仅当 uicontrol 对象的 Enable 属性设置为'on'时，此函数才能执行。 数据类型：function_handle|cell|char

续表

序号	属性	说明
2	ButtonDownFcn	单击鼠标按键回调函数，指定为下列值之一。 ① 函数句柄。 ② 第一个元素是函数句柄的元胞数组。元胞数组中的后续元素是传递到回调函数的参数。 ③ 包含有效 MATLAB 表达式的字符向量（不推荐）。MATLAB 在基础工作区计算此表达式。 ButtonDownFcn 回调函数是当用户在控件上单击鼠标按键时执行的函数。回调函数在以下情形下执行。 ① 用户使用鼠标右键单击控件，并且 Enable 属性设置为'on'。 ② 用户使用鼠标右键单击或左键单击控件，并且 Enable 属性设置为'off'或'inactive'
3	KeyPressFcn	键盘按键回调函数，指定为下列值之一。 ① 函数句柄。 ② 第一个元素是函数句柄的元胞数组。元胞数组中的后续元素是传递到回调函数的参数。 ③ 包含有效 MATLAB 表达式的字符向量（不推荐）。MATLAB 在基础工作区计算此表达式。 当 uicontrol 对象获得焦点并且用户按下键时执行该回调函数。如果用户没有为该属性定义函数，则 MATLAB 向父容器传递按键操作。重复按键操作会保留 uicontrol 对象的焦点，并在每次发生按键操作时执行该回调函数。如果用户几乎在同一时间按下多个键，MATLAB 将检测最后一个按键的按键操作。 如果将该属性指定为函数句柄（或包含函数句柄的元胞数组），则 MATLAB 会将包含回调数据的对象作为第二个参数传递给回调函数。该对象包含以下介绍的属性。用户可以使用圆点表示法访问回调函数内的这些属性。 Character：作为按下一个或多个键的结果显示的字符。字符可能为空或无法输出。 Modifier：包含按下的一个或多个功能键（例如 Ctrl、Alt、Shift）名称的元胞数组。 Key：按下的键，通过键上的（小写字母）标签或文本说明标识。 Source：当用户按下该键时获取焦点的对象。 EventName：导致回调函数执行的操作。 按功能键会以下列方式影响回调数据。 ① 使用功能键可影响 Character 属性，但不会更改 Key 属性。 ② 使用特定键以及使用 Ctrl 修饰的键会在 Character 属性中放置无法输出的字符。 ③ 使用 Ctrl、Alt、Shift 以及其他几个键不会生成 Character 属性数据。 用户还可以查询图窗的 CurrentCharacter 属性以确定用户按下的键

续表

序号	属性	说明
4	KeyReleaseFcn	释放键回调函数，指定为下列值之一。 ① 函数句柄。 ② 第一个元素是函数句柄的元胞数组。元胞数组中的后续元素是传递到回调函数的参数。 ③ 包含有效 MATLAB 表达式的字符向量（不推荐）。MATLAB 在基础工作区计算此表达式。 当 uicontrol 对象获得焦点并且用户释放键时执行该回调函数。 如果将该属性指定为函数句柄（或包含函数句柄的元胞数组），则 MATLAB 会将包含回调数据的对象作为第二个参数传递给回调函数。用户可以使用圆点表示法访问回调函数内的这些属性，其属性同 KeyPressFcn
5	CreateFcn	控件创建函数，指定为下列值之一。 ① 函数句柄。 ② 第一个元素是函数句柄的元胞数组。元胞数组中的后续元素是传递到回调函数的参数。 ③ 包含有效 MATLAB 表达式的字符向量（不推荐）。MATLAB 在基础工作区计算此表达式。 此属性指定要在 MATLAB 创建对象时执行的回调函数。MATLAB 将在执行 CreateFcn 回调之前初始化所有的对象属性值。如果不指定 CreateFcn 属性，则 MATLAB 执行默认的创建函数。 可在用户的 CreateFcn 代码中使用 gcbo 函数获取要创建的对象。 对现有对象设置 CreateFcn 属性没有任何作用
6	DeleteFcn	控件删除函数，指定为下列值之一。 ① 函数句柄。 ② 第一个元素是函数句柄的元胞数组。元胞数组中的后续元素是传递到回调函数的参数。 ③ 包含有效 MATLAB 表达式的字符向量（不推荐）。MATLAB 在基础工作区计算此表达式。 DeleteFcn 属性指定要在 MATLAB 删除控件时（例如，当用户关闭窗口时）执行的回调函数。MATLAB 会在销毁控件的属性之前执行 DeleteFcn 回调。如果不指定 DeleteFcn 属性，则 MATLAB 执行默认的删除函数。 可在用户的 DeleteFcn 代码中使用 gcbo 函数获取要删除的控件

表 3-12　　回调执行控制

序号	属性	说明
1	Interruptible	回调中断，指定为'on'或'off'，或者指定为数值或逻辑值，即 1（true）或 0（false）。值'on'等效于 true，'off'等效于 false。因此，用户可以使用此属性的值作为逻辑值。该值存储为 matlab.lang.OnOffSwitchState 类型的 on/off 逻辑值。 Interruptible 属性确定是否可以中断运行中回调。有以下两种回调状态要考虑。 ① 运行中回调是当前正在执行的回调。 ② 中断回调是试图中断运行中回调的回调。 每当 MATLAB 调用回调时，回调都会试图中断正在运行的回调（如果存在）。运行中回调所属对象的 Interruptible 属性决定是否允许中断。 ① 值'on'允许其他回调中断对象的回调。中断发生在 MATLAB 处理队列的下一个位置，例如当存在 drawnow、figure、getframe、waitfor 或 pause 时。 a．如果运行中回调包含以上命令之一，则 MATLAB 将在此时停止执行回调并执行中断回调。当中断回调完成时，MATLAB 将恢复执行运行中回调。 b．如果运行中回调不包含以上命令之一，则 MATLAB 执行完当前回调，不会出现任何中断。 ② 值'off'阻止所有中断尝试。由中断回调所属的对象的 BusyAction 属性决定是放弃该中断回调还是将其放入队列中。 回调的中断和执行在以下情况下会有不同的表现。 a．如果中断回调是 DeleteFcn、CloseRequestFcn 或 SizeChangedFcn 回调，则无论是否存在 Interruptible 属性值都会发生中断。 b．如果运行中回调当前正在执行 waitfor 函数，则无论是否存在 Interruptible 属性值都会发生中断。 c．Timer 对象根据排定时间执行，而不管 Interruptible 属性值如何。 发生中断时，MATLAB 不保存属性状态或显示内容。例如，gca 或 gcf 命令返回的对象可能会在另一个回调执行时发生改变
2	BusyAction	回调排队，指定为'queue'（默认值）或'cancel'。BusyAction 属性决定 MATLAB 如何处理中断回调的执行。有以下两种回调状态要考虑。 ① 运行中回调是当前正在执行的回调。 ② 中断回调是试图中断运行中回调的回调。 中断回调的来源的 BusyAction 属性决定 MATLAB 如何处理其执行。BusyAction 属性具有下列值。 ① 'queue'：将中断回调放入队列中，以便在运行中回调执行完毕后进行处理。 ② 'cancel'：不执行中断回调。 无论 MATLAB 何时调用回调，该回调都会试图中断正在执行的回调。运行中回调所属对象的 Interruptible 属性确定是否允许回调。如果 Interruptible 设置为： ① on，则在下一个时间点（MATLAB 处理队列时）发生中断，这是默认设置； ② off，则 BusyAction 属性（中断回调所属对象的属性）确定 MATLAB 是将中断回调纳入队列还是将其忽略

续表

序号	属性	说明
3	BeingDeleted	此属性为只读。 删除状态，以matlab.lang.OnOffSwitchState类型的on/off逻辑值形式返回。 当DeleteFcn回调开始执行时，MATLAB会将BeingDeleted属性设置为'on'。BeingDeleted属性将一直保持'on'设置状态，直到控件对象不再存在为止。 在查询或修改对象之前，先检查其BeingDeleted属性的值，以确认它不是待删除项
4	HitTest	是否能够成为当前对象，指定为'on'或'off'，或者指定为数值或逻辑值，即1（true）或0（false）。值'on'等效于true，'off'等效于false。因此，用户可以使用此属性的值作为逻辑值。该值存储为matlab.lang.OnOffSwitchState类型的on/off逻辑值。 ① 'on'：当用户单击正在运行的App中的控件时，将当前对象设置为uicontrol对象。figure和gco函数的CurrentObject属性都返回uicontrol对象作为当前对象。 ② 'off'：当用户单击正在运行的App中的控件时，从uicontrol对象的前代中找到HitTest设置为'on'的最近前代并将当前对象设置为该前代

表3-13 父级/子级

序号	属性	说明
1	Parent	父容器，指定为Figure、Panel、ButtonGroup或Tab对象。使用此属性可在创建控件时指定父容器，或将现有控件移动到其他父容器中
2	Children	uicontrol对象子级，以空数组形式返回。uicontrol对象没有子级。设置此属性不会产生任何影响
3	Handle Visibility	uicontrol句柄的可见性，指定为'on'、'callback'或'off'。 此属性控制uicontrol句柄在其父容器的子级列表中的可见性。当句柄未显示在其父容器的子对象列表中时，通过搜索对象层次结构或查询句柄属性获取句柄的函数不会返回该句柄。这些函数包括get、findobj、gca、gcf、gco、newplot、cla、clf和close。HandleVisibility属性还控制对象句柄是否显示在父容器的CurrentObject属性中。句柄即使在不可见时也有效。如果用户知道对象的句柄，可以对其属性执行set和get操作并将句柄传递给处理句柄的任何函数。 'on'：uicontrol句柄始终可见。 'callback'：uicontrol句柄对于回调或回调调用的函数可见，但对于命令行窗口调用的函数不可见。该选项阻止通过命令行窗口访问uicontrol句柄，但允许回调函数访问它。 'off'：uicontrol句柄始终不可见。该选项用于防止另一个函数无意中对UI进行更改。将HandleVisibility设置为'off'可在执行该函数时暂时隐藏句柄。 可以将图形根的ShowHiddenHandles属性设置为'on'以使所有句柄可见，而不管其HandleVisibility值如何。此设置对其HandleVisibility值没有任何影响

表3-14 标识符

序号	属性	说明
1	Type	此属性为只读。图形对象的类型，以'uicontrol'形式返回
2	Tag	对象标识符，指定为字符向量或字符串标量。用户可以指定唯一的Tag值作为对象的标识符。如果需要访问用户代码中其他位置的对象，可以使用findobj函数基于Tag值搜索对象
3	UserData	用户数据，指定为MATLAB任何数组。指定UserData对在App内共享数据很有用

4. 兼容性考虑

从 MATLAB R2020a 开始，不推荐使用 UIContextMenu 属性将上下文菜单分配给图形对象或控件，可改用 ContextMenu 属性。在 MATLAB 中，UIContextMenu 和 ContextMenu 属性值是相同的。

目前没有停止支持 UIContextMenu 属性的计划，但是，UIContextMenu 属性将不再出现在对图形对象或控件调用 get 函数时所返回的列表中。

3.2 节到 3.10 节通过 9 个示例演示了采用代码编写 uicontrol 不同控件并进行各自属性设置，3.11 节到 3.20 节通过 10 个示例演示了回调编写和常见问题解决。

3.2 创建普通按钮

下面一段代码展示了如何在 1 个新窗口上生成 1 个普通按钮，并对其属性进行分别设置。运行结果如图 3-1 所示。

```
S.fh = figure('position',[300 300 222 137],...
              'menubar','none',...
              'name','创建按钮',...
              'numbertitle','off',...
              'resize','on');
S.pb = uicontrol(S.fh,'Style','pushbutton',...
'String','普通按钮',FontSize=12,FontName='宋体');
S.pb.Position(3:4)=[90 round(90*0.618)];
S.pb.Position(1)=(S.fh.Position(3)-S.pb.Position(3))/2;
S.pb.Position(2)=(S.fh.Position(4)-S.pb.Position(4))/2;
```

第一段代码为生成窗体的代码。

Position 属性指定窗体的位置和大小。在此示例中，窗体距离计算机屏幕左边 300 像素，距离屏幕底边 300 像素，宽为 222 像素，高为 137 像素。此语句假定 Units 属性的默认值是像素（pixels）。

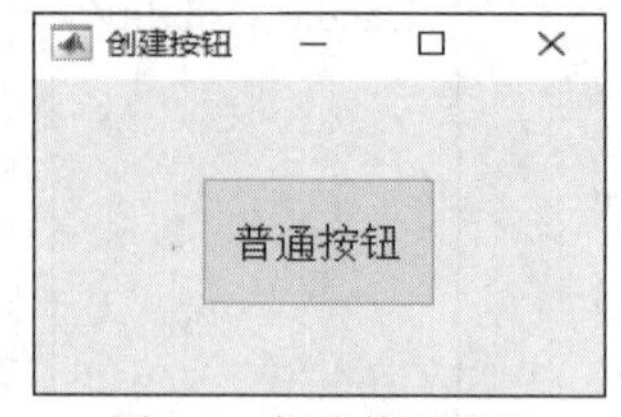

图 3-1　创建普通按钮

menubar 属性指定菜单栏，在这里设置为 none，即没有菜单栏。

name 属性指定窗体名称，在这里设置为“创建按钮”。

numbertitle 属性指定窗体序号，在这里设置为 off，即不编号。

resize 属性指定窗体是否可以调整大小，在这里设置为 on，即可以调整大小。

后文不再对生成窗体做介绍。

第二段代码说明如下。

第一个参数 S.fh 指定父容器的句柄，S.fh 可以写为 fh，在第一段代码做相应修改即可，如果窗口为 2 个或者 2 个以上，这个写法可以区分哪些控件在哪个窗口。用户还可以将父容器指定为面板或按钮组。

Style 属性设为 pushbutton 表示将用户界面控件指定为普通按钮。

String 属性表示将按钮字符显示为普通按钮。在默认情况下，按钮仅允许显示一行文本。如果指定多行文本，则仅显示第一行；如果指定的控件宽度太小而无法容纳指定的字符串，MATLAB 软件会使用省略号截断显示该字符串。如果要多行显示，可以像第 1 章开篇的例子一样使用类似网页编辑的超文本标记语言（Hypertext Markup Language，HTML）实现多行显示。

FontSize 属性规定了按钮上显示字体的大小，本例为 12，根据系统决定单位。

FontName 属性规定了按钮上显示的字体，本例为宋体，选取字体时要确认系统安装了该字体。

Position 属性指定按钮的位置和大小。在此示例中，按钮宽、高是通过计算获取的相对尺寸，采用此种方法是为了使按钮在窗体中居中。查询按钮的实际位置和大小可以通过在命令行窗口输入 S.pb.Position 获取，为[66 40.5 90 56]，它位于距离父容器左侧 66 像素和距离父容器底边 40.5 像素的位置，按钮自身的宽度为 90 像素，高度为 56 像素。此语句假定 Units 属性的默认值是像素。

将图像添加到按钮。要将图像添加到按钮，可为按钮的 CData 属性分配一个 $m \times n \times 3$ RGB 值的数组，用于定义真彩色图像。

按钮一般与其他控件组合使用。

3.3　创建切换按钮

下面一段代码展示了如何在 1 个新窗口上生成 1 个切换按钮，并对其属性分别进行设置。运行结果如图 3-2 所示。

```
S.fh = figure('position',[300 300 222 137],...
            'menubar','none',...
            'name','创建按钮',...
            'numbertitle','off',...
            'resize','on');
S.tb = uicontrol('Style','togglebutton',...
'String','按下切换','Value',0,FontSize=12,FontName='宋体');
S.tb.Position(3:4)=[90 round(90*0.618)];
S.tb.Position(1)=(S.fh.Position(3)-S.tb.Position(3))/2;
S.tb.Position(2)=(S.fh.Position(4)-S.tb.Position(4))/2;
```

Style 属性设为 togglebutton 表示将用户界面控件指定为切换按钮。

图 3-2　创建 Toggle Button

String 属性表示将切换按钮字符显示为“按下切换”。切换按钮和普通按钮一样，在默认情况下只允许显示一行文本。

Value 属性指定在创建控件时是否选择切换按钮。将 Value 设置为 Max（默认值为 1）以创建选中（按下）切换按钮的控件。将 Value 设置为 Min（默认值为 0）以创建未选中（抬起）切换按钮。

其他属性和普通按钮的一样。

3.4 创建复选框

下面一段代码展示了如何在 1 个新窗口上生成 1 个复选框，并对其属性分别进行设置。运行结果如图 3-3 所示。

```
S.fh = figure('position',[300 300 280 120],...
            'menubar','none',...
            'name','复选框',...
            'numbertitle','off',...
            'resize','on');
str = '<html>兴趣是最好的领路人，<br>坚持是成功的护航者。</html>';
S.ck = uicontrol('Style','checkbox',...
           'String',str,'FontSize',12,...
           'Value',1,'Position',[45 45 180 45]);
```

Style 属性设为 checkbox 表示将用户界面控件指定为复选框。

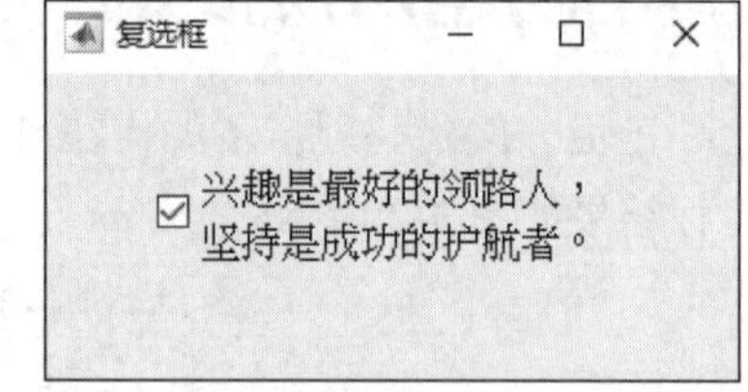

图 3-3　创建复选框

String 属性表示复选框要显示的字符。默认情况下，复选框仅容纳一行文本。在本例使用了 HTML。MATLAB GUI 编写支持一部分 HTML。

Value 属性指定是否选中该复选框。将 Value 设置为 Max（默认值为 1），表示选中该复选框；将 Value 设置为 Min（默认值为 0），表示取消选中该复选框。

相应，当用户单击复选框时，MATLAB 软件在用户选中复选框时将 Value 设置为 Max，在用户取消选中它时设置为 Min。

未设置字体时，运行程序，可以通过属性查看系统默认字体，在命令行窗口输入以下代码并执行：

```
>> S.ck.FontName
ans =
    'MS Sans Serif'
```

3.5 创建单选按钮组

下面一段代码展示了如何在 1 个新窗口上生成单选按钮组，并对其属性分别进行设置。运行结果如图 3-4 所示。

```
S.fh = figure('position',[300 300 220 120],...
            'menubar','none','numbertitle','off',...
            'name','单选按钮','resize','on');
```

```
bg = uibuttongroup(S.fh, 'Units','pixels', ...
    'Position',[10 10 100 100]);
S.rbh1 = uicontrol(bg,'Style','radiobutton',...
'String','Coffee','Value',0,'Position',[10 70 90 20]);
S.rbh2 = uicontrol(bg,'Style','radiobutton',...
'String','Tea','Value',1,'Position',[10 40 90 20]);
S.rbh3 = uicontrol(bg,'Style','radiobutton',...
'String','Me','Value',0,'Position',[10 10 90 20]);
```

单选按钮成组后，自动实现互斥行为，建议将它们置于 uibuttongroup 中。uibuttongroup 的 Units 的默认值为归一化值（normalized），也就是把父容器的 Position 的 4 个值范围归一化为 0 到 1，本例将单位选择为像素（pixels）。

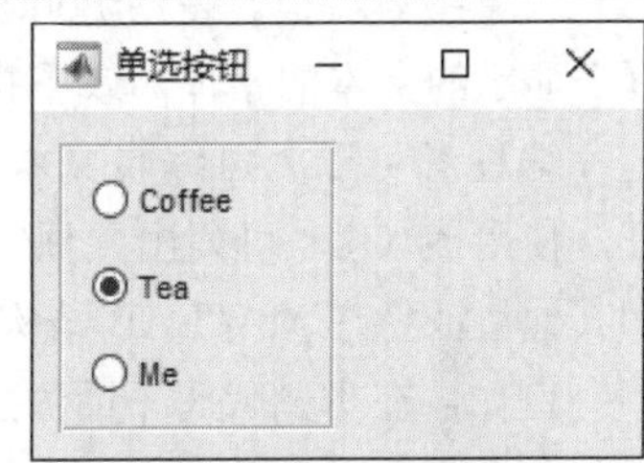

图 3-4　创建单选按钮组

下面解释第一个单选按钮的代码。

第一个参数 S.fh 指定父容器的句柄，也可以不指定。

Style 属性设为 radiobutton，表示将用户界面控件指定为单选按钮。

单选按钮默认只允许显示一行文本。

Value 属性指定在创建控件时是否选择单选按钮。将 Value 设置为 Max（默认值为 1）以创建选中单选按钮。将 Value 设置为 Min（默认值为 0）以创建取消选中单选按钮。

Position 属性指定单选按钮的位置和大小。在本例中，第一个单选按钮宽 90 像素，高 20 像素。它位于距离父容器 uibuttongroup 左侧 10 像素和距离底部 70 像素的位置。该语句假定 Units 属性的默认值是像素。

3.6　创建可编辑文本框

下面一段代码展示了如何在 1 个新窗口上生成 1 个可编辑文本框，并将其设置为可以多行显示。本示例给出了控件位置的另一种设置方法，即指定某些参数，剩余参数让系统自动分配。运行结果如图 3-5 所示。

```
S.fh = figure('position',[300 300 248 200],...
            'menubar','none','name','可编辑文本框',...
            'numbertitle','off','resize','on');
S.et = uicontrol(S.fh,'Style','edit','Max',2,'Min',0,...
          'HorizontalAlignment','center','FontSize',12, ...
         'FontName','黑体','Position',[35 40 180 120],'String',...
          {'《劝学》','—颜真卿','三更灯火五更鸡，','正是男儿读书时。', ...
          '黑发不知勤学早，','白首方悔读书迟。'});
```

要启用多行输入，Max−Min 的值必须大于 1，如上面的语句所示。MATLAB 软件会根据需要换行字符串。如果 Max−Min 的值小于或等于 1，则可编辑文本框控件仅允许单行输入。如果控件宽度太小而无法容纳指定的字符串，MATLAB 软件将仅显示部分字符串。可以使用箭头键在整个字符串上移动光标。

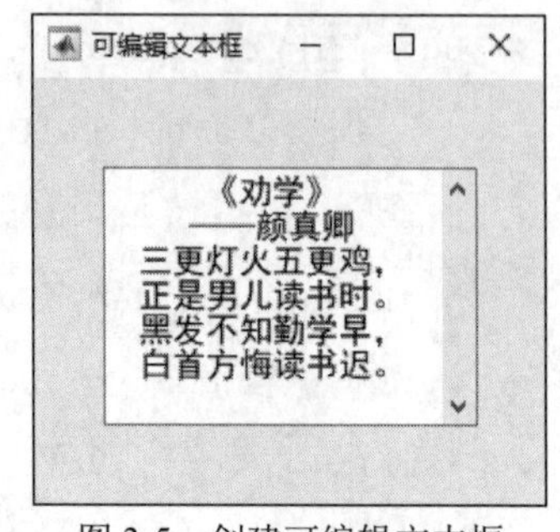

图 3-5　创建可编辑文本框

Position 属性指定可编辑文本框的位置和大小。本例中系统默认 Units 属性值是像素。

HorizontalAlignment 属性设置可编辑文本框内水平位置，本例选用 center（居中）。

设置字体特征。使用 FontSize 属性设置字体大小，使用 FontName 属性指定要在可编辑文本框中显示的文本的字体，或不指定直接使用系统默认字体。

编程者可以为可编辑文本框选择一种字体，并使用 uisetfont GUI 的输出设置所有字体特征，使用该 GUI 可列出并预览可用字体。当用户选择其中之一并单击“确定”按钮时，其名称和其他特征将在 MATLAB 结构体中返回，用户可以使用它来设置可编辑文本框的字体特征。

例如，在本例代码下面添加以下代码：

```
uisetfont(S.et)
```

运行结果如图 3-6 所示。

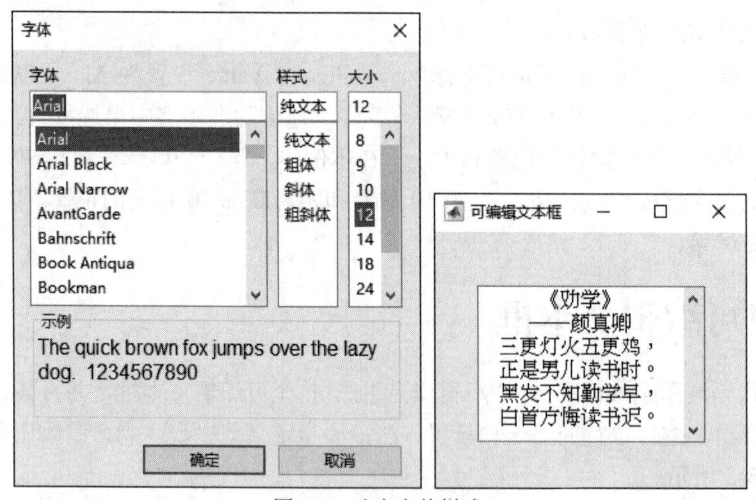

图 3-6　改变字体样式

3.7　创建静态文本框

下面一段代码展示了如何在 1 个新窗口上生成 1 个静态文本框，并将其设置为可以多行显示。运行结果如图 3-7 所示。

```
S.fh = figure('position',[300 300 230 120],...
              'menubar','none',...
              'name','静态文本框',...
              'numbertitle','off',...
```

```
            'resize','on');
S.stx = uicontrol('Style','text',...
'String','这是一个不可编辑的静态文本框',...
'FontSize',12,'Position',[50 50 130 45]);
```

第一个参数 S.fh 指定父容器的句柄，也可以不指定。

Style 属性设为 text 表示将用户界面控件指定为静态文本框。

String 属性定义出现在控件中的文本。如果用户指定的控件宽度太小而无法容纳指定的字符串，MATLAB 软件系统会自动换行显示该字符串。

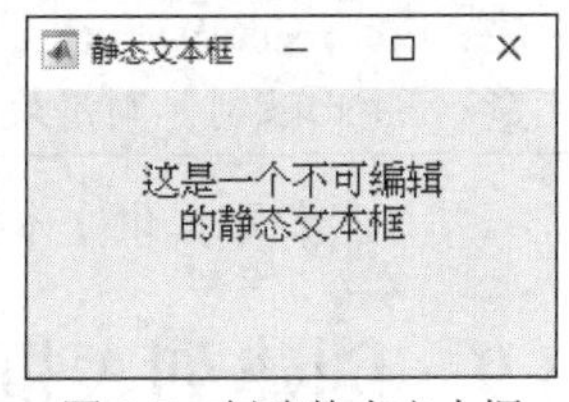

图 3-7　创建静态文本框

3.8　创建滑块

下面一段代码展示了如何在 1 个新窗口上生成 1 个滑块。运行结果如图 3-8 所示。

```
S.fh = figure('position',[300 300 200 120],...
            'menubar','none',...
            'name','滑块',...
            'numbertitle','off',...
            'resize','on');
sh = uicontrol('Style','slider',...
'Max',100,'Min',0,'Value',25,...
'SliderStep',[0.05 0.2],...
'Position',[10 45 180 30]);
```

第一个参数 S.fh 指定父容器的句柄，也可以不指定。

Style 属性设为 slider 表示将用户界面控件指定为滑块。

通过将其 Min 属性设置为滑块的最小值，并将其 Max 属性设置为最大值来指定滑块滑动的范围。Min 属性值必须小于 Max 属性值。

通过将 Value 属性设置为适当的数字，指定在创建滑块时由滑块显示的值。此数字必须小于或等于 Max 且大于或等于 Min。如果用户指定的值超出指定范围，则不会显示滑块。

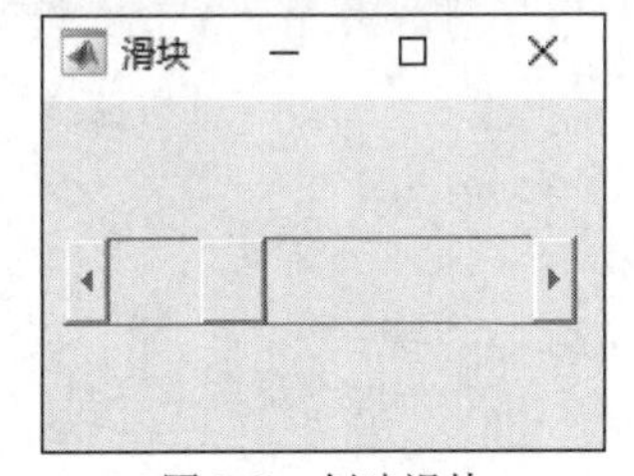

图 3-8　创建滑块

当用户单击箭头按钮时，滑块值会发生少量变化，当用户单击滑槽（也称为滑道）时，变化量会更大。通过设置 SliderStep 属性来控制滑块如何响应这些操作。将 SliderStep 指定为二元素向量[minor_step major_step]，其中 minor_step 小于或等于 major_step。如果指定非常小的值会导致不可预测的滑块行为，因此需要使 minor_step 和 major_step 都大于 1×10^{-6}。将 major_step 设置为单击滑槽移动滑块的范围的比例，将其设置为 1 或更大会导致在单击滑槽时移动到最大处或最小处。

随着 major_step 的增加，滑块变长。当 major_step 为 1 时，滑块长度是滑槽长度的一半。当 major_step 大于 1 时，滑块继续增长，慢慢接近全长。当滑块被用作文档的滚动条时，用户可以使用此行为通过更改 major_step 的值来指定当前有多少文档可见。

该示例提供了 5%的 minor_step 和 20%的 major_step。

默认的 minor_step 和 major_step 为[0.01 0.10]，提供 1%的 minor_step 和 10%的 major_step。

Position 属性指定滑块的位置和大小。在此示例中，滑块宽 180 像素，高 30 像素。它位于距离父容器左侧 10 像素和距离父容器底部 45 像素的位置。该语句假定 Units 属性的默认值是像素。

注意 在 macOS 平台上，水平滑块的高度受到限制。如果编程者在位置向量中设置的高度超过此限制，则滑块的显示高度为允许的最大值。高度不会改变。

滑块控件不提供文本描述或数据输入功能。

3.9 创建列表框

下面一段代码展示了如何在 1 个新窗口上生成 1 个列表框。运行结果如图 3-9 所示。

```
S.fh = figure('position',[300 300 240 200],...
              'menubar','none',...
              'name','列表框',...
              'numbertitle','off',...
              'resize','on');
S.lb = uicontrol(S.fh,'Style','listbox',...
'FontSize',12,'String', ...
{'滕王高阁临江渚，','佩玉鸣鸾罢歌舞。', ...
'画栋朝飞南浦云，','珠帘暮卷西山雨。', ...
'闲云潭影日悠悠，','物换星移几度秋。', ...
'阁中帝子今何在？','槛外长江空自流。'},...
'Value',1,'Position',[40 10 160 180]);
```

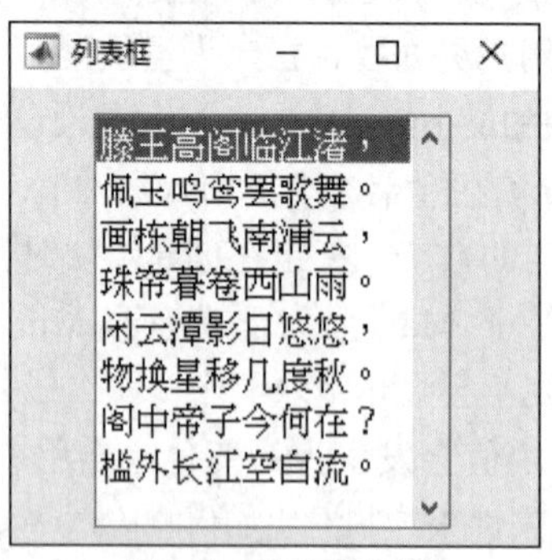

图 3-9　创建列表框

第一个参数 fh 指定父容器的句柄。用户还可以将父容器指定为面板或按钮组。

Style 属性设为 listbox 表示将用户界面控件指定为列表框。

String 属性定义列表项。编程者可以使用表 3-15 所示的任何格式指定项目。

表 3-15　　String 属性格式及示例

String 属性格式	示例
字符串元胞数组	{'one' 'two' 'three'}
字符矩阵	['one ';'two ';'three']
由竖线（|）分隔的字符串向量	['one|two|three']

如果编程者指定的控件宽度太小而无法容纳一个或多个指定字符串，MATLAB 软件会使用省略号截断显示这些字符串。

Value 属性指定在创建控件时选择的一个或多个项目。要选择其中一个项目（item），需将 Value 设置为显示所选列表项索引的标量，其中 1 对应列表中的第一项。要选择多个项目，需将 Value 设置为所选项目的索引向量。要启用多个项目的选择，Max−Min 的值必须大于 1，如以下语句。

```
S.lb1 = uicontrol(fh,'Style','listbox',...
'String',{'one','two','three','four'},...
'Max',2,'Min',0,'Value',[1 3],...
'Position',[10 10 90 100]);
```

如果用户不想初始时选择项目，可以设置 Max 和 Min 属性以启用多选，将 Value 属性设置为空矩阵（[]）。

如果列表框不够大，无法显示所有列表项，则可以将 ListBoxTop 属性设置为创建控件时要显示在顶部的项目的索引。

列表框不提供标签，可以使用静态文本框来标记列表框。

3.10　创建弹出式菜单

下面一段代码展示了如何在 1 个新窗口上生成 1 个带有句柄 S.pm 的弹出式菜单（也称为下拉列表或组合框）。运行结果如图 3-10 所示。

```
S.fh = figure('position',[300 300 222 120],...
            'menubar','none',...
            'name','下拉列表',...
            'numbertitle','off',...
            'resize','on');
S.pm = uicontrol(S.fh,'Style','popupmenu',...
'String',{'Coffee','Tea','Me','...'},...
'Value',1,'Position',[46 80 130 30]);
```

popupmenu 的用法和 List Box 的用法类似。

第一个参数 S.fh 指定父容器的句柄。

Style 属性设为 popupmenu 表示将用户界面控件指定为弹出式菜单。

String 属性用于定义列表项。

如果用户指定的控件宽度太小而无法容纳一个或多个指定字符串，MATLAB 软件会使用省略号截断显示这些字符串。

Value 属性指定创建控件时所选项目的索引。将 Value 设置为所选菜单项索引的标量，其中 1 对应列表中的第一项。在语句中，如果 Value 为 3，则菜单在创建时如图 3-11 所示。

图 3-10　创建弹出式菜单

图 3-11　默认菜单

弹出式菜单不提供标签。可使用静态文本框来标记弹出式菜单。

3.11　创建普通按钮的回调

当创建了界面对象后，还要对对象进行指令的编写，以使系统做出相应的回应。如在单击按钮的时候，弹出对话框或者输出计算结果等。不同的对象有不同的回调函数，也有相同的回调函数。

本章 3.11 节~3.20 节对 uicontrol 函数创建的对象的回调属性及回调函数进行介绍和举例，有的对象可以单独编写回调属性及回调函数，不需要其他对象的配合即可完成一项内容，但是，如果要完成复杂的 GUI，就需要多个对象联合起来共同实现，介绍的内容兼顾单独对象的回调属性及回调函数和几个对象的联合回调的编写，以便读者理解和运用。

下面的代码展示了如何在 1 个新窗口上生成 1 个普通按钮，当单击该普通按钮时弹出 Hello World 对话框。

（1）首先创建一个 figure 窗口用于放置控件，代码如下。

```
S= figure('position',[300 300 200 120],...
            'menubar','none',...
            'name','普通按钮',...
            'numbertitle','off',...
            'resize','on');
```

（2）设置该普通按钮的属性，并在属性中增加回调属性，代码如下。

```
pb= uicontrol(S,'Style','pushbutton','String','Button 1', ...
    'Position',[(S.Position(3)-80)/2 (S.Position(4)-40)/2 80 40], ...
'Callback','msgbox("Hello World")')
```

如果将第（2）步的代码中表示窗口的属性字母 S 及逗号（S,）去掉，那么就可以不要第（1）步创建窗口的代码，这样生成窗口的大小是系统默认的大小，但是，系统自动生成的窗口往往不符合设计的需求。

在第（2）步的代码中，引用了第（1）步的代码中父容器的位置作为按钮控件的位置，采用这种方法，很好地解决了控件在父容器中的相对位置。

在第（2）步的代码中，可以想到，如果回调代码很长，直接在按钮属性中写回调代码，不利于代码阅读和修改；可以将回调编写为函数在按钮属性中调用。

（3）回调函数的编写。

将第（2）步中的代码修改如下。

```
pb= uicontrol(S,'Style','pushbutton','String','Button 1', ...
    'Position',[(S.Position(3)-80)/2 (S.Position(4)-40)/2 80 40], ...
    'Callback',@ButtonPushed)
```

编写回调函数如下：

```
function ButtonPushed(src,event)
       msgbox("Hello World")
end
```

3.12 创建切换按钮的回调

下面的代码展示了如何在 1 个新窗口上生成 1 个切换按钮和 1 个普通按钮，当单击切换按钮时，切换按钮的 String 变为 U just click on me，普通按钮的 String 变为 U pushed togglebutton。

（1）首先创建 1 个 figure 窗口用于放置控件，代码如下。

```
S = figure('position',[300 300 200 120],...
           'menubar','none',...
           'name','uicontrol_togglebutton',...
           'numbertitle','off',...
           'resize','on');
```

（2）设置普通按钮的属性，然后设置切换按钮的属性。在切换按钮的属性中增加回调属性及引用参数，代码如下。

```
pb= uicontrol(S,'Style','pushbutton','String','Button 1')
pb.Position(3:4)=[120 40];
pb.Position(1:2)=[(S.Position(3)-120)/2 (S.Position(4)-pb.Position(4))/3]
tbh = uicontrol(S,'Style','togglebutton',...
'String','togglebutton','Value',0, ...
'Position',[(S.Position(3)-120)/2 (S.Position(4)-50) 120 40], ...
'Callback',{@tButtonPushed,pb});
```

（3）回调函数的编写。在函数的参数中增加所要引用的参数 pb，代码如下。

```
function tButtonPushed(src,event,pb)
```

```
pb.String = 'U pushed togglebutton';
src.String='U just click on me';
end
```

运行后结果如图 3-12 和图 3-13 所示。

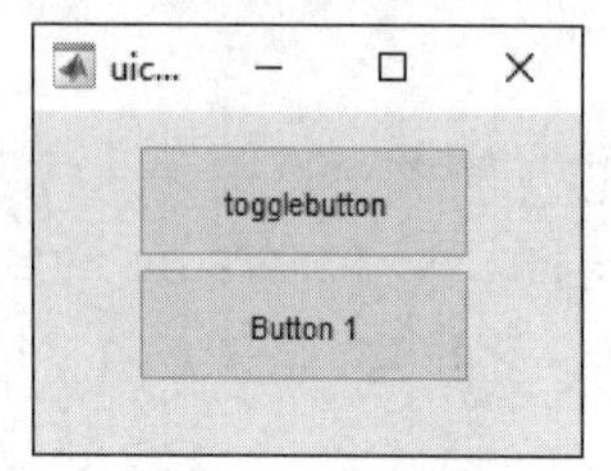

图 3-12　初始界面

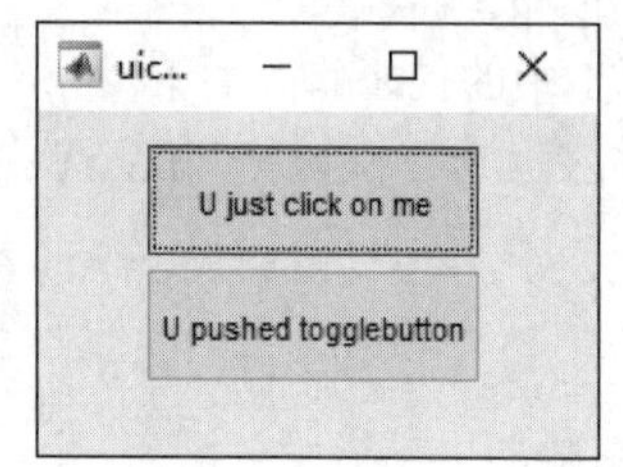

图 3-13　单击按钮后

3.13　创建复选框的回调

下面的代码展示了如何在 1 个新窗口上生成 1 个复选框和 1 个普通按钮，当选中复选框时，系统弹出 msgbox，内容为 good，当单击“确定”按钮后，普通按钮的 String 变为 Can only display one line。

（1）首先创建 1 个 figure 窗口用于放置控件，代码如下。

```
S = figure('position',[300 300 280 120],...
           'menubar','none',...
           'name','uicontrol_checkbox',...
           'numbertitle','off','resize','on');
```

（2）设置普通按钮、复选框的属性。在复选框的属性中增加回调属性及引用参数，代码如下。

```
pb= uicontrol(S,'Style','pushbutton','String','Button 1', ...
   'Position',[(S.Position(3)-150)/2 (S.Position(4)-60) 150 40])
 a=["Can multline or"
"only display one line "];
ck = uicontrol('Style','checkbox','String',a,'Value',0,'Max',1,'Min',0)
ck.Position(3:4)=[150 40];
ck.Position(1:2)=[(S.Position(3)-ck.Position(3))/2             (S.Position(4)-
ck.Position(4))/4];
ck.Callback={@ckChecked,ck,pb}
```

（3）回调函数的编写。在函数的参数中增加所要引用的参数 pb，代码如下。

```
function ckChecked(hObject,eventdata,ck,pb)
   if ck.Max==1
      hm=msgbox("good")
```

```
        uiwait(hm)
        pb.String = 'Can only display one line';
    end
end
```

运行后结果如图 3-14～图 3-16 所示。

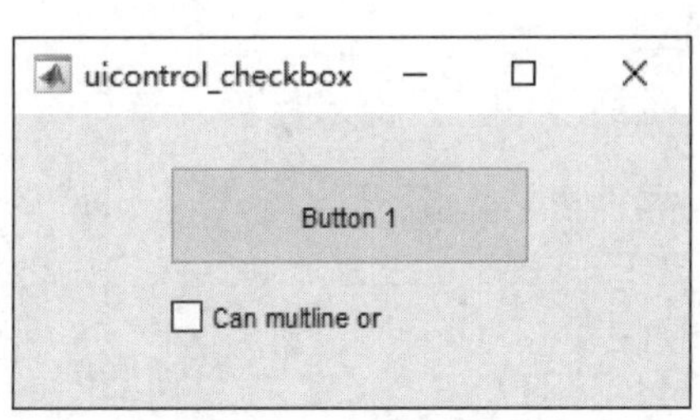

图 3-14　初始界面

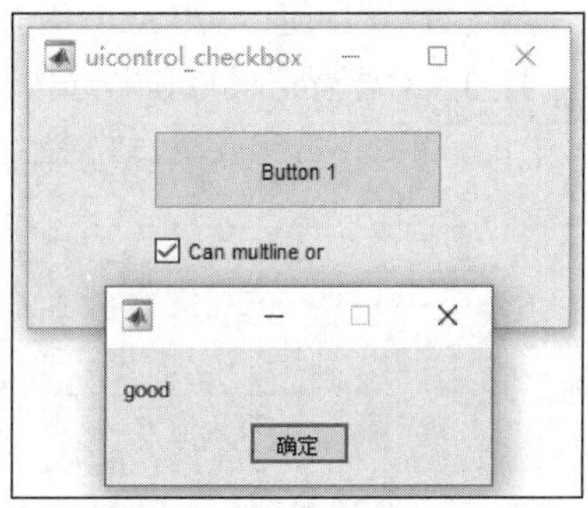

图 3-15　单击按钮后

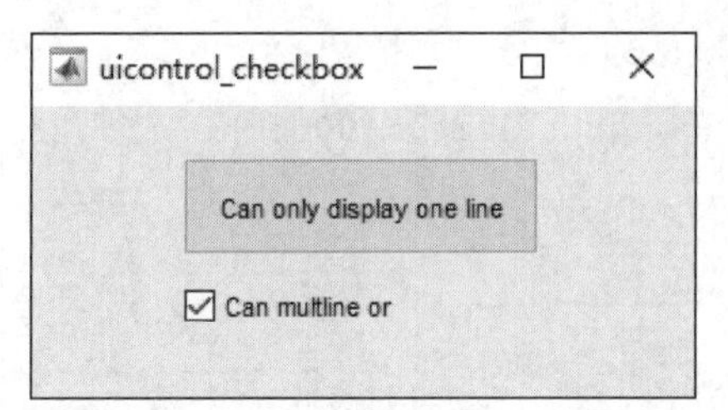

图 3-16　单击对话框“确定”按钮后

3.14　创建单选按钮组与文本框联动的回调

下面一段代码展示了如何在 1 个新窗口上生成 1 个单选按钮组、1 个可编辑文本框和 1 个静态文本框。当单击任意 1 个单选按钮时，在可编辑文本框中显示上一次选中的单选按钮，在静态文本框中显示当前选中的单选按钮。

（1）建立 1 个窗口 S，用于放置控件；在窗口上生成 1 个可编辑文本框 et、1 个静态文本框 stx，代码如下。

```
S = figure('position',[300 300 260 180],...
           'menubar','none',...
           'numbertitle','off','resize','on');
et = uicontrol(S,'Style','edit','Max',2,'Min',0, ...
    'HorizontalAlignment','center');
et.Position=[120 95 120 30]
stx = uicontrol(S,'Style','text','Position',[120 30 120 30]);
```

（2）生成 1 个单选按钮组，为加快运行速度，将其可见属性暂时设为'off'；并在回调参数中引用回调函数和将要引用的控件，代码如下。

```
bg = uibuttongroup(S,'Visible','off',...
                'Position',[0 0 .4 1],...
                'SelectionChangedFcn',{@bselection,bg,et,stx});
```

（3）在单选按钮组里面生成 3 个单选按钮，同样将其可见属性暂时设为'off'；通过 Position 属性设置它们的相对位置；最后使单选按钮组及单选按钮可见，代码如下。

```
r3 = uicontrol(bg,'Style','radiobutton',...
                'String','Option 3',...
                'Position',[10 30 100 30],...
                'HandleVisibility','off');
r2 = uicontrol(bg,'Style','radiobutton',...
                'String','Option 2',...
                'HandleVisibility','off');
r2.Position=[10 (r3.Position(2)+40),100 30];
r1 = uicontrol(bg,'Style',...
                'radiobutton',...
                'String','Option 1',...
                'HandleVisibility','off');
r1.Position=[10 (r2.Position(2)+40),100 30];
bg.Visible = 'on';
```

提示 HandleVisibility 属性表示对象句柄的可见性，可选值可以指定为'on'、'callback'或'off'。此属性控制对象在其父级的子级列表中的可见性。当对象未显示在其父级的子级列表中时，通过搜索对象层次结构或查询属性来获取对象的函数不会返回该对象。这些函数包括 get、findobj、clf 和 close。对象即使在不可见时也有效。如果可以访问某个对象，则可以设置和获取其属性，并将其传递给针对对象进行运算的任意函数。

（4）编写回调函数，并在回调参数中引用回调函数和将要引用的控件，代码如下。

```
function bselection(source,event,bg,et,stx)
   et.String=['Previous: ' event.OldValue.String];
   stx.String=['Current: ' event.NewValue.String];
end
```

代码运行结果如图 3-17 和图 3-18 所示。

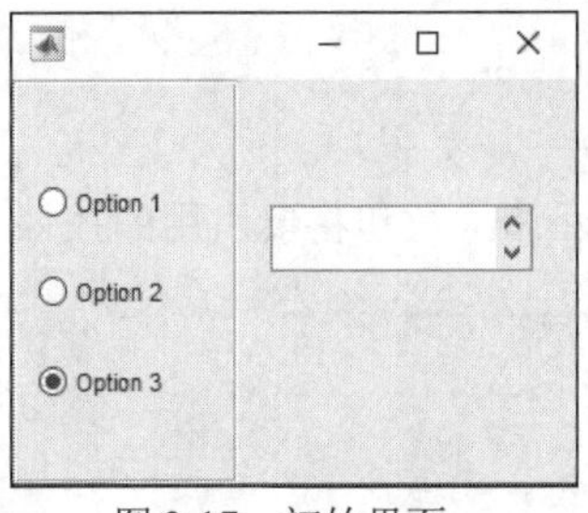

图 3-17　初始界面

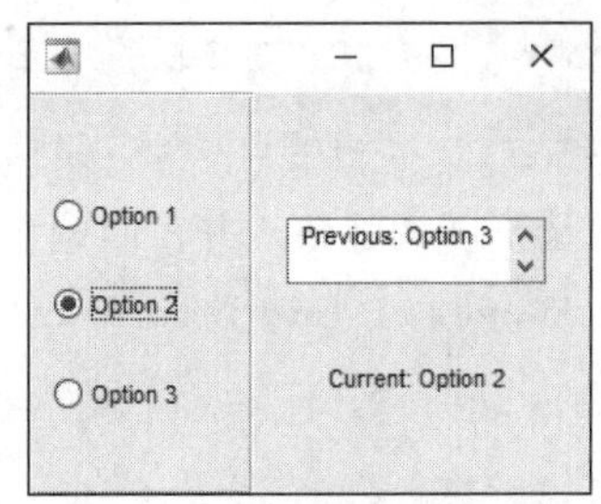

图 3-18　选取 Option2 后

3.15　创建滑块与其他控件响应

下面的代码展示了如何在 1 个新窗口上生成 2 个滑块、2 个复选框、2 个可编辑文本框。当选中第一个复选框时，第一个可编辑文本框中显示 you selected Slider1，第二可编辑文本框中显示该滑块值。

（1）建立 1 个窗口 fh，用于放置控件；在窗口上生成 2 个滑块、2 个可编辑文本框、2 个复选框，并在回调属性中引用相关对象，代码如下。

```
fh = figure('position',[300 300 245 120],...
            'menubar','none',...
            'numbertitle','off','resize','on');

sh2 = uicontrol(fh,'Style','slider',...
'Max',100,'Min',0,'Value',25,...
'SliderStep',[0.05 0.2],'Position',[10 15 100 30]);
sh1 = uicontrol(fh,'Style','slider',...
'Max',100,'Min',0,'Value',75,...
'SliderStep',[0.05 0.2],'Position',[10 70 100 30]);

et1 = uicontrol(fh,'Style','edit','Position',[120 10 120 20]);
et2 = uicontrol(fh,'Style','edit','Position',[120 65 120 20]);

ck2 = uicontrol(fh,'Style','checkbox', ...
   'String','checkbox2','Value',0,'Max',1,'Min',0)
ck2.Position=[120 30 90 30];
ck2.Callback={@ckChecked2,ck1,ck2,sh1,sh2,et1,et2};
ck1 = uicontrol(fh,'Style','checkbox', ...
   'String','checkbox1','Value',0,'Max',1,'Min',0);
```

```
ck1.Position=[120 90 90 30];
ck1.Callback={@ckChecked1,ck1,ck2,sh1,sh2,et1,et2};
```

（2）编写复选框回调函数，并在回调参数中引用回调函数和将要引用的控件，代码如下。

```
function ckChecked1(hObject,eventdata,ck1,ck2,sh1,sh2,et1,et2)
    if ck1.Value==1;
        et1.String=sh1.Value;
        et2.String="you selected Slider1";
        ck2.Enable="off";
    elseif ck1.Value==0;
        ck2.Enable="on"
        et1.String='';
        et2.String='';
    end
end
function ckChecked2(hObject,eventdata,ck1,ck2,sh1,sh2,et1,et2)%handles,
    if ck2.Value==1;
        et2.String=sh2.Value;
        et1.String="you selected Slider2";
        ck1.Enable="off";
    elseif ck2.Value==0;
        ck1.Enable="on"
        et2.String='';
        et1.String='';
    end
end
```

代码运行结果如图 3-19 和图 3-20 所示。

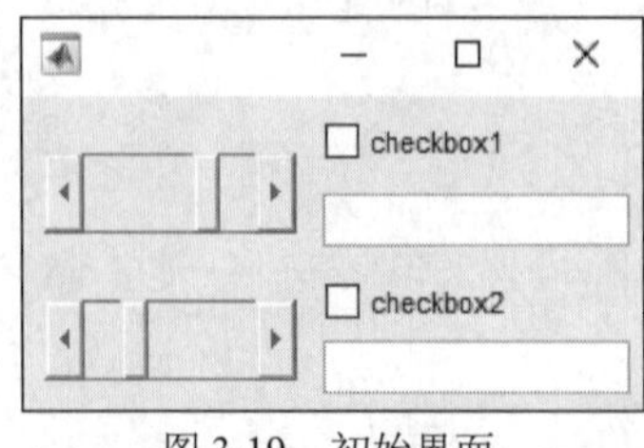

图 3-19　初始界面

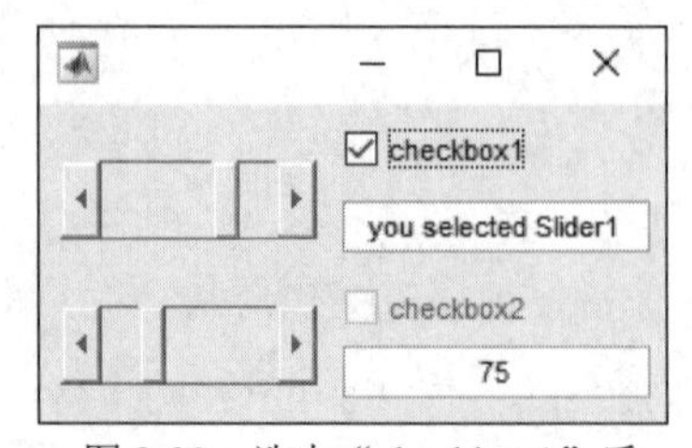

图 3-20　选中“checkbox1”后

对于上面的示例，修改为移动滑块的时候对应的可编辑文本框中显示 you selected Slider1，另一个可编辑文本框中显示该滑块值。

（1）将 2 个复选框去掉，修改代码如下。

```
fh = figure('position',[300 300 245 120],...
            'menubar','none',...
            'numbertitle','off','resize','on');

et1 = uicontrol(fh,'Style','edit','Position',[120 10 120 20]);
et2 = uicontrol(fh,'Style','edit','Position',[120 65 120 20]);

sh2 = uicontrol(fh,'Style','slider',...
'Max',100,'Min',0,'Value',25,...
'SliderStep',[0.05 0.2],'Position',[10 15 100 30]);
sh1 = uicontrol(fh,'Style','slider',...
'Max',100,'Min',0,'Value',75,...
'SliderStep',[0.05 0.2],'Position',[10 70 100 30]);

sh1.Callback={@sh1ValueChangingFcn,sh1,sh2,et1,et2};
sh2.Callback={@sh2ValueChangingFcn,sh1,sh2,et1,et2};
```

（2）编写滑块的回调函数，并在回调参数中引用回调函数和将要引用的控件，代码如下。

```
function sh1ValueChangingFcn(hObject,eventdata,sh1,sh2,et1,et2)
   et1.String=sh1.Value;
   et2.String="you Slidered Slider1";
end
function sh2ValueChangingFcn(hObject,eventdata,sh1,sh2,et1,et2)
   et2.String=sh2.Value;
   et1.String="you Slidered Slider2";
end
```

代码运行结果如图 3-21 和图 3-22 所示。

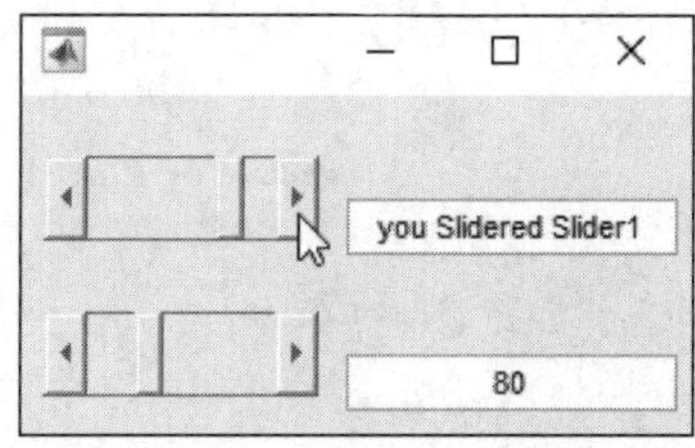

图 3-21　单击第一个滑块

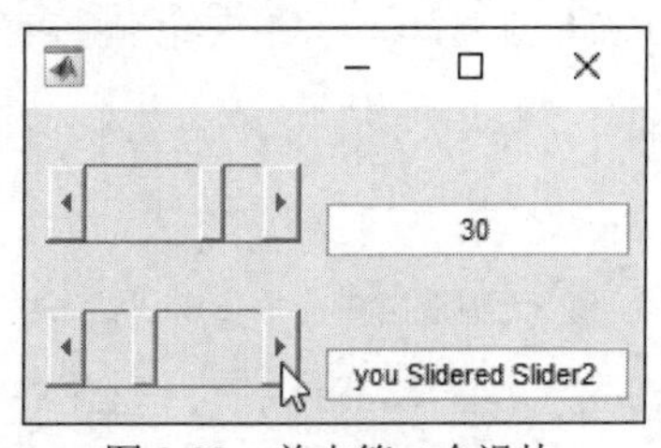

图 3-22　单击第二个滑块

3.16 创建列表框和弹出式菜单联动的回调

下面的代码展示了如何在 1 个新窗口上生成 1 个列表框、1 个弹出式菜单。当单击弹出式菜单中的条目时，自动将其添加到列表框的上部，并删除弹出式菜单中的内容。

（1）建立 1 个窗口 S.fh，用于放置控件；在窗口上生成 1 个列表框、1 个弹出式菜单，代码如下。

```
S.fh = figure('position',[300 300 240 120],...
            'menubar','none',...
            'name','三国人物',...
            'numbertitle','off',...
            'resize','on');
S.lb = uicontrol(S.fh,'Style','listbox',...
'String',{'郭嘉','诸葛亮','法正','司马懿','陈宫','庞统','徐庶'},...
'Value',3,'Position',[10 10 90 100])
S.pm = uicontrol(S.fh,'Style','popupmenu',...
    'String',{'刘备','关羽','张飞','赵云'},...
'Value',1,'Position',[130 80 90 30]);
```

（2）设置弹出式菜单的回调属性，在回调参数中引用 S 窗体下的所有控件及其属性，代码如下。

```
set(S.pm,'callback',{@pm_call,S})
```

（3）编写回调函数，在回调属性中引用相关对象。该回调函数比介绍过的其他程序的稍微复杂一些，下面将对主要的代码以注释的形式做说明。

```
function [] = pm_call(varargin)
    % 下面一段代码表示增加弹出式菜单中选中的内容到列表框
    [K,S] = varargin{[2,3]}  % 获取对象的 structure 值
    num=get(K.Source,'Value')% 获取选中条目的 num 值
    oldstr = get(S.lb,'string') % 获取列表框的内容
    addstr = K.Source.String(num) % 获取弹出式菜单选中的内容
% 给弹出式菜单的 String 属性赋值，顺序可自行调整
% 当前是指将弹出式菜单选中的内容放在列表框内容的前面
    set(S.lb,'string',{addstr{:},oldstr{:}});
    % 下面一段代码是指在选中弹出式菜单中的其中一项时，删除该项内容
    L = get(S.pm,{'string','value'})  % 获取用户选择的内容
    % 下面的代码表示判断是否为空字符串
```

```
    if~isempty(L{1})
        L{1}(L{2}(:)) = []  % 删除选中的字符串
        set(S.pm,'string',L{1},'val',1) % 设置新的 string
    end
end
```

代码运行结果如图 3-23 和图 3-24 所示。

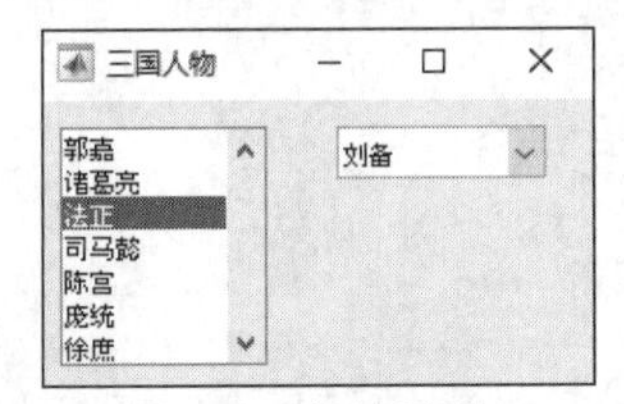

图 3-23 初始界面

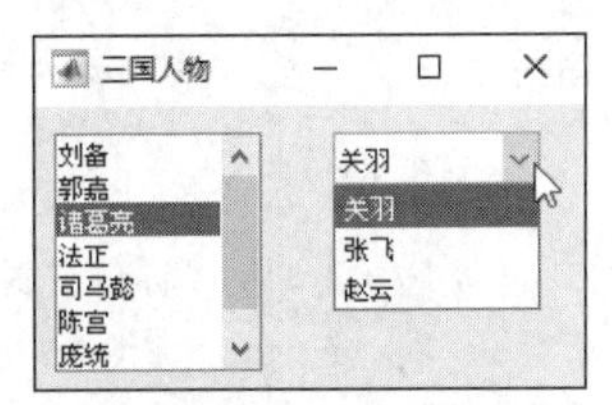

图 3-24 单击刘备，将其添加至列表框

3.17 演示获取用户键盘按键输入

下面一段代码展示了如何在 1 个新窗口上生成 1 个可编辑文本框和 1 个普通按钮，当用户通过删除、剪切等操作改变文本框内容时，将恢复原有数据；文本框内容改变时调用了两个函数（一个是键盘按键输入，另一个是文本值改变），在文本值改变后，需要单击窗口内的空白处（非窗口标题栏）；当单击按钮时，它将把文本框的内容输出到命令行窗口。此外，获取用户的键盘按键输入也是本例的一个学习重点。

```
S.fh = uifigure('position',[300 300 220 120],'menubar','none',...
    'name','获取键盘按键输入','numbertitle','off','resize','off');
S.ed = uitextarea(S.fh,'position',[10 70 200 30],...
            'Value','该文本只能复制不能剪切');
S.pb =  uibutton(S.fh,'position',[10 30 200 30],...
            'Text','Print to screen');
set(S.pb,'ButtonPushedFcn',{@pb_btpfcn,S}) % 设置按钮回调函数
set(S.ed,'ValueChangedFcn',{@ed_vcfcn,S})  % 设置文本值改变回调函数
set(S.fh,'WindowKeyPressFcn',{@fh_kpfcn,S})  % 设置键盘按键按下回调函数
    % 单击按钮将文本内容输出到命令行窗口的回调函数
function [] = pb_btpfcn(varargin)
    S = varargin{3};  % 获取结构
    disp(get(S.ed,'Value')) % 输出到命令行窗口
end
    % 键盘按键按下回调函数
function [] = fh_kpfcn(varargin)
```

```
    [K,S] = varargin{[2 3]}
    if isempty(K.Modifier)
          set(S.ed,'Value','该文本只能复制不能剪切0');
    elseif strcmp(K.Key,'c') && strcmp(K.Modifier{1},'control')
          set(S.ed,'Value','你按了键盘按键c');
    elseif strcmp(K.Key,'x') && strcmp(K.Modifier{1},'control')
          set(S.ed,'Value','你按了键盘按键x');
    else~strcmp(K.Key,'x') || ~strcmp(K.Key,'c')
       set(S.ed,'Value',['你按了键盘按键' K.Key]);
    end
end
    % 文本值改变回调函数
function [] = ed_vcfcn(varargin)
    [K,S] = varargin{[2 3]};
    if~strcmp(K.Value,K.PreviousValue)
          set(S.ed,'Value','该文本只能复制不能改变');
    end
end
```

代码运行结果如图 3-25 和图 3-26 所示。

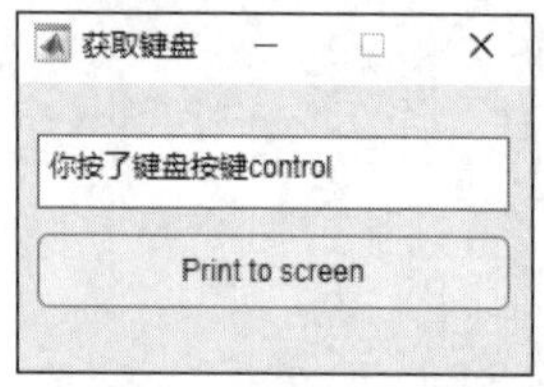

图 3-25　按了 Ctrl 键后

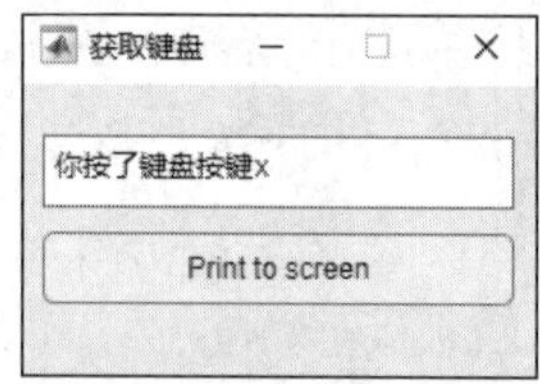

图 3-26　按了 x 键后

3.18　专题讨论：同一控件内属性参数的传递

以 3.11 节按钮的回调函数为例进行介绍。在创建按钮后，希望对按钮的 String 进行修改，将按钮上的文本改为 Hello World。有以下 4 种常用的方法。

1. 设置全局变量

（1）在第（1）步的代码最上边和第（2）步的代码回调函数内部第 1 句中添加以下语句，声明全局变量。

```
global pb
```

（2）在回调函数中添加如下代码。

```
function ButtonPushed(src, event)
        global pb
         set(pb,'String','Hello World')
 end
```

src 指定当前触发的对象；event 指定当前事件的名称。

2. *直接使用对象*

在第（2）步的代码中直接引用当前触发事件的对象，代码如下。

```
function ButtonPushed(src,event)
        src.String = 'Hello World';
 end
```

3. *嵌套函数*

将整段代码作为嵌套函数使用，代码如下。

```
function uicontrol_pushbutton_SV3(~,~)
S= figure('position',[300 300 230 120],...
    'menubar','none',...
    'name','普通按钮',...
    'numbertitle','off',...
    'resize','on');
pb= uicontrol(S,'Style','pushbutton','String','Button 1', ...
    'Position',[(S.Position(3)-80)/2 (S.Position(4)-40)/2 80 40], ...
'Callback',@ButtonPushed)

       function ButtonPushed(src,event)
           pb.String = 'Hello World';
       end
end
```

4. *在回调属性及回调函数中共同引用参数*

在回调属性及回调函数中共同引用参数，代码如下。

```
S= figure('position',[300 300 230 120],...
          'menubar','none',...
          'name','普通按钮',...
          'numbertitle','off',...
          'resize','on');
 pb= uicontrol(S,'Style','pushbutton','String','Button 1', ...
```

```
    'Position',[(S.Position(3)-80)/2 (S.Position(4)-40)/2 80 40])
pb.Callback={@ButtonPushed,pb}


function ButtonPushed(src,event,pb)
       pb.String = 'Hello World';
end
```

使用 Callback 代码最后一句带花括号的引用方法，需要该参数或者控件已经出现过或者已经生成，否则会提示错误。

3.19 专题讨论：同一窗体下共用回调及各控件属性参数的传递

在 3.14 节我们已经介绍了如何获取同一窗体下的所有属性，那么是否可以多个控件共用一个回调属性或回调函数，并且使各控件的相关属性相互引用呢？答案是肯定的。下面我们就通过一个示例来对其工作的原理进行介绍。

下面两段代码展示了如何在 1 个新窗口上生成 1 个列表框和 1 个可编辑文本框。当单击列表框中一个条目的时候，在可编辑文本框中显示选中的内容，当用户改变可编辑文本框的内容后，焦点离开可编辑文本框，数据恢复为改变之前的内容。代码如下。

```
S.fh = figure('position',[300 300 200 120],...
            'menubar','none',...
            'name','uicontrol_ListBox',...
            'numbertitle','off',...
            'resize','on');
S.lb = uicontrol(S.fh,'Style','listbox',...
'String',{'郭嘉','诸葛亮','法正','司马懿', ...
'陈宫','庞统','徐庶','刘备','关羽','张飞','赵云'},...
'Value',3,'Position',[10 10 90 100])
S.ed = uicontrol(S.fh,'Style','edit',...
'Max',2,'Min',0,'Position',[120 30 70 60]);
set([S.lb,S.ed],'callback',{@lb_call,S})
```

最后一句代码表示回调属性，同时将一个回调函数赋给了列表框和可编辑文本框这两个控件。

```
function [] = lb_call(varargin)
[K,S] = varargin{[2,3]}
 num=get(S.lb,'Value')
```

```
 strlb=S.lb.String(num)
set(S.ed,'string',['你选中了' strlb])
end
```

下面详细讲解回调函数的作用原理。

运行代码：

```
[K,S] = varargin{[2,3]}
```

可以得到以下结果：

```
K =
  ActionData - 属性:
       Source: [1×1 UIControl]
    EventName: 'Action'
S =
包含以下字段的结构体:
    fh: [1×1 Figure]
    lb: [1×1 UIControl]
    ed: [1×1 UIControl]
```

可以看出，该代码获取了当前运行窗口的所有控件的结构体数据，通过函数 get(K.Source)可以调用 K 和 S 的属性：

```
  BackgroundColor: [0.9400 0.9400 0.9400]
         BeingDeleted: off
           BusyAction: 'queue'
        ButtonDownFcn: ''
                CData: []
             Callback: {2×1 cell}
             Children: [0×0 handle]
          ContextMenu: [0×0 GraphicsPlaceholder]
            CreateFcn: ''
            DeleteFcn: ''
               Enable: 'on'
               Extent: [0 0 26 19]
            FontAngle: 'normal'
             FontName: 'MS Sans Serif'
             FontSize: 8
```

```
             FontUnits: 'points'
            FontWeight: 'normal'
       ForegroundColor: [0 0 0]
      HandleVisibility: 'on'
   HorizontalAlignment: 'center'
         InnerPosition: [10 10 90 100]
         Interruptible: on
           KeyPressFcn: ''
         KeyReleaseFcn: ''
            ListboxTop: 3
                   Max: 1
                   Min: 0
         OuterPosition: [10 10 90 100]
                Parent: [1×1 Figure]
              Position: [10 10 90 100]
            SliderStep: [0.0100 0.1000]
                String: {11×1 cell}
                 Style: 'listbox'
                   Tag: ''
               Tooltip: ''
                  Type: 'uicontrol'
                 Units: 'pixels'
              UserData: []
                 Value: 5
               Visible: on
```

从 Style: 'listbox'可以看出，该 K.Source 包含列表框的所有相关属性。

我们选取其中的一个属性 Callback 进行查看。

```
K.Source.Callback =
  2×1 cell 数组
    {  @lb_call}
    {1×1 struct}
```

这与第一段代码中的'callback',{@lb_call,S}是一致的，也就是说，回调函数第一句话已经将回调对象和回调属性等相关内容读了进来。

可以看出，此时，K.Source 的作用和 S.lb 的作用相同；但是，S 包含 fh、lb、ed 窗体的结构体数据。这样，所有控件的属性都可以在回调函数中引用。

3.20　专题讨论：回调运行提示对象无效或已删除的解决方法

在初学阶段，将代码按照控件分块写完，在运行后系统提示对象无效或已删除，无法向下运行。类似此类问题，可以用以下几种方法来解决。

1. 将需要引用的对象先生成

如，创建一个 GUI，里面有 1 个按钮和 1 个可编辑文本框，当单击按钮，可编辑文本框中的内容发生改变。那么就先生成可编辑文本框，然后生成按钮及回调函数。

2. 将需要引用的对象再生成一遍

如，创建一个 GUI，里面有 2 个按钮和 1 个可编辑文本框。（1）当单击按钮，可编辑文本框中的内容发生改变；（2）当手动输入可编辑文本框内容，按钮的 String 被修改为“文本框内容改变”。可以先生成可编辑文本框，然后生成按钮及回调函数，再生成 1 次可编辑文本框及回调函数。

3. 透过现象看本质

抛去前两种方法，找出为什么提示对象无效或已删除，说明在执行回调语句的时候找不到要进行响应的对象。有两种可能，一种可能是在回调函数生成的时候，对象还没生成；另一种可能是对象在被调用之前被删除了。一般在初学阶段，大概率是第一种情况。解决方案：将所有的回调属性语句单独写，并且放在所有生成对象的代码后面。如下面的 sh1 滑块 1、sh2 滑块 2、ck1 复选框 1、ck2 复选框 2，相互引用的同时还引用了 et1、et2 可编辑文本框等对象。

```
sh1.Callback={@sh1ValueChangingFcn,ck1,ck2,sh1,sh2,et1,et2}

sh2.Callback={@sh2ValueChangingFcn,ck1,ck2,sh1,sh2,et1,et2}

ck1.Callback={@ckChecked1,ck1,ck2,sh1,sh2,et1,et2}

ck2.Callback={@ckChecked2,ck1,ck2,sh1,sh2,et1,et2}
```

然后写回调函数。

第 4 章　容器

从本章开始，主要介绍基于 uifigure 函数创建图窗下的各对象的生成和应用，这些对象的生成和应用均以函数的形式呈现，其介绍方法与前 3 章有所不同。

普通组件需要在容器中才能呈现，容器主要包括用于设计 App 的图窗（uifigure）、网格布局管理器（uigridlayout）、面板容器（uipanel）、包含选项卡式面板的容器（uitabgroup）、选项卡式面板（uitab）等组件，见表 4-1。本章将对这几种容器的纯代码编程生成 GUI 进行介绍。

表 4-1　　容器包含的组件

序号	函数名	说明
1	uifigure	创建用于设计 App 的图窗
2	uigridlayout	创建网格布局管理器
3	uipanel	创建面板容器
4	uitabgroup	创建包含选项卡式面板的容器
5	uitab	创建选项卡式面板

4.1　创建图窗

函数 uifigure 用于创建用于设计 App 的图窗。使用圆点表示法引用特定的对象和属性，代码如下。

```
fig = uifigure;
fig.Name = 'My App';
```

1. 函数使用说明

（1）fig = uifigure：创建一个用于构建用户界面的图窗并返回图窗对象。

（2）fig = uifigure(Name,Value) ：使用一个或多个名值参数对指定图窗属性。

2. 输入参数

Name,Value：名值参数对。

示例：uifigure(Name='My App') 将 My App 指定为 UI 图窗的标题。

在 MATLAB R2021a 之前，使用逗号分隔每个名称和值，并用双引号引起来（后续版本单引号、双引号均支持）。

示例：uifigure("Name","My App") 将 My App 指定为 UI 图窗的标题。

3. 属性

UI Figure 属性用来控制基于 uifigure 函数创建的 UI 图窗的外观和行为。其属性有窗口外观、位置和大小、鼠标指针、交互性、常见回调、键盘回调、窗口回调、回调执行控制、父级/子级、标识符等 11 类，共 48 个，UI Figure 属性可以通过帮助函数获得，在此不一一列出。表 4-2 和表 4-3 给出了 UI 图窗外观属性、位置和大小属性。

表 4-2　UI 图窗外观属性

序号	属性	说明
1	Color	背景颜色。见表 4-4、表 4-5 及相关描述
2	WindowState	窗口状态，指定为下列值之一。①'normal'：窗口显示为正常状态。②'minimized'：窗口被折叠。③'maximized'：窗口最大化。④'fullscreen'：窗口填满屏幕

表 4-3　UI 图窗位置和大小属性

序号	属性	说明
1	Position	UI 图窗的位置和大小
2	Units	测量的单位，指定为'pixels'
3	Resize	可调整大小的 UI 图窗，指定为'on'或'off'。当此属性设置为'on'时，UI 图窗可调整大小，否则将无法调整大小
4	AutoResizeChildren	自动调整子对象的大小，指定为'on'或'off'，或者指定为数值或逻辑值，即 1（true）或 0（false）。要禁用 App 的大小调整，需将图窗的 Resize 属性设置为'off'

4. 示例

（1）通过纯代码编程实现设置 UI 图窗属性，代码如下，运行结果如图 4-1 所示。

```
fig = uifigure('Name','UIfigure','Color','#4DBEEE','Position',[100,300,300,200]);
```

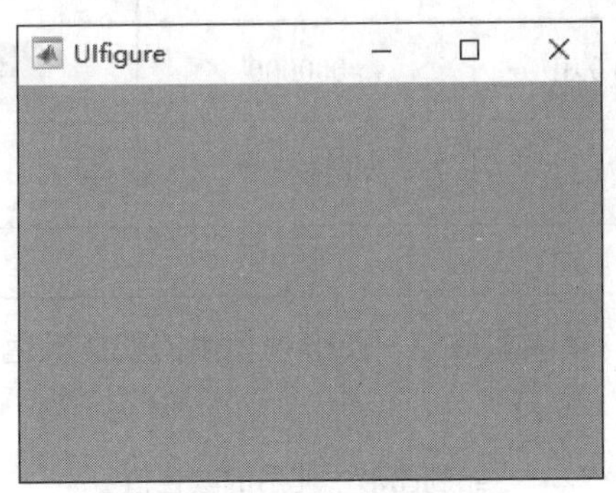

图 4-1　UI 图窗生成

本例采用的是名值参数对组合，从括号开始每两个即一个名值参数对。在本例中，Name 和 UIfigure、Color 和#4DBEEE、Position 和[100,300,300,200]分别是名值参数对，前者是属性名称，紧跟着的是属性值，属性名称用英文的引号引起，值则需要根据属性来进行区分，有的是数值、有的是向量、有的是字符，按照 MATLAB 给出的属性值选择即可。

Name 表示图窗要显示的名字，即 UIfigure，名字也可以为数字。

Color 表示窗口背景颜色，其设置的颜色如图 4-1 所示，其值为'#4DBEEE'。

背景颜色（BackgroundColor）对于所有对象通用，指定为 RGB 三元组、十六进制颜色代码或表 4-4 中列出的颜色选项之一。

对于自定义颜色，可指定 RGB 三元组或十六进制颜色代码。

RGB 三元组是包含 3 个元素的行向量，其元素分别指定颜色中红、绿、蓝分量的强度。强度值必须位于[0,1]内，例如[0.4 0.6 0.7]。

十六进制颜色代码是字符向量或字符串标量，以井号（#）开头，后跟 3 个或 6 个十六进制数字，范围是 0 到 F。字母不区分大小写。因此，颜色代码'#FF8800'与'#ff8800'、'#F80'与'#f80'是等效的。此外，还可以按名称指定一些常见的颜色。表 4-4 列出了命名颜色选项、等效 RGB 三元组和十六进制颜色代码，以及外观。

表 4-4　通用背景颜色值

颜色名称	短名称	等效 RGB 三元组	十六进制颜色代码	外观
'red'	'r'	[1 0 0]	'#FF0000'	
'green'	'g'	[0 1 0]	'#00FF00'	
'blue'	'b'	[0 0 1]	'#0000FF'	
'cyan'	'c'	[0 1 1]	'#00FFFF'	
'magenta'	'm'	[1 0 1]	'#FF00FF'	
'yellow'	'y'	[1 1 0]	'#FFFF00'	
'black'	'k'	[0 0 0]	'#000000'	
'white'	'w'	[1 1 1]	'#FFFFFF'	
'none'	不适用	不适用	不适用	无颜色

表 4-5 是 MATLAB 在许多类型的绘制图形中使用的默认颜色的 RGB 三元组和十六进制颜色代码，以及外观。

表 4-5　绘制图形中使用的颜色值

RGB 三元组	十六进制颜色代码	外观
[0 0.4470 0.7410]	'#0072BD'	
[0.8500 0.3250 0.0980]	'#D95319'	

续表

RGB 三元组	十六进制颜色代码	外观
[0.9290 0.6940 0.1250]	'#EDB120'	
[0.4940 0.1840 0.5560]	'#7E2F8E'	
[0.4660 0.6740 0.1880]	'#77AC30'	
[0.3010 0.7450 0.9330]	'#4DBEEE'	
[0.6350 0.0780 0.1840]	'#A2142F'	

Position 为图窗的位置，其值为四元素向量[100,300,300,200]。

UI 图窗的位置和大小，不包括边框和标题栏，指定为[left bottom width height]。

- left 为从主画面左边到 UI 图窗窗口的内部左边的距离。在具有多个监视器的系统上，该值可能为负数。
- bottom 为从主画面下边到 UI 图窗窗口的内部下边的距离。在具有多个监视器的系统上，该值可能为负数。
- width 为 UI 图窗的左右内部边缘的距离。
- height 为 UI 图窗的上下内部边缘的距离。

此外，图窗还有很多属性，根据需要进行名值参数对组合。

提示：从 MATLAB R2021a 开始，既可以用单引号也可以用双引号，下面语句与上面示例（1）等效。

```
fig=uifigure("Name","UIfigure","Color","#4DBEEE","Position",[100,300,300,200]);
```

采用圆点法设置属性，代码如下。

```
>>fig = uifigure; fig.Name = 'UIfigure'; fig.Color = '#4DBEEE'; fig.Position =
[100,300,300,200];
```

当然也可以用双引号，代码如下。

```
>> fig = uifigure; fig.Name = "UIfigure"; fig.Color ="#4DBEEE"; fig.Position =
[100,300,300,200];
```

（2）用于更改 x 坐标轴范围的 App。

下面一段代码展示了如何创建一个用于显示绘制图形的 App，用户滚动鼠标滚轮即可更改 x 坐标轴的范围。将以下代码复制并粘贴到编辑器中并运行它，运行结果如图 4-2 所示。

```
function scroll_wheel
  f = uifigure('WindowScrollWheelFcn',@figScroll,'Name','Scroll Wheel Demo');
  x = 0:.1:40;
  y = 4.*cos(x)./(x+2);
  a = axes(f);
```

```
    h = plot(a,x,y);
    title(a,'Rotate the scroll wheel')
    function figScroll(~,event)
       if event.VerticalScrollCount > 0
          xd = h.XData;
          inc = xd(end)/20;
          x = [0:.1:xd(end)+inc];
          re_eval(x)
       elseif event.VerticalScrollCount < 0
          xd = h.XData;
          inc = xd(end)/20;
          x = [0:.1:xd(end)-inc+.1];
          re_eval(x)
       end
    end
    function re_eval(x)
       y = 4.*cos(x)./(x+2);
       h.YData = y;
       h.XData = x;
       a.XLim = [0 x(end)];
       drawnow
    end
end
```

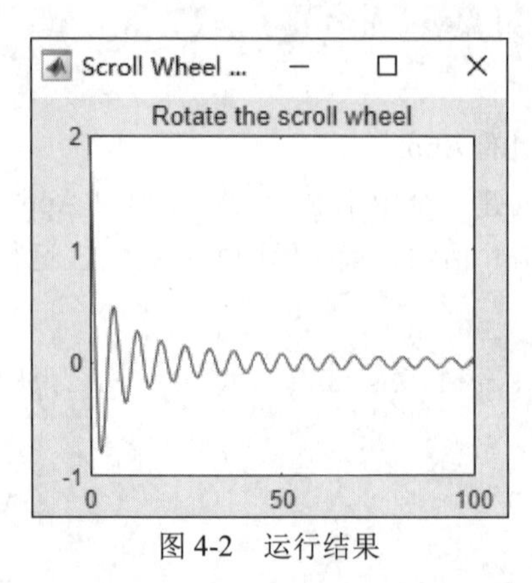

图 4-2　运行结果

4.2　创建网格布局管理器

函数 uigridlayout 用于创建网格布局管理器。网格布局管理器沿一个不可见网格的行和列定位对象，该网格跨整个图窗或图窗中的一个容器。通过更改网格布局的属性值，可以修改其行为的某些方面。使用圆点表示法引用特定的对象和属性，代码如下。

```
fig= uifigure;

g = uigridlayout(fig);

g.ColumnWidth = {100,'1x'};
```

1. 函数使用说明

（1）g = uigridlayout：为 App 创建网格布局管理器。默认在新图窗中创建 2×2 网格布局，并返回 GridLayout 对象。MATLAB 调用 uifigure 函数来创建该图窗。如果不想通过在 Position 向量中设置像素值来定位对象，可使用网格布局管理器。如果将对象添加到网格布局管理器，但没有指定对象的 Layout 属性，则网格布局管理器会从左到右、从上到下添加对象。

（2）g=uigridlayout(parent)：在指定的父容器中创建网格布局管理器。父容器可以是使用 uifigure 函数创建的图窗或其子容器之一。

（3）g=uigridlayout(___,sz)：将网格的大小指定为向量 sz。此向量中的第一个元素是行数，第二个元素是列数。单独指定 sz 参数或在 parent 参数之后指定它。

（4）g=uigridlayout(___,Name,Value)：使用一个或多个名值参数对指定 GridLayout 属性值。在上述任一语法中的所有其他参数之后指定名值参数对。

2. 输入参数

（1）parent：父容器，指定为使用 uifigure 函数创建的图窗对象或其子容器（Tab、Panel、ButtonGroup 或 GridLayout）之一。如果不指定父容器，MATLAB 会调用 uifigure 函数创建新图窗对象以充当父容器。

（2）sz：网格的大小，指定为二元素向量。第一个元素是行数，第二个元素是列数。两个值都必须大于 0。如果在未设置 RowHeight 或 ColumnWidth 属性的情况下指定此参数，MATLAB 会自动将行高和列宽设置为'1x'。

（3）Name,Value：名值参数对。

示例：使用 uigridlayout('RowHeight',{100,100})可创建一个网格，其中包含高度为 100 像素的两个行。

3. 属性

GridLayout 属性用于控制网格布局管理器行为，有表、交互性、位置、回调、回调执行控制、父级/子级、标识符等 7 类，共 21 个。可以通过帮助函数获得，在此不一一列出。

4. 示例

下面一段代码展示了如何创建一个名为 showhide.m 的程序文件，该文件可以根据用户在弹出式菜单中的选择，隐藏网格行中的对象。

（1）在图窗中创建一个 1×2 网格，称之为 grid1。使用此网格来管理一个面板和一个坐标区对象。

（2）在面板内创建一个 4×2 网格，称之为 grid2。使用此网格来管理一个弹出式菜单、两个微调器及其标签的布局。

（3）为弹出式菜单创建名为 MethodSelected 的回调函数。当弹出式菜单的值被更改为'hidePlot'时，回调通过将 grid2.RowHeight{3}设置为 0 来隐藏 grid2 的第二行中的对象。

（4）然后，运行代码。运行结果如图 4-3 和图 4-4 所示。

```
f = uifigure('Name','Plot','Position',[300,300,380,200]);
% 在窗体 f 中创建 grid1
grid1 = uigridlayout(f);
grid1.RowHeight = {'1x'};
grid1.ColumnWidth= {160,'1x'};
% 在 grid1 中创建控制面板和坐标区
p = uipanel(grid1);
ax = uiaxes(grid1);
% 在面板中创建 grid2
grid2 = uigridlayout(p);
grid2.RowHeight = {22, 22, 22,22};
grid2.ColumnWidth = {50,'1x'};
% 在 grid2 中增加 Method 标签
findMethodLabel = uilabel(grid2,'Text','Method:');
findMethod = uidropdown(grid2);
findMethod.Items = {'Show','hidePlot'};

% 在 grid2 中增加 x1 标签和下拉框
x1Label = uilabel(grid2,'Text','x1:');
x1Size = uispinner(grid2,'Value',-10);
x1=x1Size.Value;
xnLabel = uilabel(grid2,'Text','n:');
xnSize = uispinner(grid2,'Value',0.001);
x2Label = uilabel(grid2,'Text','x2:');
x2Size = uispinner(grid2,'Value',10);
x2=x2Size.Value;
x1=min(x1,x2);x2=max(x1,x2);
findMethod.ValueChangedFcn = {@MethodSelected,grid2,ax,x1,xnSize,x2};

function MethodSelected(src,~,grid2,ax,x1,xnSize,x2)
```

```
    method = src.Value
    switch method
        case 'hidePlot'
           cla(ax)
            % 隐藏第 2 行下拉框
            grid2.RowHeight{3} = 0;
            xn=xnSize.Value;
            plot(ax,sin(x1:xn:x2));
        case 'Show'
            % 显示第 2 行下拉框
           cla(ax)
            grid2.RowHeight{3} = 22;
            xn=xnSize.Value;
            plot(ax,2*cos(x1:xn:x2));
    end
end
```

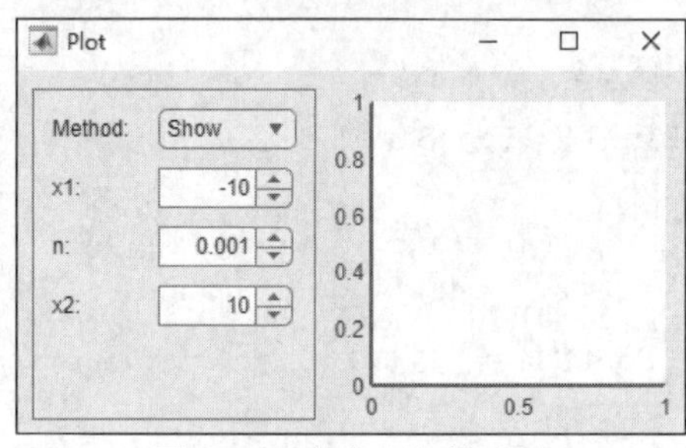

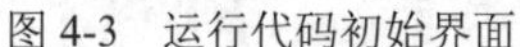
图 4-3　运行代码初始界面

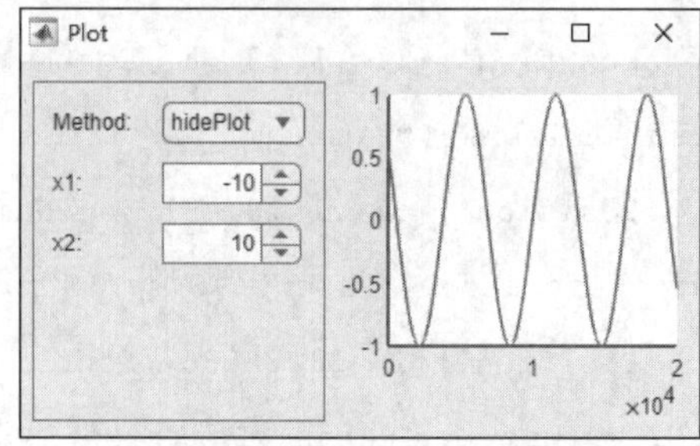

图 4-4　单击 Method 弹出式菜单后

4.3　创建面板容器

函数 uipanel 用于创建面板容器。面板是对象分组的容器。可通过属性控制面板的外观和行为。使用圆点表示法引用特定的对象和属性，代码如下。

```
fig= uifigure;
p = uipanel('Parent',fig);
p.Title = 'Display Options';
```

1. 函数使用说明

（1）p=uipanel：在当前图窗中创建一个面板并返回 Panel 对象。如果没有可用的图窗，MATLAB 将调用 figure 函数创建一个图窗。

（2）p=uipanel(Name,Value)：使用一个或多个名值参数对指定面板属性值。

（3）p=uipanel(parent)：在指定的父容器中创建面板。父容器可以是使用 figure 或 uifigure 函数创建的图窗，也可以是子容器（如选项卡式面板或网格布局管理器）。

（4）p=uipanel(parent,Name,Value)：指定父容器和一个或多个属性值。

2. 输入参数

（1）Parent：父容器，指定为使用 figure 或 uifigure 函数创建的图窗或子容器。

- 面板、选项卡和按钮组可以是任一类型的图窗中的容器。
- 网格布局是只能位于使用 uifigure 函数创建的图窗中的容器。

（2）Name,Value：名值参数对。

示例：'Title','Options'表示指定面板标题为 Options。

如果将面板对象的 Visible 属性设置为'off'，该对象包含的所有子对象（按钮、按钮组、坐标区等）以及父面板都将不可见。但是，每个子对象的 Visible 属性值不受影响。

下面一段代码展示了如何创建一个包含两个面板和一个普通按钮的图窗，当单击按钮时，按钮在 2 个位置之间切换。这些面板使用默认 Units 属性值'normalized'。uicontrol 函数中的默认单位是'pixels'。运行结果如图 4-5 和图 4-6 所示。

```
S.f = figure('Position',[300 300 220 200], ...
      'numbertitle','off',MenuBar='none',Name='双 Panel');
S.p = uipanel(S.f,'Title','父 Panel','FontSize',12,...
    'BackgroundColor','white',...
    'Position',[.1 .1 .8 .8],FontName='宋体');
S.sp = uipanel('Parent',S.p,'Title','子 Panel','FontSize',12,...
    'Position',[.1 .1 .8 .8],FontName='宋体');
S.c = uicontrol('Parent',S.sp,'String','按我',...
    'Position',[18 18 72 36],FontSize=12,FontName='宋体');
S.c.Callback = {@ChangePosition,S};
    global a;a=0;
function ChangePosition(src,event,S)
      global a;
    if a==1
      S.c.Position = [18 18 72 36];
      a=0;
    else
      S.c.Position = [20 20 90 45];
      a=1;
    end
end
```

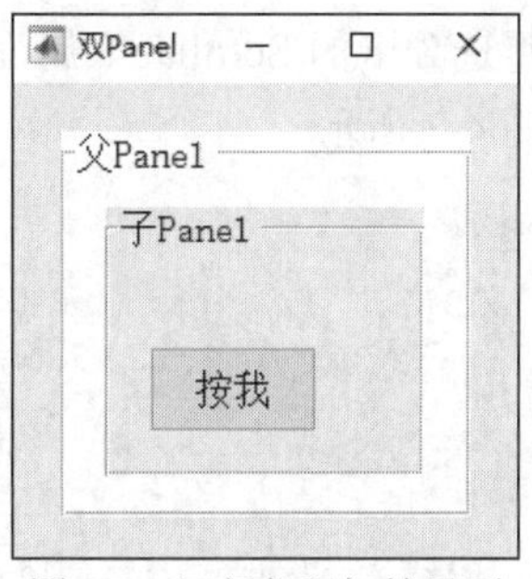

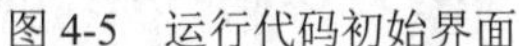
图 4-5　运行代码初始界面

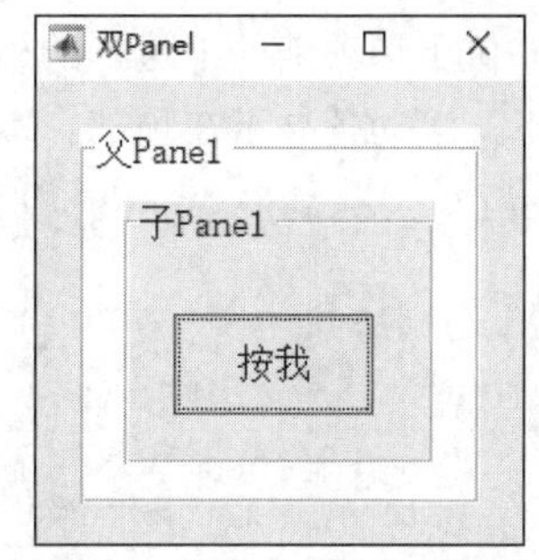

图 4-6　单击“按我”按钮后

4.4　创建包含选项卡式面板的容器

函数 uitabgroup 用于创建包含选项卡式面板的容器。选项卡组是用来对选项卡进行分组和管理的容器。可通过属性控制选项卡组的外观和行为。使用圆点表示法引用特定的对象和属性，代码如下。

```
fig = uifigure;

tg = uitabgroup(fig);

tg.Position = [20 20 200 200];
```

1. 函数使用说明

（1）tg=uitabgroup：在当前图窗中创建一个选项卡组并返回 TabGroup 对象。如果没有可用的图窗，MATLAB 将调用 figure 函数创建一个图窗。选项卡组是选项卡的容器。它允许用户标识选定的选项卡，并检测用户何时选择了不同的选项卡。

（2）tg=uitabgroup(Name,Value)：使用一个或多个名值参数对指定选项卡组属性值。

（3）tg=uitabgroup(parent)：在指定的父容器中创建选项卡组。父容器可以是使用 figure 或 uifigure 函数创建的图窗，也可以是子容器（如面板）。

示例：tg=uitabgroup(parent,Name,Value)表示指定父容器和一个或多个属性值。

2. 输入参数

（1）parent：父容器，指定为使用 figure 或 uifigure 函数创建的图窗或子容器。

- 面板、选项卡和按钮组可以是任一类型的图窗中的容器。
- 网格布局是只能位于使用 uifigure 函数创建的图窗中的容器。

（2）Name,Value：名值参数对。

示例：'TabLocation','bottom'表示指定选项卡标签位于选项卡组的底部。

3. 属性

TabGroup 属性用于控制基于 uifigure 函数创建的 App 中选项卡组的外观和行为，有选项卡、交互性、位置、回调、回调执行控制、父级/子级、标识符等 7 类，共 23 个。其中，Scrollable 属性支持在选项卡内的对象超出边框时启用滚动。要使用滚动功能，图窗必须使用 uifigure 函数创建。

4. 示例

下面一段代码展示了如何创建一个选项卡组中的可滚动选项卡。向该选项卡中添加 6 个 UI

组件，前 3 个组件位于选项卡的上边框的外部。通过将选项卡的 Scrollable 属性设置为'on'来启用滚动。默认情况下，滚动条显示在顶部。运行结果如图 4-7 所示。

```
fig = uifigure('Position',[300 300 260 220]);
tg = uitabgroup(fig,'Position',[10 10 240 200]);
t1 = uitab(tg,'Title','Member Informaion');
t2 = uitab(tg,'Title','Photo');
ef1 = uieditfield(t1,'text','Position',[10 145 140 22],'Value','First Name');
ef2 = uieditfield(t1,'text','Position',[10 120 140 22],'Value','Last Name');
ef3 = uieditfield(t1,'text','Position',[10 95 140 22],'Value','Addess');
dd = uidropdown(t1,'Position',[10 70 140 22],'Items',{'Male00','Female'});

cb = uicheckbox(t1,'Position',[10 45 140 22],'Text','Member');
b = uibutton(t1,'Position',[10 20 140 22],'Text','Send');
t1.Scrollable = 'on';
t2.Scrollable = 'on';
dd.ValueChangedFcn={@genderselection,t2,dd};

function genderselection(src,event,t2,dd)
     Value=dd.Value;
    if Value == 'Male00'
        x=imread('m1.jpg');
    else
        x=imread('m2.jpg');
    end
    p1=uiaxes(t2);
    p1.Visible = 'off';
    image(p1,x);
end
```

当选择性别为 Male00 时，第二个选项卡 Photo 内显示黑猫图片，当选择为 Female 时，显示白猫图片。运行结果如图 4-8 所示。

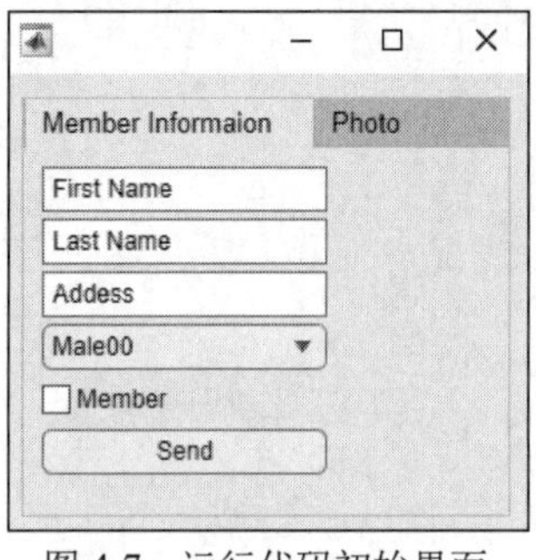

图 4-7 运行代码初始界面

图 4-8 Photo 选项卡显示图片

提示 由于 char 类型变量在长度不一样时会提示“对于此运算，数组的大小不兼容”，因此需要将变量长度设置为一致，如 Male00 和 Female 长度一样。

4.5 创建选项卡式面板

函数 uitab 用于创建选项卡式面板。选项卡是用于分组的容器，以便通过选项卡标签将 UI 组件分组。使用 uitab 函数在选项卡组内创建选项卡。可通过属性控制选项卡的外观和行为。使用圆点表示法引用特定的对象和属性，代码如下。

```
fig = uifigure;
tg = uitabgroup(fig);
t = uitab(tg);
t.Title = 'Data';
```

1. 函数使用说明

（1）t=uitab：在选项卡组内创建一个选项卡，并返回 Tab 对象。如果没有可用的选项卡组，MATLAB 将调用 figure 函数创建一个图窗。然后，在该图窗中创建一个选项卡组，并将选项卡放在该选项卡组内。

（2）t=uitab(Name,Value)：使用一个或多个名值参数对指定选项卡属性值。

（3）t=uitab(parent)：在指定的父容器中创建选项卡。父容器可以是使用 figure 或 uifigure 函数创建的图窗中的一个选项卡组。

示例：t=uitab(parent,Name,Value)表示指定父容器的一个或多个属性值。

2. 输入参数

（1）parent：父容器，指定为选项卡组。选项卡组可以是使用 figure 或 uifigure 函数创建的图窗的一个子级。

（2）Name,Value：名值参数对。

示例：'Title','Options'表示指定选项卡标题为 Options。

3. 属性

Tab 属性用于控制基于 uifigure 函数创建的 App 中表的外观和行为，有标题和颜色、交互性、位置、回调、回调执行控制、父级/子级、标识符等 7 类，共 24 个。

选项卡式面板编程方法和包含选项卡式面板的容器的一样，可参考包含选项卡式面板的容器编程示例。

第 5 章　坐标区

有些图形函数需要在专用坐标区上绘制图形。例如，绘制极坐标图形的函数必须在 PolarAxes 对象上进行绘制，通过调用 geoaxes 函数以编程方式创建地理坐标区。

坐标区函数包含 4 个函数，分别用于为 App 中的图形绘制创建 UI 坐标区（uiaxes）、笛卡儿坐标区（axes）、地理坐标区（geoaxes）、极坐标区（polaraxes），见表 5-1。

表 5-1　坐标区函数

序号	函数名	说明
1	uiaxes	为 App 中的图形绘制创建 UI 坐标区
2	axes	创建笛卡儿坐标区
3	geoaxes	创建地理坐标区
4	polaraxes	创建极坐标区

5.1　创建 UI 坐标区

函数 uiaxes 用于为 App 中的图形绘制创建 UI 坐标区。通过 UIAxes 属性控制 UIAxes 对象的外观和行为。通过更改属性值，用户可以修改坐标区的特定方面，代码如下。

```
ax=uiaxes;
ax.Color='blue';
```

1. 函数使用说明

（1）ax=uiaxes：在新图窗中创建一个 UI 坐标区，并返回 UIAxes 对象。MATLAB 调用 uifigure 函数来创建该图窗。

UIAxes 对象对于在 App 中创建笛卡儿坐标区很有用。它们与 axes 函数返回的笛卡儿 Axes 对象非常类似。因此，用户可以将 UIAxes 对象传递给大多数接受 Axes 对象的函数。

（2）ax=uiaxes(Name,Value)：使用一个或多个名值参数对指定 UIAxes 属性值。

（3）ax=uiaxes(parent)：在指定的父容器中创建 UI 坐标区。父容器可以是使用 uifigure 函数创建的图窗对象或其子容器之一。

（4）ax=uiaxes(parent,Name,Value)：使用一个或多个名值参数对指定 UIAxes 属性值。

2. 输入参数

（1）parent：父容器，指定为 Figure、Panel、Tab、GridLayout 或 TiledChartLayout 对象。如果未指定容器，MATLAB 将调用 uifigure 函数创建一个新图窗对象来充当父容器。

（2）Name,Value：名值参数对。

3. 输出参数

ax：UIAxes 对象。创建 UIAxes 后，可以使用 ax 设置其属性。

4. 属性

UIAxes 属性用于控制 UI 坐标区的外观和行为。UIAxes 的属性比较多，有字体、刻度、标尺、网格、标签、多个图形、颜色和透明度、框样式、位置、视图、交互性、回调、回调执行控制、父级/子级、标识符等 15 类，共 117 个。

5. 示例

下面一段代码展示了如何使用 uiaxes 函数来为 App 中的图形绘制创建 UI 坐标区，具体内容为在图窗上绘制一个正弦曲线图形。运行结果如图 5-1 所示。

```
fig = uifigure('Position',[100,300,320,220]);
ax = uiaxes(fig,'Position',[10 10 300 200],'Color','white','FontName','times New Roman','FontSize',10,'FontAngle','italic','XColor','r', 'YColor','m');
```

第一句代码为第 4 章内容，创建一个新的图窗并指定位置和大小。

第二句表示在上面创建的图窗（父容器）上创建一个坐标区，下面详细解释括号中各参数。

（1）fig 表示创建的图窗，指定生成的 UI 坐标区在此图窗上生成。

（2）'Position',[10 10 300 200]与'Color','white'两对名值参数对，分别表示设置坐标区在图窗中的位置和坐标区大小，设置坐标区（图形绘制区）的颜色，这里设置为白色。

（3）'FontName','times New Roman'与'FontSize',10，这两对名值参数对表示设置坐标区坐标上字体的名称和字体大小。

（4）'FontAngle','italic'名值参数对表示设置字体是斜体。

（5）'XColor','r'和'YColor','m'两对名值参数对表示设置坐标区坐标轴的颜色，分别设置为红色和品红色。

如果要在此坐标区进行图形绘制，则添加以下语句即可。

```
x=-0.5:0.1:10;y=sin(x);plot(ax,x,y)
```

运行结果如图 5-2 所示。

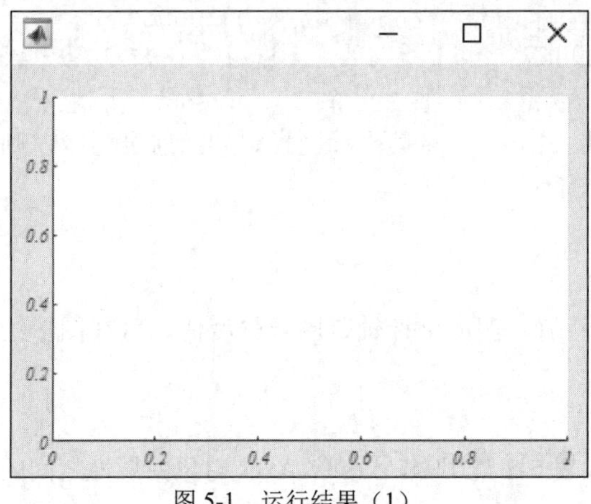

图 5-1　运行结果（1）

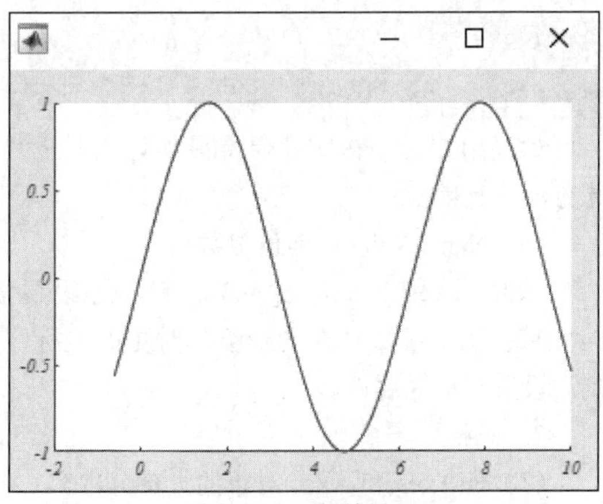

图 5-2　运行结果（2）

5.2 创建笛卡儿坐标区

函数 axes 用于创建笛卡儿坐标区。通过更改 Axes 属性来控制 Axes 对象的外观和行为。使用圆点表示法查询和设置属性的代码如下。

```
ax = gca;
c = ax.Color;
ax.Color = 'blue';
```

1. 函数使用说明

（1）axes：在当前图窗中创建默认的笛卡儿坐标区，并将其设置为当前坐标区。通常情况下，用户不需要在图形绘制之前创建坐标区，因为如果不存在坐标区，图形函数会在图形绘制时自动创建坐标区。

（2）axes(Name,Value)：使用一个或多个名值参数对修改坐标区的外观，或控制数据的显示方式。例如，使用'FontSize',14 可设置坐标区文本的字体大小。

（3）axes(parent,Name,Value)：在由 parent 指定的图窗、面板或选项卡中创建坐标区，而不是在当前图窗中创建。

（4）ax=axes(___)：返回创建的 Axes 对象。可在创建 Axes 对象后使用 ax 查询和修改对象属性。

（5）axes(cax)：将父容器的 CurrentAxes 属性设置为 cax。如果父容器的 HandleVisibilty 属性设置为'on'，则 cax 将成为当前坐标区。此函数还将 cax 设置为父容器的 Children 属性中列出的第一个对象。父容器通常是一个图窗或一个分块图布局。

2. 输入参数

（1）parent：父容器，指定为 Figure、Panel、Tab、TiledChartLayout 或 GridLayout 对象。

（2）cax：要设置为当前坐标区的坐标区，指定为 Axes 对象、PolarAxes 对象、GeographicAxes 对象或独立可视化对象，如 heatmap。

如果用户希望将某个对象设置为当前坐标区但不改变图窗的状态，需设置包含坐标区的图窗的 CurrentAxes 属性，例如：

```
fig = gcf;
fig.CurrentAxes = cax;
```

如果用户希望在图窗保持最小化或置于其他图窗下方时将其坐标区指定为当前坐标区，则此方法很有用。

（3）Name,Value：名值参数对。

示例：axes('Position',[.3 .3 .5 .5])表示设置位置。

有些图形函数会在图形绘制时更改坐标区属性值，例如坐标轴范围或刻度值。可在图形绘制后设置坐标区属性。

3. 属性

（1）UIAxes 和 Axes 对象的大部分内容一样，表 5-2 说明 UIAxes 和 Axes 对象的属性之间的差异。

表 5-2　　UIAxes 和 Axes 对象的属性之间的差异

属性	UIAxes 对象	Axes 对象
NextPlot	默认值为'replacechildren'	默认值为'replace'
Position	默认 Position 是以像素为单位的，如[10 10 400 300]。 该 Position 属性等同于 OuterPosition 属性	默认 Position 是以归一化单位表示的，如[0.1300 0.1100 0.7750 0.8150]。 该 Position 属性等同于 InnerPosition 属性
Units	默认值为'pixels'	默认值为'normalized'
FontUnits	默认值为'pixels'	默认值为'points'

（2）当前坐标区。

当前坐标区是图形输出的目标。默认情况下，plot、text 和 surf 等图形函数将其结果绘制在当前坐标区上。当前坐标区对象通常是用户最后一次创建的 Axes 对象，或最后一次单击的对象。更改当前图窗也会更改当前坐标区。使用 gca 函数可返回当前坐标区。

4. 示例

（1）在图窗中定位多个坐标区。

下面一段代码展示了如何在图窗中放置两个 Axes 对象，并为每个对象添加一个图形。运行结果如图 5-3 所示。

第一步：指定第一个 Axes 对象的位置，使其左下角位于点（30,30）处，宽度和高度均为 100。指定第二个 Axes 对象的位置，使其左下角位于点（170,150）处，宽度和高度均为 100。将这两个 Axes 对象返回为 ax1 和 ax2。

第二步：在每个 Axes 对象上添加一个图形。通过将坐标区作为第一个输入参数传递给图形函数来指定坐标区。大多数图形函数会重置某些坐标区属性，如刻度值和标签。但是，它们不会重置坐标区的位置。

```
fh=figure('Position',[300 300 300 270],'menubar','none',...
'numbertitle','off','name','2 个坐标区','Color','#FFF8DC');
ax1= axes(fh,'Units','pixels','Position',[30 30 100 100]);
ax2 = axes(fh,'Units','pixels','Position',[170 150 100 100]);
a=plot(ax1,sin(-10:0.1:10),'LineWidth',1,'color','black');
set(ax1,'FontSize',12)
set(ax1,'FontName','Times new Roman');
b=plot(ax2,tan(-10:0.1:10));
set(b,'LineWidth',1,'color','blue');
set(gca,'FontSize',12)
set(gca,'FontName','Times new Roman');
```

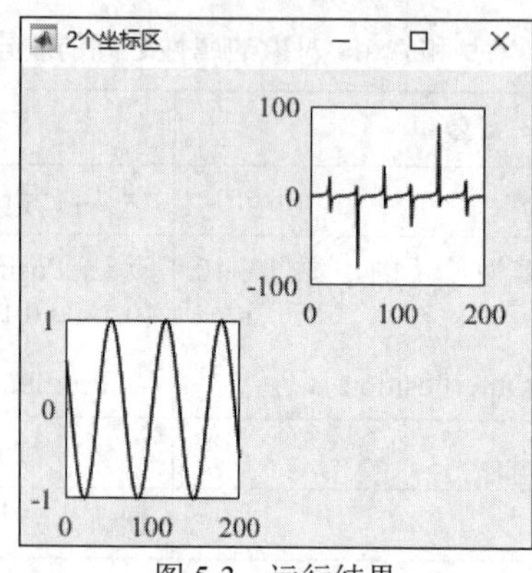

图 5-3　运行结果

（2）在选项卡上创建坐标区。

下面一段代码展示了如何创建包含两个选项卡的图窗。通过为每个坐标区指定父容器，将坐标区添加到每个选项卡上。在第一个选项卡中绘制正弦函数图像，在第二个选项卡中绘制正切函数和余弦函数之和的图像。运行结果如图 5-4 和图 5-5 所示。

```
figure('position',[300,300,220,200], 'numbertitle', ...
    'off',MenuBar='none',Name='2 个标签');
tab1 = uitab('Title','Tab1');
ax1 = axes(tab1);
plot(ax1,sin(-10:0.1:10))
tab2 = uitab('Title','Tab2');
ax2 = axes(tab2);
plot(ax2,tan(-10:0.1:10)+cos(-10:0.1:10))
```

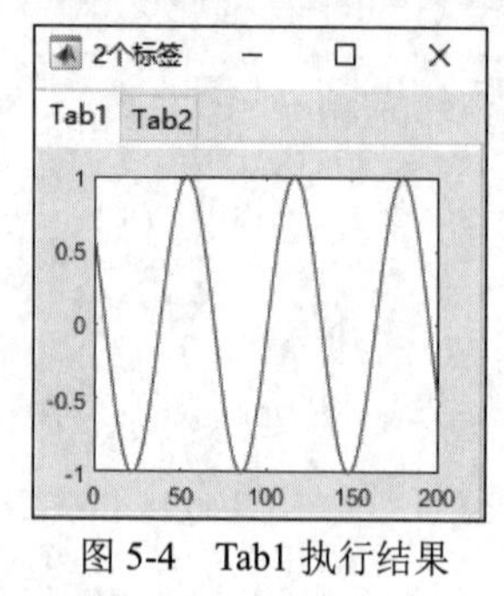

图 5-4　Tab1 执行结果

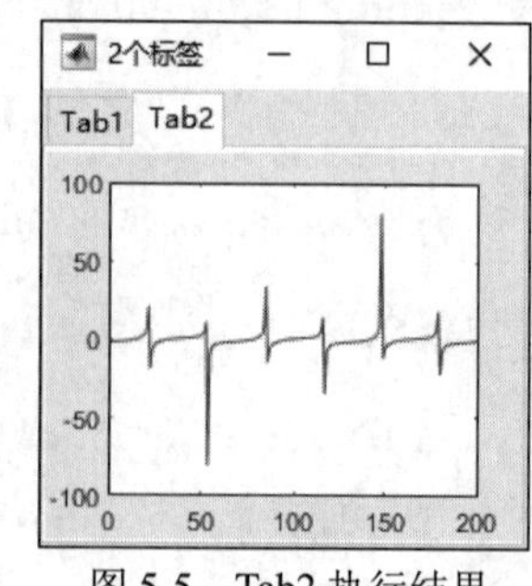

图 5-5　Tab2 执行结果

5.3　创建地理坐标区

函数 geoaxes 用于创建地理坐标区。

1. 函数使用说明

（1）geoaxes：使用默认属性值在当前图窗中创建一个地理坐标区，并使其成为当前坐标区。

地理坐标区以地理坐标（纬度/经度）方式在地图上显示数据。地图是动态的，也就是说，用户可以平移地图以查看其他地理位置，以及在地图上进行放大和缩小操作以更详细地查看区域。

（2）geoaxes(Name,Value)：使用一个或多个名值参数对指定 GeographicAxes 对象的属性值。

（3）geoaxes(parent,___)：在由 parent 指定的图窗、面板或选项卡中创建地理坐标区，而不是在当前图窗中创建。

（4）gx=geoaxes(___)：返回 GeographicAxes 对象。创建坐标区后，可以使用 gx 修改坐标区的属性。

（5）geoaxes(gx)：使 GeographicAxes 对象 gx 成为当前坐标区。

2. 输入参数

（1）parent：父容器，指定为 Figure、Panel、Tab、TiledChartLayout 或 GridLayout 对象。

（2）gx：要成为当前坐标区的地理坐标区，指定为 GeographicAxes 对象。

（3）Name,Value：名值参数对。

示例：gx=geoaxes('Basemap','colorterrain')。

3. 输出参数

gx：地理坐标区，以 GeographicAxes 对象形式返回。

4. 属性

GeographicAxes 属性用于控制 GeographicAxes 对象的外观和行为。通过更改属性值，用户可以修改地理坐标区的特定方面。需要在图形绘制后设置坐标区属性，因为某些图形函数会重置坐标区属性。

一些图形函数会在图形绘制时创建地理坐标区。使用 gca 访问新创建的坐标区。要使用所有属性的默认值创建地理坐标区，需使用 geoaxes 函数。

5. 示例

下面一段代码展示了在地理坐标区中绘制图形，如何创建一个地理坐标区，以及使用 geoplot 函数绘制图形。要修改用户创建的地理坐标区，需指定 gx 作为输入参数。使用线条设定 'g-*'自定义线条外观。使用 geobasemap 函数更改底图。

```
f=figure('position',[300,300,300,300], 'numbertitle', ...
   'off',MenuBar='none',Name='地理坐标');
gx = geoaxes(f);
latSeattle = 47.62;
lonSeattle = -122.33;
latAnchorage = 61.20;
lonAnchorage = -149.9;
geoplot(gx,[latSeattle latAnchorage],[lonSeattle lonAnchorage],'g-*')
geobasemap(gx,'colorterrain')
set(gx,FontName='黑体',FontSize=12)
```

5.4 创建极坐标区

函数 polaraxes 用于创建极坐标区。

有些图形函数会在图形绘制时创建极坐标区。使用 gca 访问新创建的坐标区。要创建空的极坐标区，需使用 polaraxes 函数，代码如下。

```
polarplot([0 pi/2 pi],[1 2 3])
ax=gca;
d=ax.ThetaDir;
ax.ThetaDir='clockwise';
```

1. 函数使用说明

（1）polaraxes：在当前图窗中创建默认的极坐标区。

（2）polaraxes(Name,Value)：使用一个或多个名值参数对指定 PolarAxes 对象的属性（例如 'ThetaDir','clockwise'）。有关属性列表，可参阅 PolarAxes 属性。

（3）polaraxes(parent,___)：在由 parent 指定的图窗、面板或选项卡中创建极坐标区，而不是在当前图窗中创建。可单独使用此参数或与名值参数对一起使用。

（4）pax=polaraxes(___)：返回创建的 PolarAxes 对象。可使用 pax 在创建 PolarAxes 对象后查询和设置其属性。有关属性列表，可参阅 PolarAxes 属性。

（5）polaraxes(pax_in)：使 PolarAxes 对象 pax_in 成为当前坐标区。

2. 输入参数

（1）parent：父容器，指定为 Figure、Panel、Tab、TiledChartLayout 或 GridLayout 对象。

（2）pax_in：要设置为当前坐标区的极坐标区，指定为 PolarAxes 对象。

（3）Name,Value：名值参数对。

示例：'ThetaZeroLocation','top','ThetaDir','clockwise'。

3. 属性

PolarAxes 属性用于控制 PolarAxes 对象的外观和行为。通过更改属性值，用户可以修改极坐标区的特定方面。在图形绘制后设置坐标区属性，因为某些图形函数会重置坐标区属性。

4. 示例

（1）修改极坐标区属性。

下面一段代码展示了如何创建带有极坐标区的新图窗，并将极坐标区对象赋予 pax，向坐标区添加图形，然后使用 pax 修改坐标区属性。运行结果如图 5-6 所示。

```
f=figure('position',[300,300,230,200], 'numbertitle', ...
    'off',MenuBar='none',Name='极坐标');
pax = polaraxes;theta = 0:0.01:2*pi;rho = sin(2*theta).*cos(2*theta);
polarplot(theta,rho);pax.ThetaDir = 'clockwise';pax.FontSize = 12;
```

（2）使极坐标区成为当前坐标区。

下面一段代码展示了如何创建带有极坐标区的图窗，并将极坐标区对象赋给 pax；然后，在调用 polarplot 函数之前，确保 pax 是当前坐标区。运行结果如图 5-7 所示。

```
f=figure('position',[300,300,230,200], 'numbertitle', ...
    'off',MenuBar='none',Name='极坐标 2');
pax = polaraxes;
polaraxes(pax)
polarplot(1:10)
```

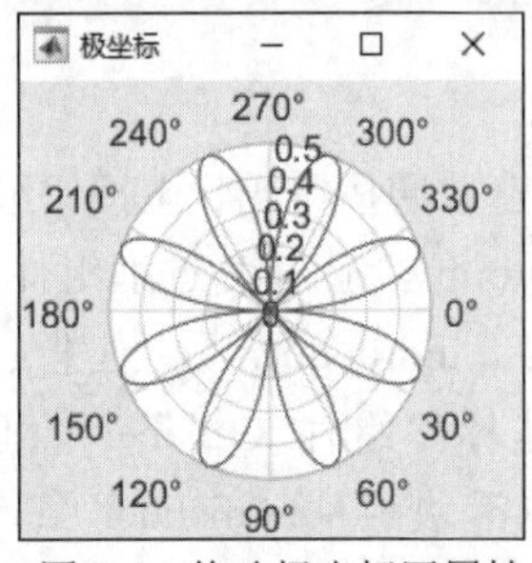

图 5-6　修改极坐标区属性

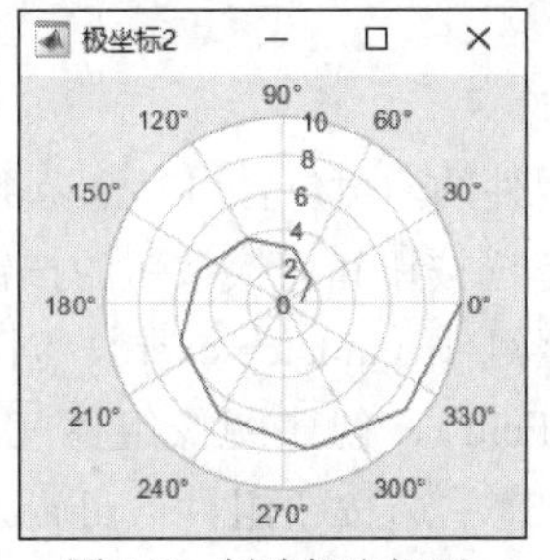

图 5-7　创建极坐标区

第 6 章　常用组件

创建常用组件的函数包含 17 个函数，分别用于创建普通按钮或状态按钮组件（uibutton）、创建用于管理单选按钮和切换按钮的按钮组（uibuttongroup）、创建复选框组件（uicheckbox）、创建日期选择器组件（uidatepicker）、创建下拉列表组件（uidropdown）、创建文本或数值编辑字段组件（uieditfield）、创建图像组件（uiimage）、创建标签组件（uilabel）、创建列表框组件（uilistbox）、创建单选按钮组件（uiradiobutton）、创建滑块组件（uislider）、创建微调器组件（uispinner）、创建表用户界面组件（uitable）、创建文本区域组件（uitextarea）、创建切换按钮组件（uitogglebutton）、创建树组件（uitree）、创建树节点组件（uitreenode），见表 6-1。

表 6-1　创建常用组件的函数

序号	函数名	说明
1	uibutton	创建普通按钮或状态按钮组件
2	uibuttongroup	创建用于管理单选按钮和切换按钮的按钮组
3	uicheckbox	创建复选框组件
4	uidatepicker	创建日期选择器组件
5	uidropdown	创建下拉列表组件
6	uieditfield	创建文本或数值编辑字段组件
7	uiimage	创建图像组件
8	uilabel	创建标签组件
9	uilistbox	创建列表框组件
10	uiradiobutton	创建单选按钮组件
11	uislider	创建滑块组件
12	uispinner	创建微调器组件
13	uitable	创建表用户界面组件
14	uitextarea	创建文本区域组件
15	uitogglebutton	创建切换按钮组件
16	uitree	创建树组件
17	uitreenode	创建树节点组件

6.1 创建普通按钮或状态按钮组件

函数 uibutton 用于创建普通按钮或状态按钮，按钮是一种 UI 对象，当用户按下或释放它们时，它们将会做出响应。通过更改属性值，可以修改按钮的外观和行为。使用圆点表示法引用特定的对象和属性，代码如下。

```
fig=uifigure;

b=uibutton(fig);

b.Text='Plot';
```

1. 语法及说明

（1）btn=uibutton：在新图窗中创建一个普通按钮，并返回 Button 对象。如果没有可用的图窗，MATLAB 将调用 uifigure 函数来创建图窗。

（2）btn=uibutton(style)：创建指定样式的按钮。按钮样式可以是“push”或“state”。

（3）btn=uibutton(parent)：在指定的父容器中创建按钮。父容器可以是使用 uifigure 函数创建的图窗对象或其子容器之一。

（4）btn=uibutton(parent,style)：在指定的父容器中创建指定样式的按钮。

（5）btn=uibutton(___,Name,Value)：使用由一个或多个名值参数对指定的属性创建按钮。可以将此选项与前面语法中的任何输入参数组合在一起使用。

2. 输入参数

（1）style：按钮的样式，指定为下列值之一。

① 'push'：单击一次，按钮将被按下并释放。

② 'state'：单击一次，按钮将保持按下或释放状态，直到再次单击为止。

（2）parent：父容器，指定为使用 uifigure 函数创建的图窗对象或其子容器（Tab、Panel、ButtonGroup 或 GridLayout）之一。如果不指定父容器，MATLAB 会调用 uifigure 函数创建新图窗对象充当父容器。

（3）Name,Value：名值参数对。

表 6-2 给出了 pushbutton 的可选名值参数对的名称及其说明。

表 6-2 pushbutton 的可选名值参数对的名称及其说明

序号	可选名值参数对的名称	说明	序号	可选名值参数对的名称	说明
1	BackgroundColor	背景色	6	DeleteFcn	删除函数
2	BusyAction	回调排队	7	Enable	工作状态
3	ButtonPushedFcn	按下按钮后执行的回调	8	FontAngle	字体角度
4	ContextMenu	上下文菜单	9	FontColor	字体颜色
5	CreateFcn	创建函数	10	FontName	字体名称

续表

序号	可选名值参数对的名称	说明	序号	可选名值参数对的名称	说明
11	FontSize	字体大小	20	Parent	父容器
12	FontWeight	字体粗细	21	Position	按钮的位置和大小
13	HandleVisibility	对象句柄的可见性	22	Tag	对象标识符
14	HorizontalAlignment	图标和文本的水平对齐方式	23	Text	按钮标签
15	Icon	图标源或文件	24	Tooltip	工具提示
16	IconAlignment	图标相对于按钮文本的位置	25	UserData	用户数据
17	InnerPosition	等同于 Position	26	VerticalAlignment	图标和文本的垂直对齐方式
18	Interruptible	回调中断	27	Visible	可见性状态
19	Layout	布局选项	28	WordWrap	文字换行以适应组件宽度

每种类型的 Button 对象支持一组不同的属性。

① 如果 style 为默认值'push'，可以按照 Button 属性来设置；②如果 style 为'state'，可以按照 StateButton 属性来设置。

3. 示例

下面一段代码展示了创建一个按钮和一个 UI 坐标区。当 App 用户按下该按钮时，将创建一个图形。在 MATLAB 当前运行路径中创建 buttonPlot.mlx 或者 buttonPlot.m。

```
fig = uifigure('position',[300,300,220,200], 'numbertitle', ...
    'off',MenuBar='none',Name='uiButton');
ax = uiaxes('Parent',fig,'Units','pixels',...
         'Position', [20, 200, 180, 150]);
btn = uibutton(fig,'push','Position',[60, 20, 100, 30],...
         'ButtonPushedFcn', @(btn,event) plotButtonPushed(btn,ax));
function plotButtonPushed(btn,ax)
       x = linspace(0,2*pi,100);
       y = sin(x);
       plot(ax,x,y)
end
```

按 F5 键或者单击运行按钮，程序运行，然后单击普通按钮“Button”，MATLAB 将绘制图形。运行结果如图 6-1 所示。

下面解释以下代码。

```
'ButtonPushedFcn', @(btn,event) plotButtonPushed(btn,ax)
```

该代码用到了名值参数对。

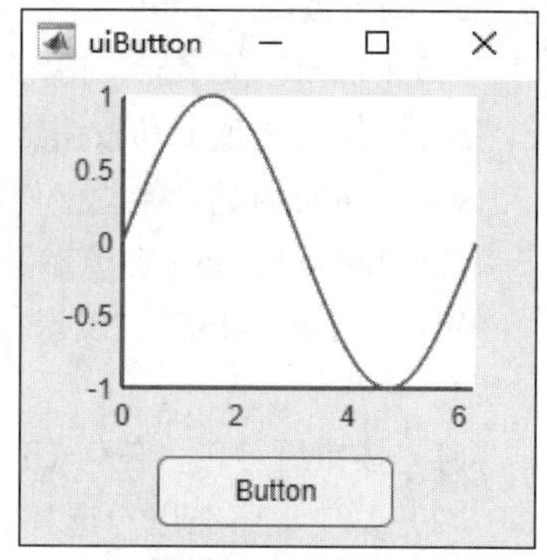

图6-1　运行结果

'ButtonPushedFcn'为可选名值参数对的名称（Name），后面跟着的代码为引用的函数，其表达形式为函数句柄。

函数句柄是一种表示函数的 MATLAB 数据类型。函数句柄的典型用法是将一个函数传递给另一个函数。例如，用户可以将函数句柄用作基于某个值范围计算数学表达式的函数的输入参数。

函数句柄可以表示命名函数或匿名函数。要创建函数句柄，需使用@运算符。例如，创建用于计算表达式 $x^2 - y^2$ 的匿名函数的句柄，代码如下。

```
f=@(x,y) (x.^2-y.^2);
```

在代码中引用了 plotButtonPushed 函数，@(btn,event)中 btn 为指定的组件，event 代表事件，也可以用波浪线替代，即@(btn,～)，在其后面加一个空格后写上函数或者函数的完整表达式即可，这里引用的函数为 plotButtonPushed(btn,ax)，代码如下。

```
'ButtonPushedFcn', @(btn,～) plotButtonPushed(btn,ax)
```

当然，如果代码简单，也可以直接写出而不用函数句柄，代码如下。

```
btn = uibutton(fig,'push',...
                'Position',[420, 218, 100, 22],...
                'ButtonPushedFcn', ...
                'x = linspace(0,2*pi,100);y = sin(x);plot(ax,x,y)');
```

6.2　创建用于管理单选按钮和切换按钮的按钮组

函数 uibuttongroup 用来创建用于管理单选按钮和切换按钮的按钮组。按钮组是用于管理一组互斥的单选按钮和切换按钮的容器。可通过属性控制按钮组的外观和行为。使用圆点表示法引用特定的对象和属性，代码如下。

```
fig=uifigure;
bg=uibuttongroup(fig);
bg.Title='Options';
```

1. 函数使用说明

（1）bg=uibuttongroup：在当前图窗中创建一个按钮组，并返回 ButtonGroup 对象。如果没有可用的图窗，MATLAB 将调用 figure 函数创建一个图窗。

（2）bg=uibuttongroup(Name,Value)：使用一个或多个名值参数对指定按钮组属性值。

（3）bg=uibuttongroup(parent)：在指定的父容器中创建该按钮组。父容器可以是使用 figure 或 uifigure 函数创建的图窗，也可以是子容器（如面板）。

（4）bg=uibuttongroup(parent,Name,Value)：指定父容器和一个或多个属性值。uibuttongroup 的属性值与其他组件的略有不同，具体取决于该 App 是使用 figure 还是 uifigure 函数创建的。

2. 输入参数

（1）parent：父容器，指定为使用 figure 或 uifigure 函数创建的图窗或子容器。

- 面板、选项卡和按钮组可以是任一类型的图窗中的容器。
- 网格布局是只能位于使用 uifigure 函数创建的图窗中的容器。

（2）Name,Value：名值参数对。

示例：'Title','Options'表示指定按钮组标题为 Options。

3. 其他

（1）按钮组可包含任何 UI 对象类型，但只能管理单选按钮和切换按钮的选择。

（2）要使程序在用户选择按钮组中的单选按钮或切换按钮时做出响应，需为按钮组定义一个 SelectionChangedFcn 回调函数。不能定义对单个按钮的回调。

（3）要确定当前选择了哪个单选按钮或切换按钮，可查询按钮组的 SelectedObject 属性。可以在代码中的任何位置执行此查询。

（4）如果将按钮组对象的 Visible 属性设置为'off'，该对象包含的任何子对象（按钮、其他按钮组等）都将与父按钮组一起变得不可见。但是，每个子对象的 Visible 属性值不受影响。

4. 示例

（1）代码响应单选按钮选择。

参考 3.14 节的相关示例。

（2）可滚动按钮组。

Scrollable 属性支持在按钮组内的组件超出边框时启用滚动。仅当按钮组位于使用 uifigure 函数创建的图窗中时，才可以滚动。App 设计工具使用此类型的图窗来创建 App。

下面一段代码展示了在图窗中创建按钮组。添加 6 个切换按钮，前 3 个按钮位于按钮组的上边框之外。

```
fig = uifigure;
bg = uibuttongroup(fig,'Position',[20 20 196 135]);
tb1 = uitogglebutton(bg,'Position',[11 165 140 22],'Text','One');
tb2 = uitogglebutton(bg,'Position',[11 140 140 22],'Text','Two');
tb3 = uitogglebutton(bg,'Position',[11 115 140 22],'Text','Three');
tb4 = uitogglebutton(bg,'Position',[11 90 140 22],'Text','Four');
tb5 = uitogglebutton(bg,'Position',[11 65 140 22],'Text','Five');
tb6 = uitogglebutton(bg,'Position',[11 40 140 22],'Text','Six');
```

运行结果如图 6-2 所示。

通过将按钮组的 Scrollable 属性设置为'on'来启用滚动，代码如下。默认情况下，滚动框显示在顶部。

```
bg.Scrollable = 'on';
```

运行结果如图 6-3 所示。

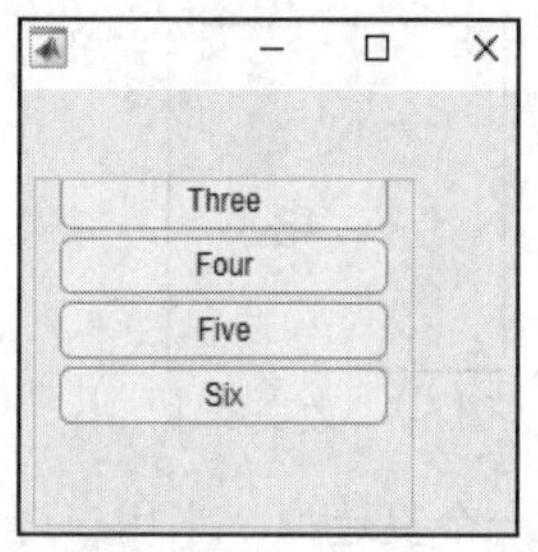

图 6-2 创建多个 togglebutton

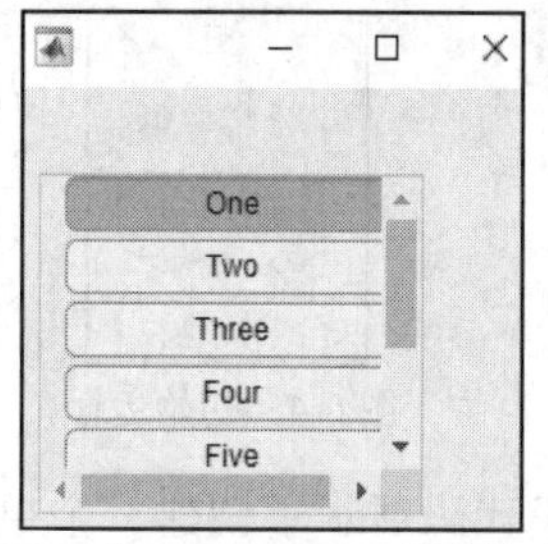

图 6-3 为 togglebutton 创建滚动条

6.3 创建复选框组件

函数 uicheckbox 用于创建复选框组件。复选框是一种 UI 对象，用于显示预设项或选项的状态。可通过属性控制复选框的外观和行为。使用圆点表示法引用特定的对象和属性，代码如下。

```
fig=uifigure;

cb=uicheckbox(fig);

cb.Text='Showvalue';
```

1. 函数使用说明

（1）cbx=uicheckbox：在新图窗中创建一个复选框，并返回 CheckBox 对象。如果没有可用的图窗，MATLAB 将调用 uifigure 函数来创建图窗。

（2）cbx=uicheckbox(parent)：在指定的父容器中创建复选框。父容器可以是使用 uifigure 函数创建的图窗对象或其子容器之一。

（3）cbx=uicheckbox(___,Name,Value)：使用一个或多个名值参数对指定 CheckBox 属性。可以将此选项与前面语法中的任何输入参数组合在一起使用。

2. 输入参数

（1）parent：父容器，指定为使用 uifigure 函数创建的图窗对象或其子容器（Tab、Panel、ButtonGroup 或 GridLayout）之一。如果不指定父容器，MATLAB 会调用 uifigure 函数创建新图窗对象充当父容器。

（2）Name,Value：名值参数对。

示例：'Value',1 表示指定显示的复选框带有选中标记。

3. 示例

（1）下面一段代码展示了创建一个复选框并指定其属性值，5 秒后自动取消选中复选框。运行结果如图 6-4 和图 6-5 所示。

```
fig = uifigure;

cbx = uicheckbox(fig, 'Text','Show Value','Value', 1,'Position',[150 50 102 15]);

pause(5);

cbx.Value = 0;
```

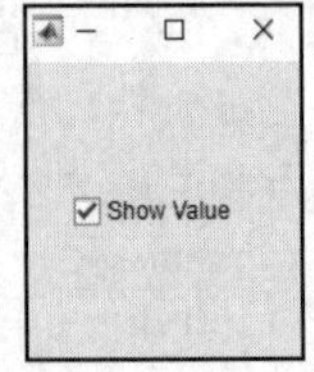

图 6-4　初始运行

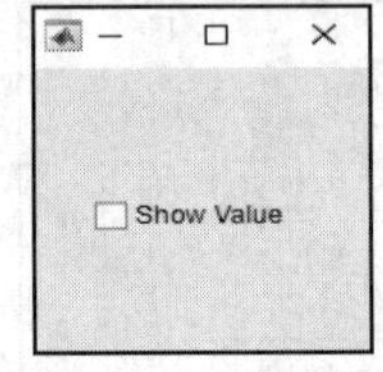

图 6-5　改变属性

（2）下面一段代码展示了创建一个单选按钮组和一个复选框。当用户选中该复选框时，单选按钮将被禁用。运行结果如图 6-6 和图 6-7 所示。

```
% 创建图窗作为父容器
fig = uifigure('Position',[100 100 180 180]);
% 创建 1 个普通按钮组和 3 个单选按钮
bg = uibuttongroup('Parent',fig,...
    'Position',[30 20 120 120]);
rb1 = uiradiobutton(bg,'Text','rb1','Position',[10 80 90 15]);
rb2 = uiradiobutton(bg,'Text','rb2','Position',[10 50 90 15]);
rb3 = uiradiobutton(bg,'Text','rb3','Position',[10 20 90 15]);
% 创建 1 个复选框
cbx = uicheckbox(fig,'Position',[30 150 90 15],...
     'ValueChangedFcn',@(cbx,event) cBoxChanged(cbx,rb2));
% 编写复选框的回调函数
function cBoxChanged(cbx,rb2)
    val = cbx.Value;
    if val
        rb2.Enable = 'off'
    else
        rb2.Enable = 'on'
    end
end
```

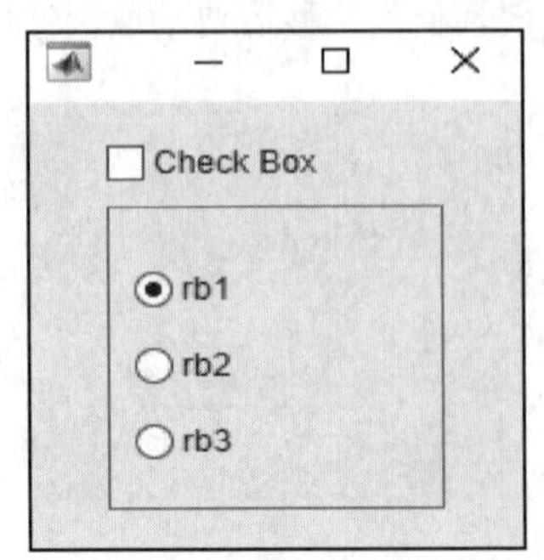

图 6-6　初始运行

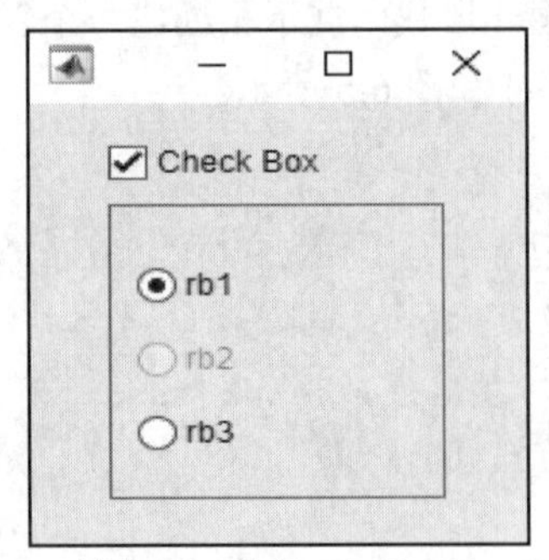

图 6-7　选择 Check Box

6.4 创建日期选择器组件

函数 uidatepicker 用于创建日期选择器组件。日期选择器允许用户从交互式日历中选择日期。uidatepicker 函数可以创建日期选择器并在显示它之前设置任何必需的属性。通过更改日期选择器的属性值，编程者可以对其外观和行为进行某些方面的修改。使用圆点表示法引用特定的对象和属性，代码如下。

```
fig=uifigure;
d=uidatepicker(fig);
d.DisplayFormat='M/d/yyyy';
```

1. 函数使用说明

（1）d=uidatepicker：在新图窗中创建一个日期选择器，并返回 DatePicker 对象。如果没有可用的图窗，MATLAB 将调用 uifigure 函数来创建图窗。

（2）d=uidatepicker(Name,Value)：使用一个或多个名值参数对指定 DatePicker 属性值。

（3）d=uidatepicker(parent)：在指定的父容器中创建日期选择器。父容器可以是使用 uifigure 函数创建的图窗对象或其子容器之一。

（4）d=uidatepicker(parent,Name,Value)：在指定的容器中创建日期选择器，并设置一个或多个 DatePicker 属性值。

2. 输入参数

（1）parent：父容器，指定为使用 uifigure 函数创建的图窗对象或其子容器（Tab、Panel、ButtonGroup 或 GridLayout）之一。如果不指定父容器，MATLAB 会调用 uifigure 函数创建新图窗对象充当父容器。

（2）Name,Value：名值参数对。

示例：d=uidatepicker('Value',datetime('today'))表示创建一个日期选择器并在用户界面上选中当天的日期。

3. 属性

DatePicker 属性用于控制日期选择器的外观和行为。

表 6-3 列出了常用的日期显示格式（以 2020 年 11 月 23 日星期一为例）。

表 6-3　　常用的日期显示格式

Format 的值	示例
'yyyy-MM-dd'	2020-11-23
'dd/MM/yyyy'	23/11/2020
'dd.MM.yyyy'	23.11.2020
'yyyy 年 MM 月 dd 日'	2020 年 11 月 23 日

使用表 6-4 所示的字母标识符创建所有日期和时间显示格式，其中第 3 列显示 2020 年 11 月 23 日星期一的格式化输出。

表 6-4　　　　所有日期和时间显示格式示例

字母标识符	说明	显示
G	年代	CE
y	年份，没有前导零	2020
yy	年份，使用最后两位数	20
yyy,yyyy...	年份，至少使用与'y'实例相同的位数	对于年份 2020，'yyy'和'yyyy'显示 2020，而'yyyyy'则显示 02020
u,uu,...	ISO 年份，显示年份的单个数字	2020
Q	季度，使用一位数	4
QQ	季度，使用两位数	04
QQQ	季度，缩写	4 季度
QQQQ	季度，全名	第 4 季度
M	月份，使用一位或两位数字的数值	11
MM	月份，使用两位数字的数值	11
W	一月中的第几周，使用一位数字	5
d	一月中的第几天，使用一位或两位数字	23
dd	一月中的第几天，使用两位数字	23
D	一年中的第几天，使用一位、两位或三位数字	328
DD	一年中的第几天，使用两位数字（当天数为一位数字时，在该数字前面加 0 显示；当天数大于一位数字时，按实际显示）	328
DDD	一年中的第几天，使用三位数字（当天数为一位数字时，在该数字前面加 00 显示；当天数为两位数字时，在该数字前面加 0 显示；当天数为三位数字时，按实际显示）	328
e	一周中的第几天，使用一位或两位数字的数值	2（星期日是一周中的第一天）

4. 示例

（1）下面一段代码展示了创建一个禁用星期日和 2023 年 9 月 11 日的日期选择器。

```
fig = uifigure('Position',[500 500 375 280]);

d = uidatepicker(fig,'Position',[18 225 150 22]);

d.DisabledDaysOfWeek = 1;

d.DisabledDates = datetime(2023,9,11);
```

当用户单击日期选择器的下拉按钮时，显示 2023 年 9 月 11 日和所有星期日都被禁用。运行结果如图 6-8 所示。

图 6-8　禁用星期日和假日

（2）下面一段代码展示了通过 ValueChangedFcn 回调来创建图窗和日期选择器。

```
fig = uifigure('Position',[300 310 300 200]);
d = uidatepicker(fig,'DisplayFormat','MM-dd-yyyy',...
    'Position',[5 5 200 22],...
    'Value',datetime(2019,12,31),...
    'ValueChangedFcn', @datechange);
    function datechange (src,event)
        lastdate = char(event.PreviousValue);
        newdate = char(event.Value);
        msg = ['Change date from ' lastdate ' to ' newdate '?'];
        % 确认新日期
        selection = uiconfirm(fig,msg,'Confirm Date');

        if (strcmp(selection,'Cancel'))
            % 如果取消选择，则恢复到未选择前的日期
            d.Value = event.PreviousValue;
        end
    end
```

datechange 函数显示确认对话框，并确定用户在该对话框中单击的按钮。如果用户单击“取消”按钮，日期选择器将回到上次选择的日期。

运行该程序，然后单击日期下拉按钮，选定某个日期以查看确认对话框。运行结果如图 6-9 和图 6-10 所示。

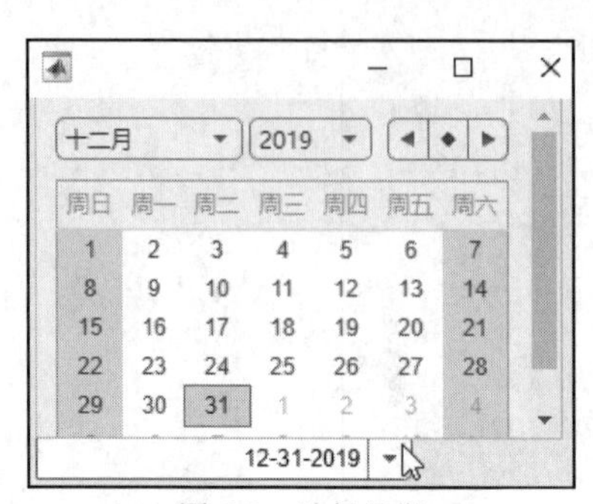

图 6-9　选择日期

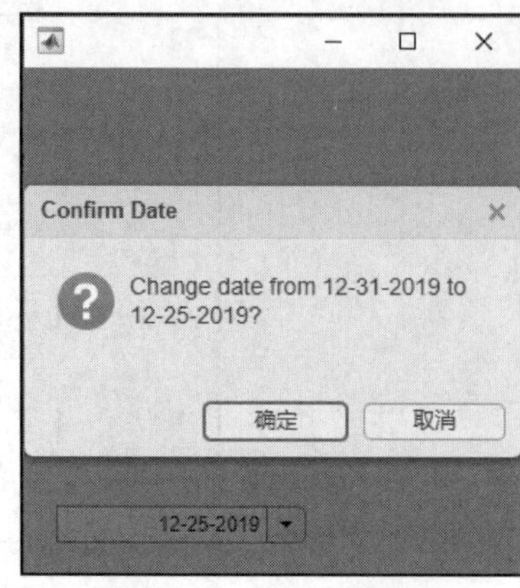

图 6-10　改变日期确认

6.5　创建下拉列表组件

函数 uidropdown 用于创建下拉列表组件。下拉列表组件是一种 UI 对象，允许用户选择选项或输入文本。可通过属性控制下拉列表的外观和行为。使用圆点表示法引用特定的对象和属性，代码如下。

```
fig=uifigure;
dd=uidropdown(fig);
dd.Items={'Red','Green','Blue'};
```

1. 函数使用说明

（1）dd=uidropdown：在新图窗中创建一个下拉列表，并返回 DropDown 对象。如果没有可用的图窗，MATLAB 将调用 uifigure 函数来创建图窗。

（2）dd=uidropdown(parent)：在指定的父容器中创建下拉列表。父容器可以是使用 uifigure 函数创建的图窗对象或其子容器之一。

（3）dd=uidropdown(___,Name,Value)：使用一个或多个名值参数对指定对象属性。可以将此选项与前面语法中的任何输入参数组合在一起使用。

2. 输入参数

（1）parent：父容器，指定为使用 uifigure 函数创建的图窗对象或其子容器（Tab、Panel、ButtonGroup 或 GridLayout）之一。如果不指定父容器，MATLAB 会调用 uifigure 函数创建新图窗对象充当父容器。

（2）Name,Value：名值参数对。

示例：'Items',{'Red','Yellow','Blue'}表示指定下拉列表中显示的选项。

3. 示例

（1）下面一段代码展示了创建一个下拉列表并指定选项。运行结果如图 6-11 所示。

```
fig = uifigure('Position',[200,200,200,200]);
dd = uidropdown(fig,'Position',[30,35,150,30],'Items', ...
{'Red','Yellow','Blue','Green'},'Value','Blue');
```

```
value = dd.Value
value =
   'Blue'
```

默认情况下，ItemsData 属性为空，因此下拉列表值对应于在下拉列表中选定的元素。

将数据值与每个下拉列表项目关联，代码如下。

```
dd.ItemsData = [1 2 3 4];
```

确定与选定选项关联的值，代码如下。

```
value = dd.Value
value =
    3
```

（2）下面一段代码展示了如何创建可编辑的下拉列表。运行结果如图 6-12 所示。

```
fig = uifigure('Position',[200,200,200,200]);
dd = uidropdown(fig,'Position',[30,35,150,30],'Items', ...
{'Red','Yellow','Blue','Green'},'Value','Blue','Editable','on');
value = dd.Value
```

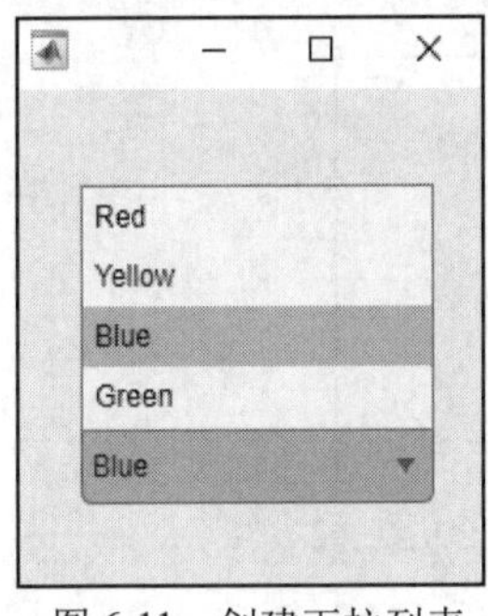

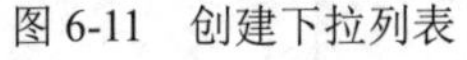
图 6-11　创建下拉列表

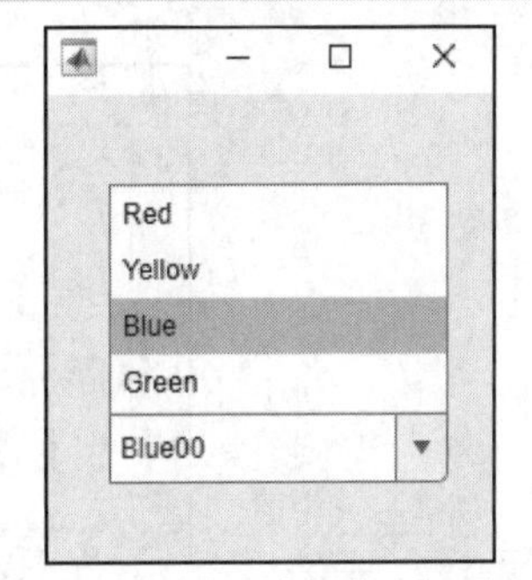

图 6-12　创建可编辑的下拉列表

在下拉列表中的任意位置（向下箭头除外）单击，将出现一个插入光标，允许用户在下拉列表中输入文本。

（3）下面一段代码展示了如何创建一个图形和一个下拉列表。

将以下代码保存到 MATLAB 当前运行路径中的 plotOptions.m 中。运行以下代码将创建一个窗口，其中包含一个绘图和一个下拉列表。当 App 用户更改下拉列表选择时，ValueChangedFcn 回调将改变图形的颜色。

```
function plotOptions
fig = uifigure;
fig.Position(3:4) = [320 350];
ax = uiaxes('Parent',fig,...
    'Position',[10 40 300 300]);
x = linspace(-2*pi,2*pi);
y = sin(x);
```

```
p = plot(ax,x,y);
p.Color = 'Blue';
dd = uidropdown(fig,...
    'Position',[120 10 100 22],...
    'Items',{'Red','Yellow','Blue','Green'},...
    'Value','Blue',...
    'ValueChangedFcn',@(dd,event) selection(dd,p));
end

% 编写回调函数
function selection(dd,p)
val = dd.Value;
p.Color = val;
end
```

运行 plotOptions.m，从下拉列表中选择 Red，将把图形颜色更改为红色。运行结果如图 6-13 所示。

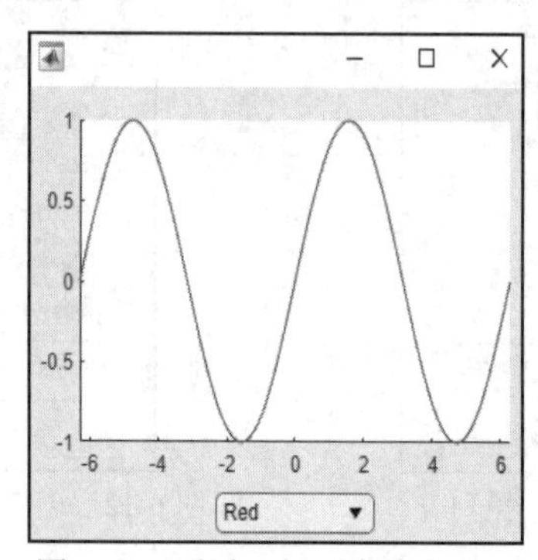

图 6-13　通过下拉列表响应回调

（4）下面一段代码展示了如何创建一个下拉列表和一个信号灯。

将以下代码保存到 MATLAB 当前运行路径中的 lampSize.m 中。运行以下代码将创建一个图窗，其中包含一个下拉列表和一个信号灯。当用户更改下拉列表选项时，ValueChangedFcn 回调将改变信号灯的大小。

```
function lampSize
% 创建窗口作为父容器
fig = uifigure('Position',[100 100 130 130]);
lmp = uilamp(fig,...
    'Position',[25 10 20 20]);
dd = uidropdown(fig,...
    'Editable','on',...
    'Position',[20 100 100 20],...
```

```
    'Items',{'Size x 1','Size x 2','Size x 3','Size x 4'},...
    'ItemsData',[1 2 3 4],...
    'Value',1,...
    'ValueChangedFcn',@(dd,event) optionSelected(dd,lmp));
end

% 编写回调函数
function optionSelected(dd,lmp)
val = dd.Value;
s = [20 20];
switch val
    case {1, 2, 3, 4}  % 设置默认值
        size = val * s;
        lmp.Position(3:4) = size;
    otherwise % 当用户输入数值时的代码
        m = str2num(val);
        size = m * s;
        lmp.Position(3:4) = size;
end
end
```

运行 lampSize.m，然后从下拉列表中选择各种选项。

在下拉列表中输入一个值，然后按 Enter 键。信号灯（如果用户输入的值较大，可能需要调整图窗大小才能看到信号灯）的大小将改变。运行结果如图 6-14 所示。

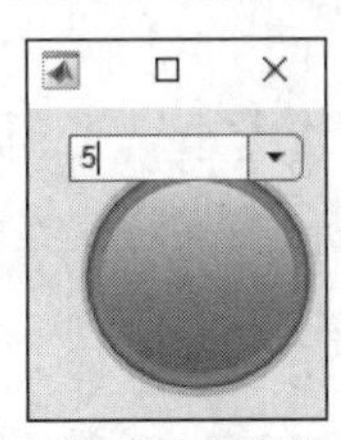

图 6-14　通过改变下拉列表中的数值改变信号灯大小

6.6　创建文本或数值编辑字段组件

函数 uieditfield 用于创建文本或数值编辑字段组件。编辑字段是用于输入文本的 UI 对象。可通过属性控制编辑字段的外观和行为。使用圆点表示法引用特定的对象和属性，代码如下。

```
fig=uifigure;
ef=uieditfield(fig);
ef.Value='New sample';
```

1. 函数使用说明

（1）edt=uieditfield：在新图窗中创建一个文本或数值编辑字段，并返回 EditField 对象。如果没有可用的图窗，MATLAB 将调用 uifigure 函数来创建图窗。

（2）edt=uieditfield(style)：创建指定样式的编辑字段。

（3）edt=uieditfield(parent)：在指定的父容器中创建编辑字段。父容器可以是使用 uifigure 函数创建的图窗对象或其子容器之一。

（4）edt=uieditfield(parent,style)：在指定的父容器中创建指定样式的编辑字段。

（5）edt=uieditfield(___,Name,Value)：使用一个或多个名值参数对指定对象属性。可以将此选项与前面语法中的任何输入参数组合在一起使用。

2. 输入参数

（1）style：编辑字段的类型，指定为下列值之一。

- 'text'：默认情况下，文本编辑字段为空。
- 'numeric'：默认情况下，数值编辑字段显示值 0。如果用户在数值编辑字段中输入非数字值，MATLAB 将显示一条消息进行提示，并将值还原为上一个有效值。

（2）parent：父容器，指定为使用 uifigure 函数创建的图窗对象或其子容器（Tab、Panel、ButtonGroup 或 GridLayout）之一。如果不指定父容器，MATLAB 会调用 uifigure 函数创建新图窗对象充当父容器。

（3）Name,Value：名值参数对。

3. 属性

（1）EditField：用于控制文本编辑字段的外观和行为。

（2）NumericEditField：用于控制数值编辑字段的外观和行为。

4. 示例

（1）下面一段代码展示了创建一个启用了舍入功能的数值编辑字段。允许用户输入大于−5且小于或等于 10 的值（默认情况下，该范围包含边界值）。如果用户在数值编辑字段中输入的值超出该范围，MATLAB 将显示一条消息。此消息指出存在的问题，并将值还原为上一个有效值。运行结果如图 6-15～图 6-17 所示。

```
fig= uifigure
fig.Position(3:4) = [200 200];
pnl = uipanel(fig);
pnl.Position(3:4) = [160 160];
edt = uieditfield(pnl,'numeric','Position',[30,80,100,20],...
                  'Limits', [-5 10],...
                  'LowerLimitInclusive','off',...
                  'UpperLimitInclusive','on',...
                  'Value', 5,'RoundFractionalValues','on');
```

（2）下面一段代码展示了如何创建一个数值编辑字段，允许用户输入任意值，但始终只显示两位小数和指定单位。MATLAB 存储用户输入的确切值。

```
fig = uifigure;
fig.Position(3:4) = [150 150];
edt = uieditfield(fig,'numeric','Position',[30,80,100,20],...
                  'ValueDisplayFormat', '%.2f Volts');
```

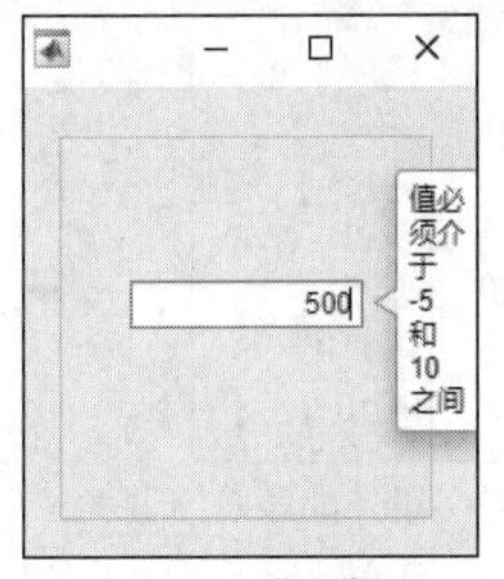

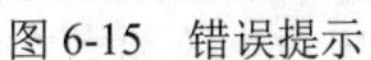
图 6-15　错误提示

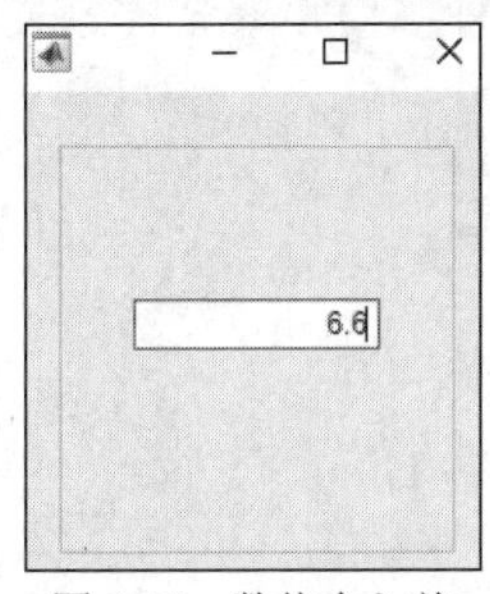

图 6-16　数值舍入前

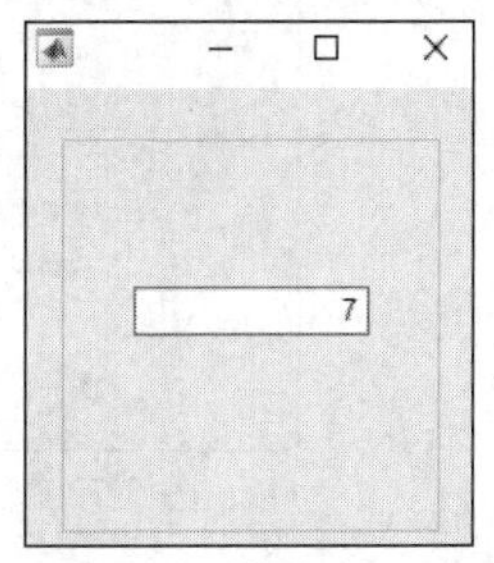

图 6-17　数值舍入后

在数值编辑字段中输入 5.666666，然后在字段外部单击。编辑字段将显示 5.67 Volts。运行结果如图 6-18 和图 6-19 所示。

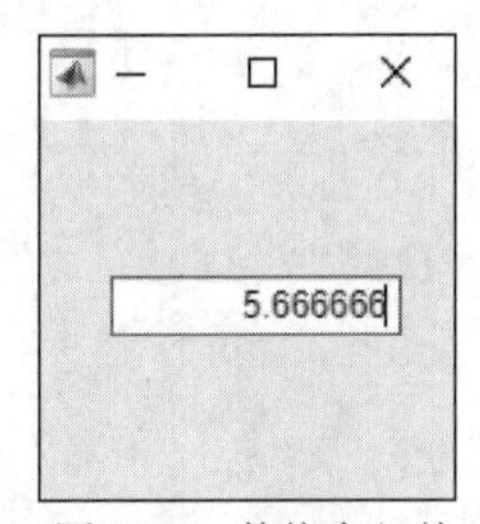

图 6-18　数值舍入前

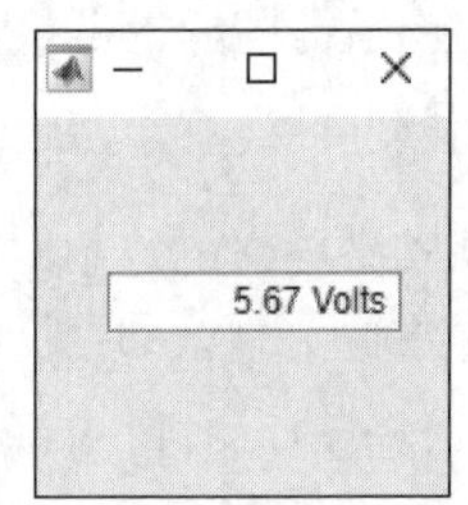

图 6-19　数值舍入后

MATLAB 将值存储为 5.666666。如果用户在编辑字段中再次单击，它会显示 5.666666。有关支持的格式化显示操作符的完整列表，可参阅 sprintf。

（3）下面一段代码展示了如何编写 ValueChangedFcn 回调，以便在用户更改编辑字段中的文本时更新标签，使其与文本匹配。

将以下代码保存到 MATLAB 当前运行路径中的 textValue.m 中。

```
function textValue
fig = uifigure('Position',[100 100 200 200]);
lbl = uilabel(fig,...
     'Position',[80 70 100 15]);
txt = uieditfield(fig,...
     'Position',[50 100 100 22],...
     'ValueChangedFcn',@(txt,event) textChanged(txt,lbl));
end
function textChanged(txt,lbl)
lbl.Text = txt.Value;
end
```

运行 textValue.m，然后在编辑字段中输入 000。在编辑字段外部单击以触发该回调。运行结果如图 6-20 和图 6-21 所示。

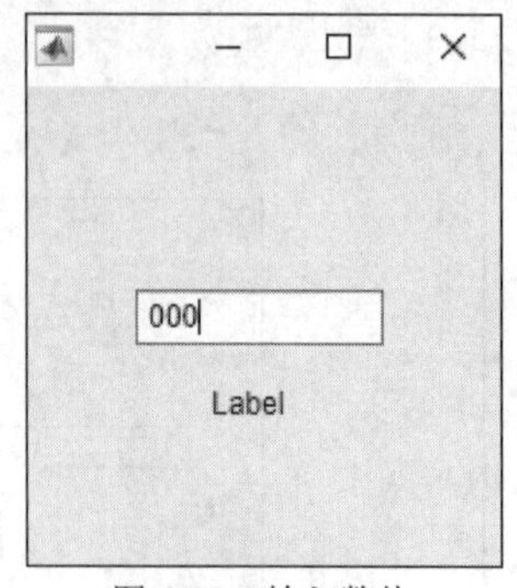

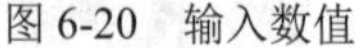
图 6-20　输入数值

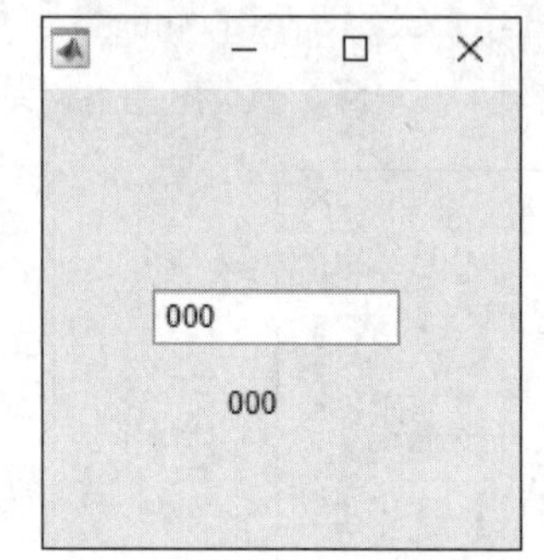

图 6-21　单击编辑字段外部触发回调

（4）下面一段代码展示了如何创建 ValueChangedFcn 回调，以便在用户更改编辑字段中的值时更新滑块，使其与值匹配。

将以下代码保存到 MATLAB 当前运行路径中的 numericEditFieldValue.m 中。

```
function numericEditFieldValue
fig = uifigure('Position',[100 100 200 200]);
slider = uislider(fig,...
   'Position',[20 70 150 15]);
numfld = uieditfield(fig,'numeric',...
   'Position',[50 100 100 22],...
   'ValueChangedFcn',@(numfld,event) numberChanged(numfld,slider));
end
function numberChanged(numfld,slider)
slider.Value = numfld.Value;
end
```

运行 numericEditFieldValue.m。

在数值编辑字段中输入一个介于 0 和 100 之间的值，然后在字段外部单击。滑块将移动，以显示数值编辑字段的值。运行结果如图 6-22 所示。

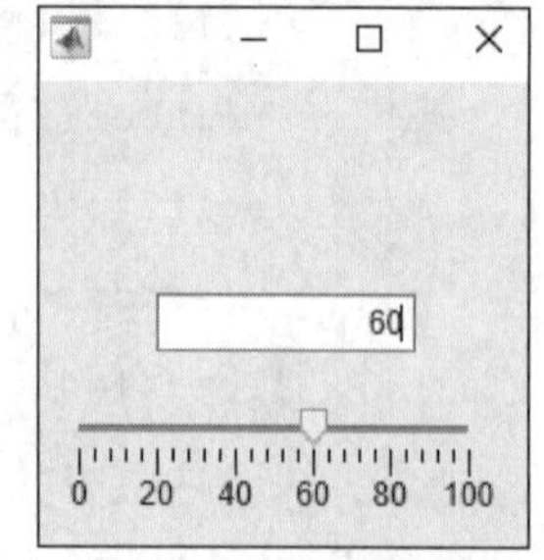

图 6-22　滑块移动

6.7　创建图像组件

函数 uiimage 用于创建图像组件。图像组件是用于显示图像的 UI 对象，例如 App 中的图片、图标或徽标。Image 属性控制图像的外观和行为。使用圆点表示法引用特定的对象和属性，代码如下。

```
fig=uifigure;
```

```
im=uiimage(fig);
im.ImageSource='peppers.png';
```

1. 函数使用说明

（1）im=uiimage：在新图窗中创建一个图像组件并返回 Image 对象。如果没有可用的图窗，MATLAB 将调用 uifigure 函数来创建新图窗。使用 uiimage 在 App 中显示图片、图标或徽标。

（2）im=uiimage(Name,Value)：使用一个或多个名值参数对指定 Image 属性值。

（3）im=uiimage(parent)：在指定的父容器中创建一个图像组件。父容器可以是使用 uifigure 函数创建的图窗对象或其子容器之一。

（4）im=uiimage(parent,Name,Value)：指定父容器和一个或多个属性值。

2. 输入参数

（1）parent：父容器，指定为使用 uifigure 函数创建的图窗对象或其子容器（Tab、Panel、ButtonGroup 或 GridLayout）之一。如果不指定父容器，MATLAB 会调用 uifigure 函数创建新图窗对象充当父容器。

（2）Name,Value：名值参数对。

示例：im=uiimage('ScaleMethod','none')。

3. 属性

Image 属性用于控制图像组件的外观和行为。如需进行图像分析和处理，可参阅图形函数 image 和 imshow。

4. 示例

（1）下面一段代码展示了如何在图窗中创建一个图像组件，将图像按比例拉伸显示。运行结果如图 6-23 所示。

```
fig = uifigure;
fig.Position(3:4) = [240 240];
im = uiimage(fig,'Position',[20 20 200 200],"ScaleMethod",'fit');
im.ImageSource = 'm1.jpg';
```

图 6-23　创建图像组件

（2）下面一段代码展示了使用图像的实际大小创建一个显示 GIF 动画的图像组件。停顿 5 秒后，缩放图像，使其适应默认组件区域，保持纵横比而不对其进行裁剪。然后，应用黑色背景以创建宽银幕式外观（图像上方和下方具有黑色条形）。运行结果如图 6-24 和图 6-25 所示。

```
fig = uifigure;
fig.Position(3:4) = [240 240];
im = uiimage(fig,'Position',[20 20 200 200],'ImageSource','hb.gif');
im.ScaleMethod = 'none';
pause(5)
im.ScaleMethod = 'scaledown';
im.BackgroundColor = 'black';
```

图 6-24　初始影片

图 6-25　宽银幕影片

（3）下面一段代码展示了如何通过脚本创建一个图像和一个回调，在单击该图像时会执行该回调。在示例中，单击图像会打开网站。

此程序文件名为 imagetoURL.m，它向用户说明如何做到以下 3 点：

① 使用 ImageClickedFcn 回调创建图像组件；

② 使用回调中的 web 函数在系统浏览器中打开外部 URL；

③ 创建一个工具提示，当用户将鼠标指针悬停在图像上时出现该工具提示。

运行程序文件时，单击该图像可打开网站。运行结果如图 6-26 所示。

图 6-26　单击图片打开网站

```
function imagetoURL
fig = uifigure('Visible','off');
fig.Position(3:4) = [240 200];
im = uiimage(fig,'Position',[20 20 200 200],"ScaleMethod",'fit');
im.ImageSource = 'Image_.png';
im.ImageClickedFcn = @ImageClicked;
im.Tooltip = 'Hurry up and buy this book to learn';
    function ImageClicked(src,event)
        url = 'http://product.dangdang.com/29152385.html';
```

```
        web(url);
    end
fig.Visible = 'on';
end
```

6.8　创建标签组件

函数 uilabel 用于创建标签组件。标签组件是一种 UI 对象，其中包含用于标记 App 各部分的静态文本。可通过属性控制标签的外观和行为。使用圆点表示法引用特定的对象和属性，代码如下。

```
fig=uifigure;
tlabel=uilabel(fig);
tlabel.Text='Options';
```

1. 函数使用说明

（1）lbl=uilabel：在新图窗中创建一个标签（具有文本'Label'），并返回 Label 对象。如果没有可用的图窗，MATLAB 将调用 uifigure 函数来创建图窗。

（2）lbl=uilabel(parent)：在指定的父容器中创建标签。父容器可以是使用 uifigure 函数创建的图窗对象或其子容器之一。

（3）lbl=uilabel(___,Name,Value)：使用一个或多个名值参数对指定标签属性。可以将此选项与前面语法中的任何输入参数组合在一起使用。

2. 输入参数

（1）parent：父容器，指定为使用 uifigure 函数创建的图窗对象或其子容器（Tab、Panel、ButtonGroup 或 GridLayout）之一。如果不指定父容器，MATLAB 会调用 uifigure 函数创建新图窗对象充当父容器。

（2）Name,Value：名值参数对。

示例：'Text','Sum:'表示指定标签显示文本 Sum:。

3. 示例

（1）下面一段代码展示了如何创建默认标签并更改文本和字体大小。

```
fig = uifigure;
fig.Position(3:4) = [240 200];
lbl = uilabel(fig);
lbl.Text = 'Result';
lbl.FontSize = 14;
```

运行结果如图 6-27 所示，标签内文本显示不全，因为当前为标签指定的空间太小，无法按照新的字体大小显示新文本。

通过获取 Position 属性值的第三个和第四个元素可以确定当前标签大小。

```
size = lbl.Position(3:4)

size =

   31    22
```

更改标签大小以容纳文本，代码如下。

```
lbl.Position(3:4) = [62 22];
```

运行结果如图 6-28 所示。

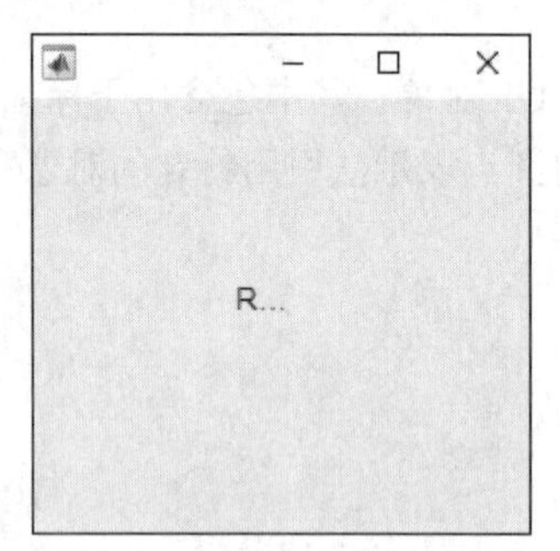

图 6-27　标签内文本显示不全

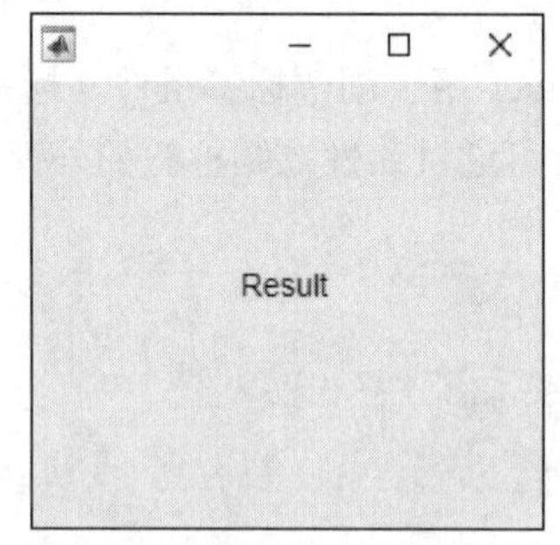

图 6-28　调整标签以显示文本

（2）下面一段代码展示了如何将标签文本换行以适应标签的宽度。创建一个标签，指定标签文本和字体大小，代码如下。

```
fig = uifigure;

fig.Position(3:4) = [240 200];

lbl = uilabel(fig);

lbl.Text = 'Hobbies and persistence lead to the pinnacle of life.';

lbl.Position = [20 100 200 60];
```

运行结果如图 6-29 所示。

改变字体大小，使文本在标签中换行，代码如下。

```
lbl.FontSize = 14;

lbl.FontColor = 'red';

lbl.WordWrap = 'on';
```

运行结果如图 6-30 所示。

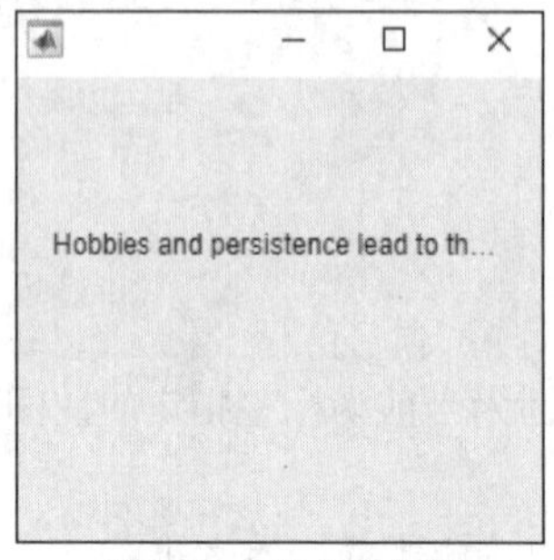

图 6-29　长文本标签

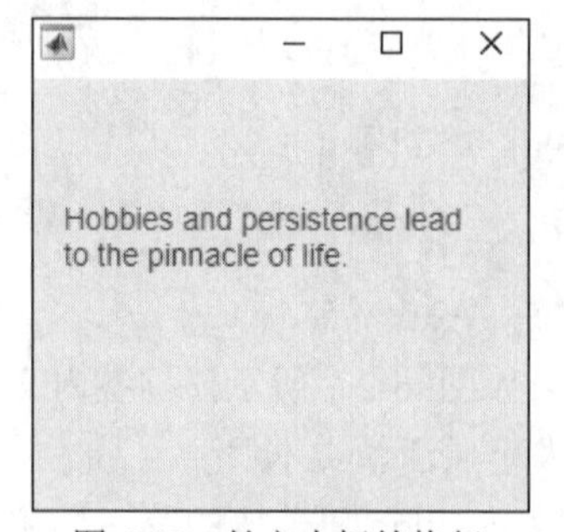

图 6-30　长文本标签换行

6.9　创建列表框组件

函数 uilistbox 用于创建列表框组件。列表框组件是一种 UI 对象，用于显示列表中的项目。可通过属性控制列表框的外观和行为。使用圆点表示法引用特定的对象和属性，代码如下。

```
fig=uifigure;
list=uilistbox(fig);
list.Items={'Red','Green','Blue'};
```

1. 函数使用说明

（1）lb=uilistbox：在新图窗中创建一个列表框，并返回 ListBox 对象。如果没有可用的图窗，MATLAB 将调用 uifigure 函数来创建图窗。

（2）lb=uilistbox(parent)：在指定的父容器中创建列表框。父容器可以是使用 uifigure 函数创建的图窗对象或其子容器之一。

（3）lb=uilistbox(___,Name,Value)：使用一个或多个名值参数对指定 ListBox 属性。可以将此选项与前面语法中的任何输入参数组合在一起使用。

2. 输入参数

（1）parent：父容器，指定为使用 uifigure 函数创建的图窗对象或其子容器（Tab、Panel、ButtonGroup 或 GridLayout）之一。如果不指定父容器，MATLAB 会调用 uifigure 函数创建新图窗对象充当父容器。

（2）Name,Value：名值参数对。

示例：'Items',{'Model1','Model2','Model3','Model4'}表示从上到下指定用户可以看到的列表框选项。

3. 属性

ListBox 属性用于控制列表框的外观和行为。可以使用 scroll 函数以编程方式滚动到某个列表框项目，或者滚动到列表的顶部或底部。

4. 示例

（1）下面一段代码展示了如何在图窗中创建一个列表框。

```
fig= uifigure;
fig.Position(3:4) = [240 200];
lbx = uilistbox(fig,'Position',[70 100 100 90], ...
   'Items',{'Item1','Item2','Item3','Item4','Item5'});
```

输入以下代码，确定列表框是否允许多选。

```
multi = lbx.Multiselect
multi =
   off
```

可见默认为不可以多选，设置允许多选，代码如下。

```
lbx.Multiselect='on'
```

运行结果如图 6-31 所示。

（2）下面一段代码展示了如何创建一个列表框，以便在用户选择列表中的某个选项时执行相应操作。运行此代码将创建一个 App，其中包含一个列表框和一个文本区域。ValueChangedFcn 回调将更新文本区域以显示列表框选项。

将以下代码保存到 MATLAB 当前运行路径的 selectlistbox.m 文件中。

```
function selectlistbox
    fig = uifigure;
    fig.Position(3:4) = [240 200];
    txt = uitextarea(fig,...
        'Position',[70 60 100 22],...
        'Value','First');
    lbox = uilistbox(fig,...
        'Position',[70 90 100 78],...
        'Items',{'First','Second','Third'},...
        'ValueChangedFcn', @updateEditField);

    function updateEditField(src,event)
        txt.Value = src.Value;
    end
end
```

运行 selectlistbox.m，并从列表中选择一个选项，运行结果如图 6-32 所示。

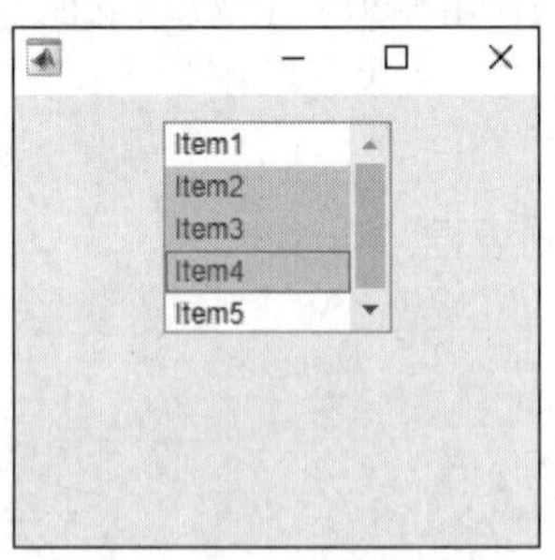

图 6-31　列表框允许多选

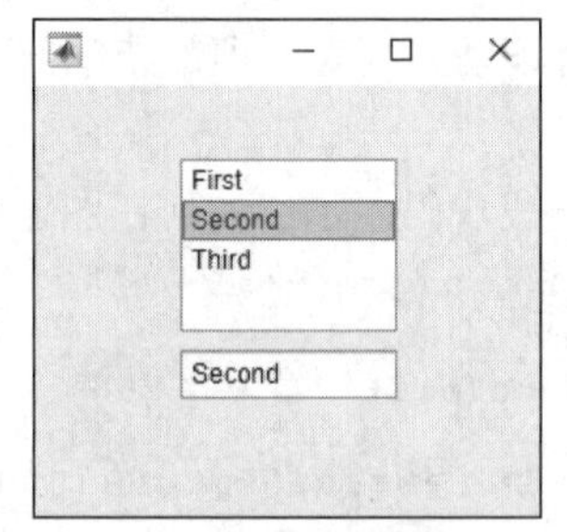

图 6-32　选择列表中的选项

（3）下面一段代码展示了如何创建一个列表框，其中的每个选项都有关联的数值。当用户选择列表中的选项时，数值编辑字段将显示关联的数值。运行此代码将创建一个 App，其中包含一个列表框和一个数值编辑字段。列表中的每个选项都有与其关联的温度。当用户选择列表中的选项时，ValueChangedFcn 回调将在数值编辑字段中显示相应的温度。

将以下代码保存到 MATLAB 当前运行路径的 dataselection.m 文件中。

```
function dataselection
    fig = uifigure;
```

```
    fig.Position(3:4) = [240 200];
    ef = uieditfield(fig,'numeric',...
        'Position',[70 60 100 22]);
    lbox = uilistbox(fig,...
        'Items', {'Freezing', 'Warm', 'Hot', 'Boiling'},...
        'ItemsData', [0, 25, 40, 100],...
        'Position',[70 90 100 78],...
        'ValueChangedFcn', @selectionChanged);

    function selectionChanged(src,event)
        ef.Value = src.Value;
    end
end
```

运行 dataselection.m，并选择列表中的选项。数值编辑字段将显示以反映与所选选项相关联的温度。运行结果如图 6-33 所示。

（4）下面一段代码展示了如何创建一个 App，其中包含一个列表框，允许选择多个选项。编写 ValueChangedFcn 回调以便在列表框下方的文本区域中显示所选选项。

将以下代码保存到 MATLAB 当前运行路径的 multiselect.m 文件中。

```
function multiselect
    fig = uifigure;
    fig.Position(3:4) = [240 200];
    txt = uitextarea(fig,...
        'Position',[70 10 100 78]);
    lbox = uilistbox(fig,...
        'Position',[70 110 100 78],...
        'Multiselect','on',...
        'ValueChangedFcn',@selectionChanged);
        function selectionChanged(src,event)
            txt.Value = src.Value;
        end
end
```

运行 multiselect.m，然后从列表中选择选项。文本区域显示用户选择的内容。运行结果如图 6-34 所示。

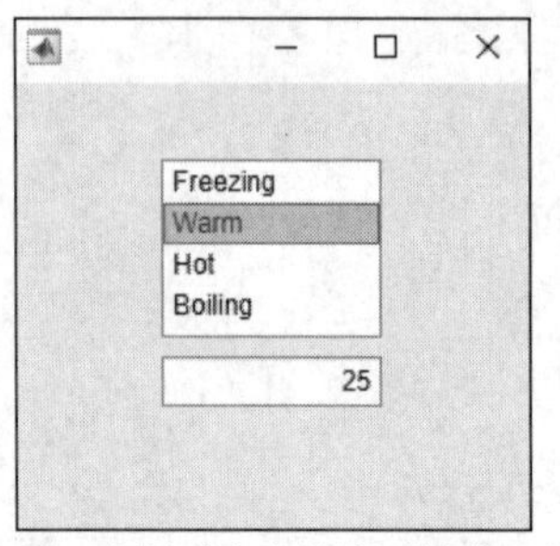

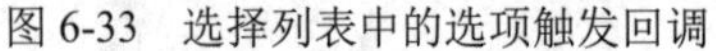
图 6-33　选择列表中的选项触发回调

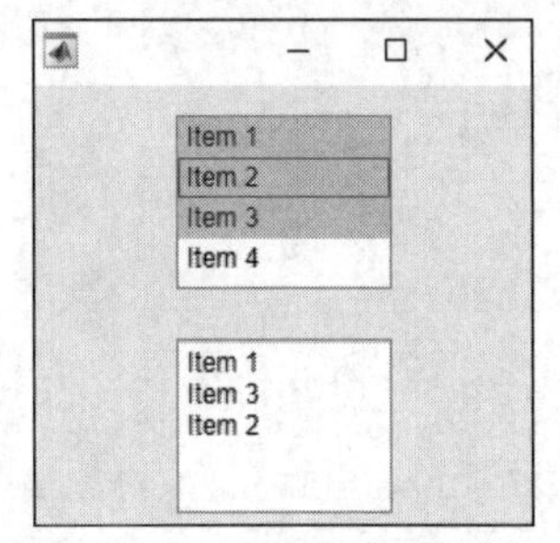

图 6-34　多选列表中的选项触发回调

6.10　创建单选按钮组件

函数 uiradiobutton 用于创建单选按钮组件。单选按钮通常显示为按钮组内的一组选项。用户必须从中选择一个选项。可通过属性控制单选按钮的外观和行为。使用圆点表示法引用特定的对象和属性，代码如下。

```
fig=uifigure;

bg=uibuttongroup(fig);

rb=uiradiobutton(bg);

rb.Text='One';
```

1. 函数使用说明

（1）rb=uiradiobutton：在按钮组中创建一个单选按钮，并返回 RadioButton 对象。如果没有可用的父容器，MATLAB 将调用 uifigure 函数来创建该按钮组的父容器。

（2）rb=uiradiobutton(parent)：在指定的按钮组中创建单选按钮。

（3）rb=uiradiobutton(___,Name,Value)：使用一个或多个名值参数对指定 RadioButton 属性。可以将此选项与前面语法中的任何输入参数组合在一起使用。

2. 输入参数

（1）parent：父容器，指定为 ButtonGroup 对象。按钮组必须是使用 uifigure 函数创建的图窗对象的子级，或者是图窗中以下子容器的父容器：Tab、Panel、ButtonGroup 或 GridLayout。

（2）Name,Value：名值参数对。

示例：'Text','French'表示指定在单选按钮旁边显示文本“French”。

3. 示例

下面一段代码展示了如何在窗口中创建一个按钮组。

```
fig = uifigure;

fig.Position(3:4) = [240 200];

bg = uibuttongroup(fig,'Position',[60 55 123 85]);
```

创建 3 个 RadioButton 对象，并指定每个对象的父容器和位置，代码如下。运行结果如图 6-35 所示。

```
rb1 = uiradiobutton(bg,'Position',[10 60 91 15]);

rb2 = uiradiobutton(bg,'Position',[10 38 91 15]);

rb3 = uiradiobutton(bg,'Position',[10 16 91 15]);
```

更改与每个单选按钮关联的文本，代码如下。运行结果如图 6-36 所示。

```
rb1.Text = 'English';

rb2.Text = 'French';

rb3.Text = 'German';
```

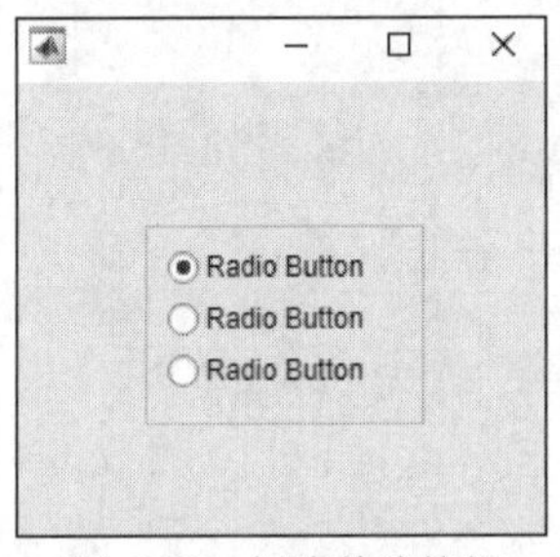

图 6-35　创建单选按钮

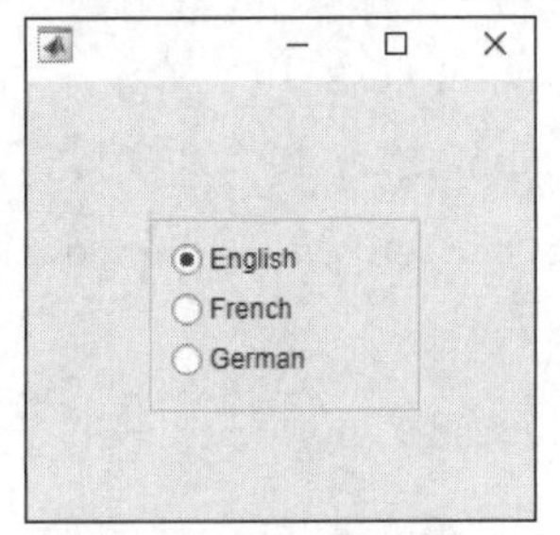

图 6-36　改变单选按钮的文本

6.11　创建滑块组件

函数 uislider 用于创建滑块组件。滑块组件是一种 UI 对象，允许用户沿某个连续范围选择一个值。可通过属性控制滑块的外观和行为。使用圆点表示法引用特定的对象和属性，代码如下。

```
fig=uifigure;

s=uislider(fig);

s.Value=20;
```

1. 函数使用说明

（1）sld=uislider：在新图窗中创建一个滑块，并返回 Slider 对象。如果没有可用的图窗，MATLAB 将调用 uifigure 函数来创建图窗。

（2）sld=uislider(parent)：在指定的父容器中创建滑块。父容器可以是使用 uifigure 函数创建的图窗对象或其子容器之一。

（3）sld=uislider(___,Name,Value)：使用一个或多个名值参数对指定 Slider 属性。可以将此选项与前面语法中的任何输入参数组合在一起使用。

2. 输入参数

（1）parent：父容器，指定为使用 uifigure 函数创建的图窗对象或其子容器（Tab、Panel、ButtonGroup 或 GridLayout）之一。如果不指定父容器，MATLAB 会调用 uifigure 函数创建新图窗对象充当父容器。

（2）Name,Value：名值参数对。

示例：'Limits',[0 50]表示将滑块最小值指定为 0，将滑块最大值指定为 50。

3. 示例

（1）下面一段代码展示了如何在窗口中创建一个滑块和一个仪表。当用户移动滑块时，ValueChangedFcn 回调将更新仪表，以反映滑块值。

将以下代码保存到 MATLAB 当前运行路径的 sliderValue.m 中。

```
function sliderValue
fig = uifigure;
fig.Position(3:4) = [240 200];
cg = uigauge(fig,'Position',[55 70 120 120]);
sld = uislider(fig,...
    'Position',[55 45 120 3],...
    'ValueChangedFcn',@(sld,event) updateGauge(sld,cg));
end
function updateGauge(sld,cg)
cg.Value = sld.Value;
end
```

运行 sliderValue.m，然后移动滑块。当用户释放鼠标左键时，圆形仪表的指针将移动到相应的仪表值位置。运行结果如图 6-37 所示。

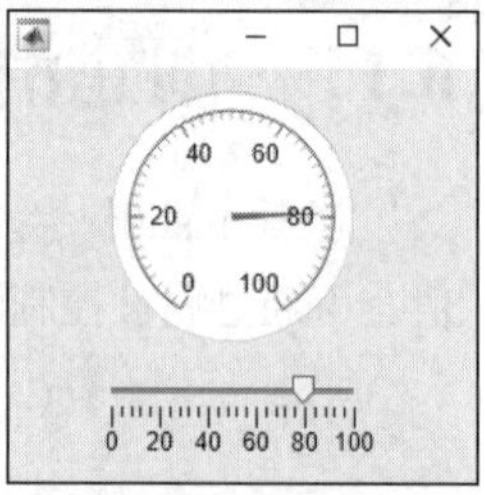

图 6-37　移动滑块

（2）下面一段代码展示了如何在窗口中创建一个滑块和一个仪表。当用户移动滑块时，ValueChangingFcn 回调将更新仪表，以反映滑块值。

将以下代码保存到 MATLAB 当前运行路径的 sliderChanging.m 中。

```
function sliderchanging
fig = uifigure;
fig.Position(3:4) = [240 200];
cg = uigauge(fig,'Position',[55 70 120 120]);
sld = uislider(fig,...
            'Position',[55 45 120 3],...
            'ValueChangingFcn',@(sld,event) sliderMoving(event,cg));
end
function sliderMoving(event,cg)
cg.Value = event.Value;
end
```

运行 sliderChanging.m，然后移动滑块。当用户移动滑块时，圆形仪表的指针将移动，实时反映滑块值。

6.12　创建微调器组件

函数 uispinner 用于创建微调器组件。微调器组件是一种 UI 对象，用于从一个有限集合中选择数值。可通过属性控制微调器的外观和行为。使用圆点表示法引用特定的对象和属性，代码如下。

```
fig=uifigure;
s=uispinner(fig);
s.Value=20;
```

1. 函数使用说明

（1）spn=uispinner：在新图窗中创建一个微调器，并返回 Spinner 对象。如果没有可用的图窗，MATLAB 将调用 uifigure 函数来创建图窗。

（2）spn=uispinner(parent)：在指定的父容器中创建微调器。父容器可以是使用 uifigure 函数创建的图窗对象或其子容器之一。

（3）spn=uispinner(___,Name,Value)：使用一个或多个名值参数对指定 Spinner 属性。可以将此选项与前面语法中的任何输入参数组合在一起使用。

2. 输入参数

（1）parent：父容器，指定为使用 uifigure 函数创建的图窗对象或其子容器（Tab、Panel、ButtonGroup 或 GridLayout）之一。如果不指定父容器，MATLAB 会调用 uifigure 函数创建新图窗对象充当父容器。

（2）Name,Value：名值参数对。

示例：'Value',150 表示指定在微调器中显示数字 150。

3. 示例

下面一段代码展示了移动滑块时，表示它的位置的数值将显示在编辑框中。在编辑框中输入一个有效数值，单击窗体空白处，滑块将移动到该数值对应的位置。运行结果如图 6-38 和图 6-39 所示。如果输入的数值超出滑块移动范围，则该数值将被重置。

共享回调函数也是本示例的一个重点。

```
S.fh = uifigure('units','pixels','position',[300 300 240 100],...
          'menubar','none','name','uispinner',...
          'numbertitle','off','resize','on');
S.sl = uislider(S.fh,'position',[15 40 210 3],'Limits',[1 100],'Value',50);
S.ed = uitextarea(S.fh,'position',[90 60 50 25],...
            'HorizontalAlignment','center','fontsize',16,...
            'Value','50');
set([S.ed,S.sl],'ValueChangedFcn',{@ed_call,S});  % 共享回调函数
function [] = ed_call(varargin)
% 以下是编辑框和滑块的回调函数
[h,S] = varargin{[1,3]};  % 获取句柄和结构
```

```
        switch h
            case S.ed
                L = get(S.sl,{'Limits'})  % 获取滑块信息
                E = str2double(get(h,'Value'))  % 将字符转化为数值
                if E >= min(L{1}) && E <= max(L{1})
                    set(S.sl,'Value',E)
                else
                    set(h,'Value',num2str(L{2}))
                end
            case S.sl
                set(S.ed,'Value',num2str(round(get(h,'Value'))))
                % 将数值设置为当前滑块值
            otherwise
                % 其他情况不动作
        end
    end
```

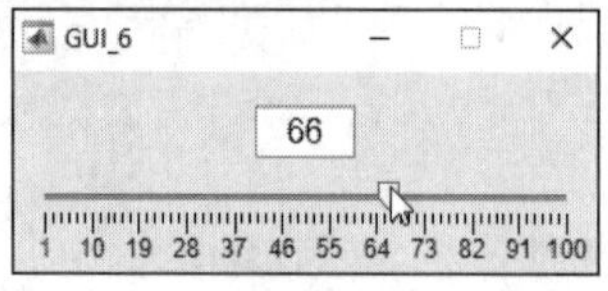

图 6-38　移动滑块显示数值

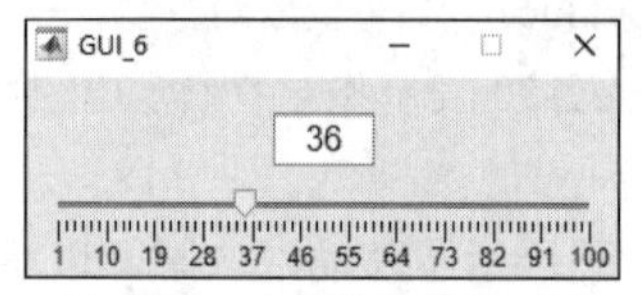

图 6-39　输入数值移动滑块

6.13　创建表用户界面组件

函数 uitable 用于创建表用户界面组件。表用户界面组件在 App 中用于显示数据的行和列。使用 uitable 函数创建一个表用户界面组件并在显示前为其设置所有必需的属性。通过更改 Table 对象的属性值，编程者可以对其外观和行为进行某些方面的修改。使用圆点表示法引用特定的对象和属性，代码如下。

```
fig=uifigure;
uit=uitable(fig,'Data',[1 2 3; 4 5 6; 7 8 9]);
uit.FontSize = 10;
```

1. 函数使用说明

（1）uit=uitable：在当前图窗中创建表用户界面组件，并返回 Table 对象。如果没有可用的图窗，MATLAB 将调用 figure 函数创建图窗。

（2）uit=uitable(Name,Value)：使用一个或多个名值参数对指定表用户界面组件的属性值。

（3）uit=uitable(parent)：在指定的父容器中创建表用户界面组件。父容器可以是使用 figure

或 uifigure 函数创建的图窗，也可以是子容器（如 Panel）。

（4）uit=uitable(parent,Name,Value)：指定父容器和一个或多个属性值。uitable 的属性值与其他组件的略有不同，具体取决于该 App 是使用 figure 还是 uifigure 函数创建的。

2. 输入参数

（1）parent：父容器，指定为使用 figure 或 uifigure 函数创建的图窗或子容器。

- 面板、选项卡和按钮组可以是任一类型的图窗中的容器。
- 网格布局是只能位于使用 uifigure 函数创建的图窗中的容器。

（2）Name,Value：名值参数对。

示例：'Data',[1 2 3; 4 5 6]。

可以使用名值参数对设置 Table 属性。

3. 示例

（1）下面一段代码展示了通过调用 readtable 函数从文件中读取数据来创建表数组 t，从 t 中选择 10 个变量和 15 行。运行结果如图 6-40 所示。

从 MATLAB R2018a 开始，编程者可以在表编程者界面组件中显示 table 数组数据。仅当表用户界面组件位于使用 uifigure 函数创建的图窗中时，才支持此类型的数据。App 设计工具使用此类型的图窗来创建 App。

```
t = readtable('uitable_excel.xlsx');
vars = {'StudentNumber','name','gender','language',...
    'mathematics','English','physics','chemistry',...
    'Average','rank'};
t = t(1:15,vars);
fig = uifigure;
fig.Position(3:4) = [360 360];
uit = uitable(fig,'Position',[3 3 360 360],'Data',t);
```

StudentNumber	name	gender	language	mathemat
730201	梁宽	男	85.5000	95.
730202	郝晓楠	男	77.0000	80.
730203	孙倩	女	89.0000	81.
730204	王言旭	男	82.5000	74.
730205	方志和	男	92.5000	88.
730206	蔡恒	男	75.0000	73.
730207	张雯雅	女	43.0000	86.
730208	谢逊	男	62.0000	69.
730209	罗轩然	男	79.0000	64.
730210	杨浩	男	70.5000	84.
730211	李韵芹	女	67.0000	73.
730212	梁宽	男	61.7818	70.
730213	郝晓楠	男	59.6091	68.
730214	孙倩	女	57.4364	67.

图 6-40　创建表

（2）下面一段代码展示了显示 table 数组数据并在用户对列进行排序或编辑单元格时更新图形。运行结果如图 6-41 所示。

从 MATLAB R2019a 开始，用户可以对表用户界面组件的列进行排序，该组件的 table 数组数据存储在其 Data 属性中。仅当表用户界面组件位于使用 uifigure 函数创建的图窗中时，才支持此类型的数据。

首先，创建一个名为 uitable_score.m 的程序文件。在该程序文件中进行以下操作。

通过调用 readtable 函数创建一个 table 数组。

创建一个可排序且可编辑的表用户界面组件以在图窗中显示。将 table 数组存储到组件的 Data 属性中。

指定一个 DisplayDataChangedFcn 回调，当用户在表用户界面组件中对列进行排序或编辑单元格时，该回调使用 DisplayData 属性更新图形。

```
function uitable_score
    t = readtable('uitable_score.xlsx');
    vars = {'year','language','mathematics','English'};
    t = t(1:18,vars);
    fig = uifigure("Position",[200,200,415,630]);
    uit = uitable(fig);
    uit.Data = t;
    uit.ColumnSortable = [false true true true];
    uit.ColumnEditable = true;
    uit.Position(3:4) = [390,300];
    uit.DisplayDataChangedFcn = @updatePlot;
    ax = uiaxes(fig);
    ax.Position(2) = 330;
    ax.YLabel.String = 'Score';
    x = t.year;
    y = t.language;
    area(ax,x,y)
    function updatePlot(src,event)
        t = uit.DisplayData;
        x = t.year;
        y = t.language;
        area(ax,x,y)
    end
end
```

当用户将鼠标指针悬停在标题上时，可排序的列会在标题中显示箭头。找到可排序的列并对表进行排序。注意排序后显示的数据和图形的更新情况。运行结果如图 6-42 所示。

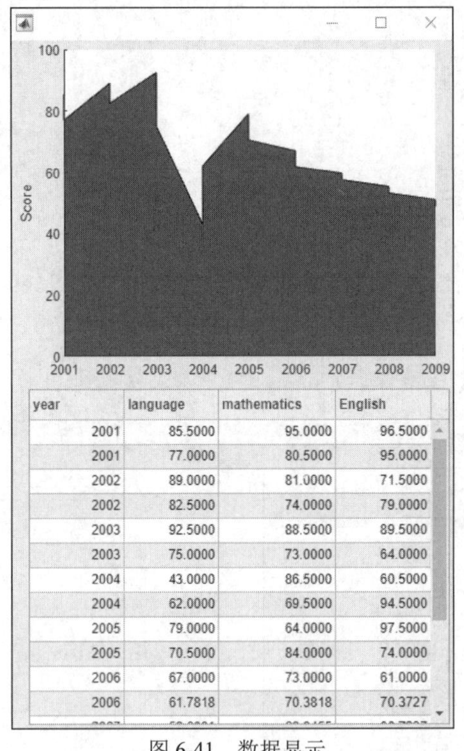

图 6-41 数据显示

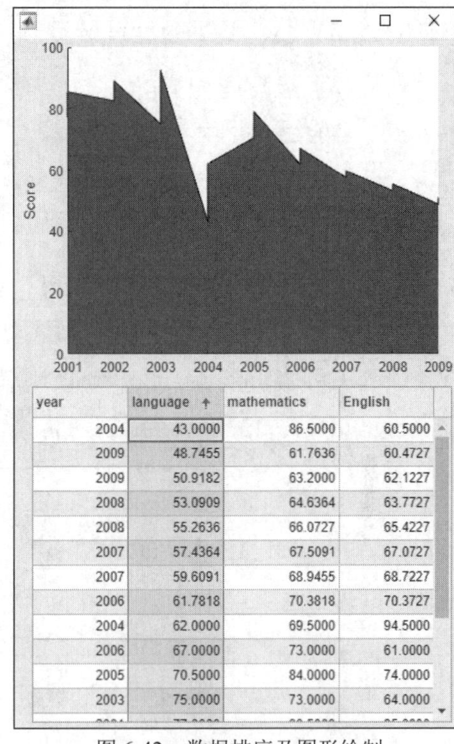

图 6-42 数据排序及图形绘制

（3）下面一段代码展示了对表用户界面组件中包含缺失值的单元格设置样式。在本示例中，为最大的单元格添加黄色背景色样式，并将文本变为红色。运行结果如图 6-43 所示。

从 MATLAB R2019b 开始，编程者可以使用 uistyle 和 addStyle 函数为表用户界面组件的行、列或单元格设置样式。仅当表用户界面组件位于使用 uifigure 函数创建的图窗中时，才支持样式。

将潮汐高度数据作为表数组读入工作区，然后创建一个表用户界面组件来显示数据。

```
t= readtable('Tide height.xlsx');
vars = {'clock00','clock01','clock02',...
    'clock03','clock04','clock05','clock06',...
    'clock07','clock08','clock09','clock10',...
    'clock11','clock12','clock13','clock14',...
    'clock15','clock16','clock17','clock18',...
    'clock19','clock20','clock21','clock22','clock23'};
tdata = t(2:18,vars);
fig = uifigure;
fig.Position(3:4) = [360 360];
uit = uitable(fig,'Position',[3 3 360 360],'Data',tdata);
```

```
% 为每行增加一个序号
uit.RowName = 'numbered';
% 将数据类型从 table 转换为 array
t1=table2array(tdata)
styleIndices = max(max(t1))
[row,col] = find(t1==styleIndices)
% s = uistyle % 调试时使用
% s.FontColor='red'; % 调试时使用
% s.BackgroundColor='yellow' % 调试时使用
s = uistyle('BackgroundColor','yellow','FontColor','red');
addStyle(uit,s,'cell',[row,col]);
```

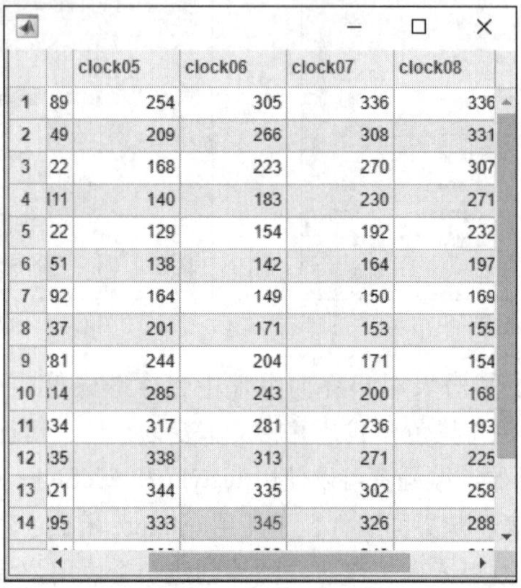

		clock05	clock06	clock07	clock08
1	89	254	305	336	336
2	49	209	266	308	331
3	22	168	223	270	307
4	111	140	183	230	271
5	22	129	154	192	232
6	51	138	142	164	197
7	92	164	149	150	169
8	37	201	171	153	155
9	81	244	204	171	154
10	14	285	243	200	168
11	34	317	281	236	193
12	35	338	313	271	225
13	21	344	335	302	258
14	95	333	345	326	288

图 6-43　表格数据查找

6.14　创建文本区域组件

函数 uitextarea 用于创建文本区域组件。文本区域组件是用于输入多行文本的 UI 对象。可通过属性控制文本区域的外观和行为。使用圆点表示法引用特定的对象和属性，代码如下。

```
fig=uifigure;
tarea=uitextarea(fig);
tarea.Value='Thissampleisanoutlier';
```

1. 函数使用说明

（1）txa=uitextarea：在新图窗中创建一个文本区域，并返回 TextArea 对象。如果没有可用的图窗，MATLAB 将调用 uifigure 函数来创建图窗。

（2）txa=uitextarea(parent)：在指定的父容器中创建文本区域。父容器可以是使用 uifigure 函数创建的图窗对象或其子容器之一。

（3）txa=uitextarea(___,Name,Value)：使用一个或多个名值参数对指定 TextArea 属性。可以将此选项与前面语法中的任何输入参数组合在一起使用。

2. 输入参数

（1）parent：父容器，指定为使用 uifigure 函数创建的图窗对象或其子容器（Tab、Panel、ButtonGroup 或 GridLayout）之一。如果不指定父容器，MATLAB 会调用 uifigure 函数创建新图窗对象充当父容器。

（2）Name,Value：名值参数对。

示例：'Editable','off'表示指定用户不能更改文本区域的文本。

3. 示例

下面一段代码展示了生成一个图窗、文本区域和按钮，每单击一次按钮删除文本区域的一个字符，当字符被完全删除后，如果再次单击删除按钮，将被告知没有任何可删除的内容；如果再单击一次，将再一次被告知没有任何可删除的内容；再单击一次，将被告知如果再单击一次窗口将会被关闭；如果再单击一次，窗口将关闭。在此过程中按钮的背景颜色伴随告知内容变化。运行结果如图 6-44～图 6-47 所示。

按钮单击次数的计时器也是本示例的一个重点。

```
S.fh = uifigure('units','pixels','position',[300 300 220 200],...
    'menubar','none','name','文本区域','numbertitle','off',...
    'resize','on');
S.pb = uibutton(S.fh,'position',[20 30 180 60],...
    'Text','Deleter');
S.tx = uitextarea(S.fh,'position',[20 130 180 30],...
    'fontsize',16,'Editable','off','Enable','off',...
    'Value','DeleteMe');
S.X = char(get(S.tx,'Value')) % 获取当前字符串
S.N=length(S.X)% 获取当前字符串长度
S.CNT =0;  % 计数
set(S.pb,'ButtonPushed',{@pb_call,S})
function [] = pb_call(varargin)
    % 按钮的回调函数
    S = varargin{3} ; % 获取结构
    T = char(get(S.tx,'Value')); % 获取当前字符串
    S.CNT = S.CNT + 1% 计数器增加计数
    str={'不要再按了噢...','再按一下就要关闭窗口了...'}
  if S.CNT ==S.N+2
```

```
        set(S.pb,'backgroundcolor','#D95319','Text','没啥可删的了!')
    elseif S.CNT ==S.N+3
        set(S.pb,'backgroundcolor','#FF0000','Text',str)
    elseif S.CNT ==S.N+4
        delete(S.fh) ;
        return % 退出循环
    elseif isempty(T)
       set(S.pb,'backgroundcolor','#EDB120','Text','已经删完了!')
    else
      set(S.tx,'Value',T(1:end-1));  % 删除字符串的最后一个字母
  end
  set(S.pb,'ButtonPushed',{@pb_call,S})  % 更新运行结果
end
```

图 6-44　程序初始化

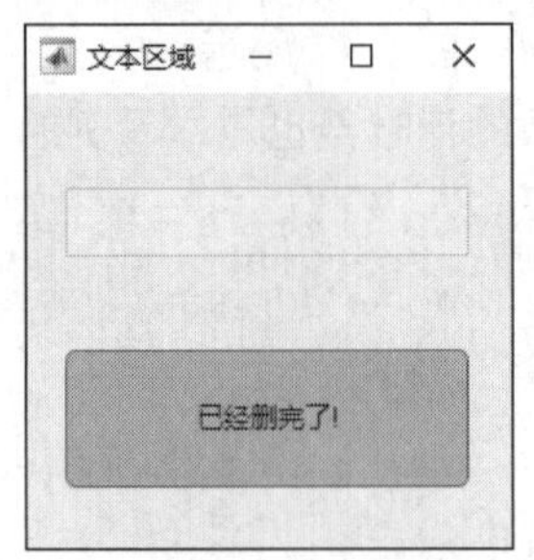

图 6-45　删除完后单击一次按钮

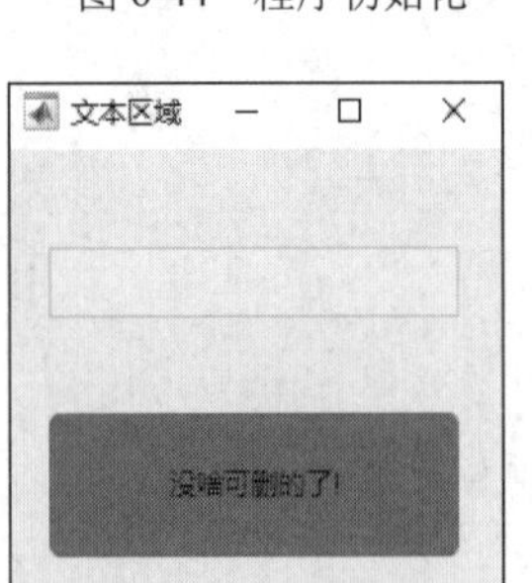

图 6-46　再单击一次按钮（1）

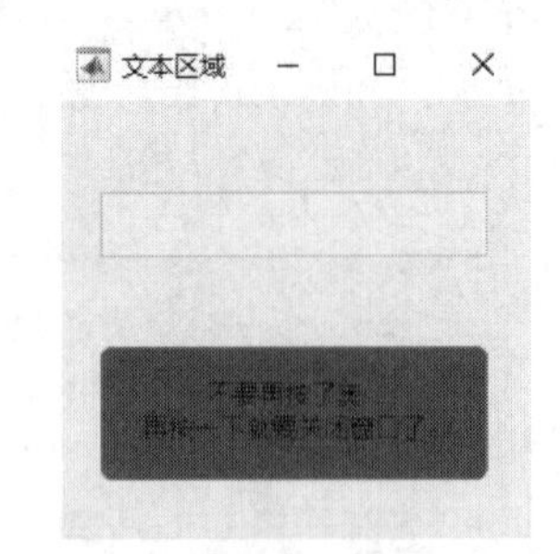

图 6-47　再单击一次按钮（2）

6.15　创建切换按钮组件

函数 uitogglebutton 用于创建切换按钮组件。切换按钮通常显示为按钮组内的一组选项。用户必须从中选择一个选项。可通过属性控制切换按钮的外观和行为。使用圆点表示法引用特定的对象和属性，代码如下。

```
fig=uifigure;
bg=uibuttongroup(fig)
```

```
tbutton=uitogglebutton(bg);
tbutton.Text='One';
```

1. 函数使用说明

（1）tb=uitogglebutton：在按钮组中创建一个切换按钮，并返回 ToggleButton 对象。如果不指定父容器，MATLAB 会调用 uifigure 函数来创建该按钮组的父容器。

（2）tb=uitogglebutton(parent)：在指定的按钮组内创建切换按钮。

（3）tb=uitogglebutton(___,Name,Value)：使用一个或多个名值参数对指定 ToggleButton 属性。可以将此选项与前面语法中的任何输入参数组合在一起使用。

2. 输入参数

（1）parent：父容器，指定为 ButtonGroup 对象。按钮组必须是使用 uifigure 函数创建的图窗对象的子级，或者是图窗中以下子容器的父容器：Tab、Panel、ButtonGroup 或 GridLayout。

（2）Name,Value：名值参数对。

示例：'Text','French'表示在切换按钮上显示文本“French”。

3. 示例

下面一段代码展示了如何在图窗中创建切换按钮，并设置和访问属性值。

要创建切换按钮，首先要创建一个图窗和一个按钮组，以包含要创建的按钮；然后创建 3 个切换按钮，并指定每个按钮的位置，代码如下。运行结果如图 6-48 所示。

```
fig = uifigure;
fig.Position(3:4) = [240 200];
bg = uibuttongroup(fig,'Position',[60 60 123 85]);
tb1 = uitogglebutton(bg,'Position',[10 50 100 22]);
tb2 = uitogglebutton(bg,'Position',[10 28 100 22]);
tb3 = uitogglebutton(bg,'Position',[10 6 100 22]);
```

更改与每个切换按钮关联的文本，代码如下。运行结果如图 6-49 所示。

```
tb1.Text = 'English';
tb2.Text = 'French';
tb3.Text = 'German';
```

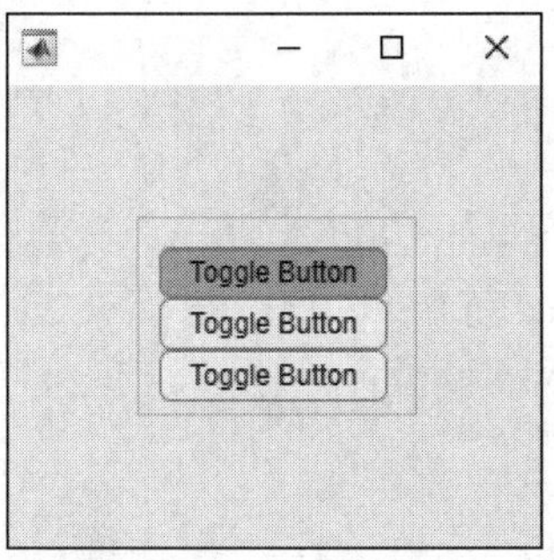

图 6-48　生成按钮

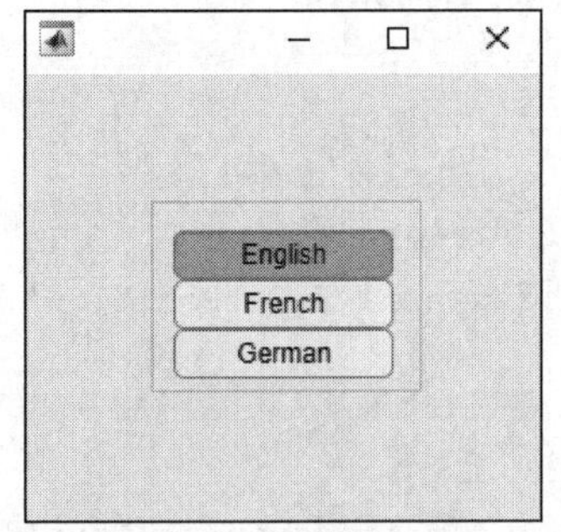

图 6-49　改变文本

6.16 创建树组件

函数 uitree 用于创建标准树或复选框树组件。树组件是指用来表示 App 层次结构中的项目列表的 UI 对象。使用 uitree 函数创建一个树并在显示它之前设置任何必需属性。通过更改树的属性值，可以修改树外观和行为的某些方面。使用圆点表示法引用特定的对象和属性，代码如下。

```
fig=uifigure;
t=uitree(fig);
t.Multiselect='on';
```

1. 函数使用说明

（1）t=uitree：在新图窗中创建一个树，并返回 Tree 对象。如果没有可用的图窗，MATLAB 将调用 uifigure 函数来创建图窗。

（2）t=uitree(Name,Value)：使用一个或多个名值参数对指定 Tree 属性值。

（3）t=uitree(parent)：在指定的父容器中创建树。父容器可以是使用 uifigure 函数创建的图窗对象或其子容器之一。

（4）t=uitree(parent,Name,Value)：在指定的父容器中创建树，并设置一个或多个 Tree 属性值。

2. 输入参数

（1）parent：父容器，指定为使用 uifigure 函数创建的图窗对象或其子容器（Tab、Panel、ButtonGroup 或 GridLayout）之一。如果不指定父容器，MATLAB 会调用 uifigure 函数创建新图窗对象充当父容器。

（2）Name,Value：名值参数对。

示例：t=uitree('Position',[100 100 150 150])表示创建具有特定位置和大小的树。

3. 示例

下面一段代码展示了如何在窗口中创建具有嵌套节点和回调函数的树。

创建一个名为 uitree_mytreeapp.mlx 的程序文件，并在其中编写以下代码，以创建树、一组嵌套的树节点、一个文本区域和一个回调函数。SelectionChangedFcn 属性用于指定当用户单击树中的节点时要执行的函数。

```
fig = uifigure;
fig.Position(3:4) = [240 240];
t = uitree(fig,'Position',[45 10 150 150]);
txa = uitextarea(fig,'Position',[10 180 220 50]);

% 一级节点
category1 = uitreenode(t,'Text','主食','NodeData',[]);
category2 = uitreenode(t,'Text','饮料','NodeData',[]);
```

```
% 二级节点
p1 = uitreenode(category1,'Text','馒头','NodeData',[40 1.67 58] );
p2 = uitreenode(category1,'Text','米饭','NodeData',[49 1.83 90]);
p3 = uitreenode(category2,'Text','可乐','NodeData',[25 1.47 53]);
p4 = uitreenode(category2,'Text','雪碧','NodeData',[88 1.92 100]);
% 展开树节点
expand(t);
% 编写回调函数
t.SelectionChangedFcn = {@nodechange,txa};
  function nodechange(src,event,txa)
      node = event.SelectedNodes
      ParentNode=node.Parent.Text;
      a1=["你选择了:" ParentNode];
      n2=node.Text
      a2=["你选择的是:" n2];
      txa.Value = [a1,a2];
  end
```

当运行 uitree-mytreeapp.mlx，并单击树中的节点时，文本区域组件将显示该节点及其父节点的 NodeData。运行结果如图 6-50 所示。

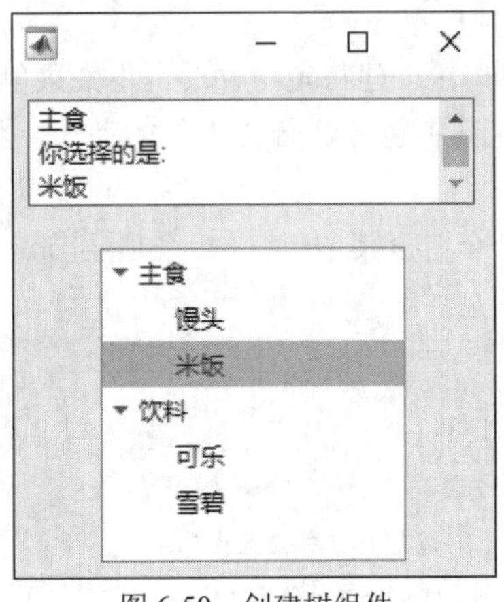

图 6-50　创建树组件

6.17　创建树节点组件

函数 uitreenode 用于创建树节点组件。树节点是指树层次结构中列出的项目。使用 uitreenode 函数创建一个树节点并在显示它之前设置任何必需属性。通过更改树节点的属性值，可以修改其外观和行为的某些方面。使用圆点表示法引用特定的对象和属性，代码如下。

```
fig=uifigure;
tree=uitree(fig);
node=uitreenode(tree);
node.Text='Item1';
```

1. 函数使用说明

（1）node=uitreenode：在新图窗中的树内创建节点，并返回 TreeNode 对象。如果没有可用的图窗，MATLAB 将调用 uifigure 函数来创建图窗。

（2）node=uitreenode(parent)：在指定的父容器中创建树节点。父容器可以是 Tree 或 TreeNode 对象。

（3）node=uitreenode(parent,sibling)：在指定的父容器中，在指定的同级节点后面创建一个树节点。

（4）node=uitreenode(parent,sibling,location)：创建一个树节点，并将其放在同级节点的后面或前面。将 location 指定为'after'或'before'。

（5）node=uitreenode(___,Name,Value)：使用一个或多个名值参数对指定 TreeNode 属性值。使用上述任何语法时，可以指定名值参数对作为最后一组参数。

2. 输入参数

（1）parent：父容器，指定为 Tree 或 TreeNode 对象。

（2）sibling：同级节点，指定为 TreeNode 对象。

（3）location：相对于同级节点的位置，指定为'after'或'before'。

（4）Name,Value：名值参数对。

示例：node=uitreenode(t,'Text','Measurements')表示创建带有标签'Measurements'的树节点。

3. 示例

下面的代码展示了如何在窗口中创建特定组件的上下文菜单。

（1）创建一个上下文菜单，其中包含适合树组件的动作。将该上下文菜单分配给树中的顶层树节点。

在用户界面图窗中，创建一个树，其中包含 4 个顶层节点和一组嵌套节点，代码如下。运行结果如图 6-51 所示。

```
fig = uifigure;
fig.Position(3:4) = [220 240];
tree = uitree(fig,'Position',[35 30 150 180]);
category1 = uitreenode(tree,'Text','主食');
r1 = uitreenode(category1,'Text','馒头');
r2 = uitreenode(category1,'Text','米饭');
category2 = uitreenode(tree,'Text','菜品');
c1 = uitreenode(category2,'Text','鱼香肉丝');
category3 = uitreenode(tree,'Text','饮料');
h1 = uitreenode(category3,'Text','可口可乐');
```

```
category4 = uitreenode(tree,'Text','甜品');
s1 = uitreenode(category4,'Text','老婆饼');
```

（2）创建一个包含 3 个菜单项的上下文菜单。对于最后一个菜单项，创建 4 个子菜单，代码如下。

```
cm = uicontextmenu(fig);
m1 = uimenu(cm,'Text','全部展开');
m2 = uimenu(cm,'Text','全部折叠');
m3 = uimenu(cm,'Text','定位到...');
sbm1 = uimenu(m3,'Text','主食');
sbm2 = uimenu(m3,'Text','菜品');
sbm3 = uimenu(m3,'Text','饮料');
sbm4 = uimenu(m3,'Text','甜品');
```

然后，通过将每个节点的 ContextMenu 属性设置为 ContextMenu 对象，将上下文菜单分配给顶层树节点，代码如下。

```
category1.ContextMenu = cm;
category2.ContextMenu = cm;
category3.ContextMenu = cm;
category4.ContextMenu = cm;

dirStyle = uistyle("FontName","宋体","FontWeight",'bold');
addStyle(tree,dirStyle,"level",1);
mStyle = uistyle("FontName","宋体");
addStyle(tree,mStyle,"level",2);
```

右键单击任一顶层树节点可查看上下文菜单。运行结果如图 6-52 所示。此时，代码仍未完成。右键单击时会出现上下文菜单，但选择菜单项没有任何效果。要完成菜单项行为的实现，需创建 MenuSelectedFcn 回调函数。

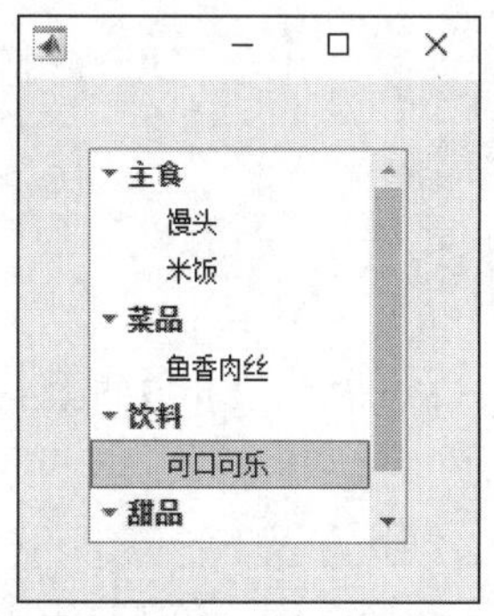

图 6-51　创建树节点组件

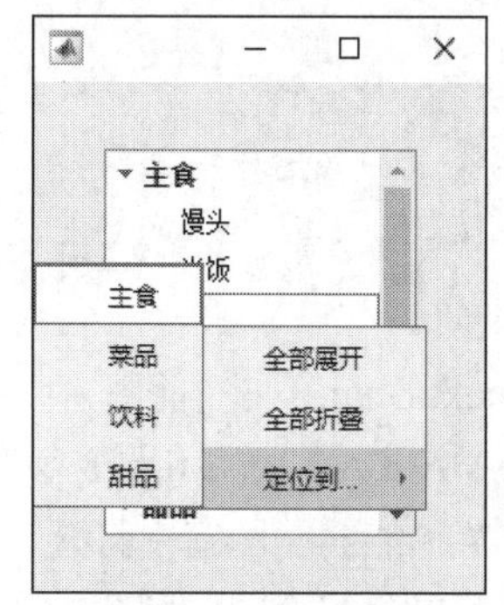

图 6-52　创建带上下文菜单的树节点

第 7 章 图窗工具

创建图窗工具的函数包含创建上下文菜单组件（uicontextmenu）、创建菜单或菜单项（uimenu）、在工具栏中创建按钮工具（uipushtool）、在工具栏中创建切换工具（uitoggletool）、在图窗中创建工具栏（uitoolbar）等函数。此外，将创建 HTML UI 对象（uihtml）内容纳入本章进行讲解。各函数见表 7-1。

表 7-1 创建图窗工具的函数

序号	函数名	说明
1	uicontextmenu	创建上下文菜单组件
2	uimenu	创建菜单或菜单项
3	uipushtool	在工具栏中创建按钮工具
4	uitoggletool	在工具栏中创建切换工具
5	uitoolbar	在图窗中创建工具栏
6	uihtml	创建 HTML UI 组件

7.1 创建上下文菜单组件

函数 uicontextmenu 用于创建上下文菜单组件。上下文菜单是当用户右键单击图形对象或 UI 对象时出现的菜单。使用 uicontextmenu 函数创建上下文菜单并设置属性。通过更改属性值，可以修改上下文菜单的外观和行为。使用圆点表示法引用特定上下文菜单对象和属性。编程者可以将使用 uifigure 或 figure 函数创建的图窗作为上下文菜单的父级，代码如下。

```
fig=uifigure;
cm=uicontextmenu(fig);
m=uimenu(cm,'Text','GoToFile');
fig.ContextMenu=cm;
```

1. 函数使用说明

（1）cm=uicontextmenu：在当前图窗中创建一个上下文菜单，并返回 ContextMenu 对象。如果图窗不存在，则 MATLAB 调用 figure 函数以创建一个图窗。

要使该上下文菜单能够在图窗中打开，编程者还必须执行以下步骤。

①将该上下文菜单分配给同一图窗中的 UI 对象或图形对象。②在该上下文菜单中创建至少一个子级 Menu 对象。

（2）cm=uicontextmenu(parent)：在指定的父容器中创建上下文菜单，父容器可以是使用 uifigure 或 figure 函数创建的图窗。

（3）cm=uicontextmenu(___,Name,Value)：创建一个上下文菜单，其中包含使用一个或多个名值参数对指定的属性值。

2. 输入参数

（1）parent：父容器，指定为使用 uifigure 或 figure 函数创建的图窗对象。如果未指定父容器，则 MATLAB 调用 figure 函数以创建一个图窗来作为父容器。

（2）Name,Value：名值参数对。

示例：'ContextMenuOpeningFcn',@myfunction 表示将 myfunction 指定为用户与上下文菜单交互时要执行的函数。

3. 其他

（1）要在运行的 App 中以交互方式显示一个上下文菜单，它必须：①有至少一个菜单项；②能被分配给同一图窗中的 UI 对象或图形对象。

（2）要以编程方式打开一个上下文菜单，需使用 open 函数。上下文菜单必须为使用 uifigure 函数创建的图窗的子级。要显示上下文菜单，必须有至少一个用 uimenu 函数创建的菜单项。

4. 示例

下面一段代码展示了创建一个上下文菜单，每次打开该上下文菜单时都提示消息。运行结果如图 7-1 和图 7-2 所示。

在传统图窗中创建一个线图。然后，创建包含一个菜单项的上下文菜单，并将该菜单分配给线图。创建一个 MenuSelectedFcn 回调函数，用于选择菜单时弹出消息对话框提示 Menu1 opened，再创建一个 ContextMenuOpeningFcn 回调函数，用于在直线的坐标点（3,3）处显示 Context menu opened。

```
f = figure;
p = plot(1:10);
cm = uicontextmenu(f);
m = uimenu(cm,'Text','Menu1');
m.MenuSelectedFcn = @(src,event)msgbox('Menu1 opened');
cm.ContextMenuOpeningFcn = @(src,event)text(3,3,'Context menu opened');
p.ContextMenu = cm;
```

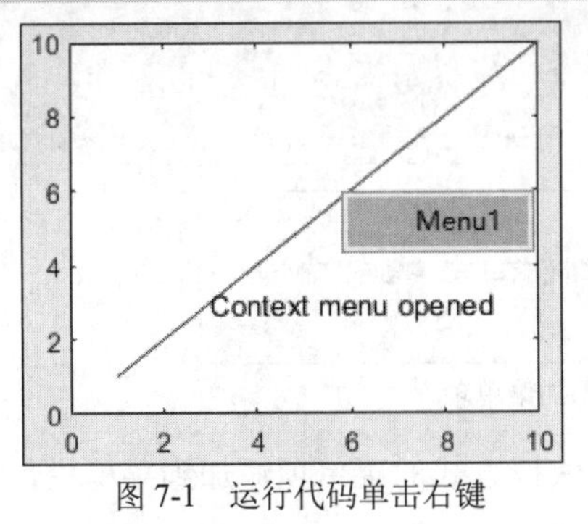

图 7-1　运行代码单击右键

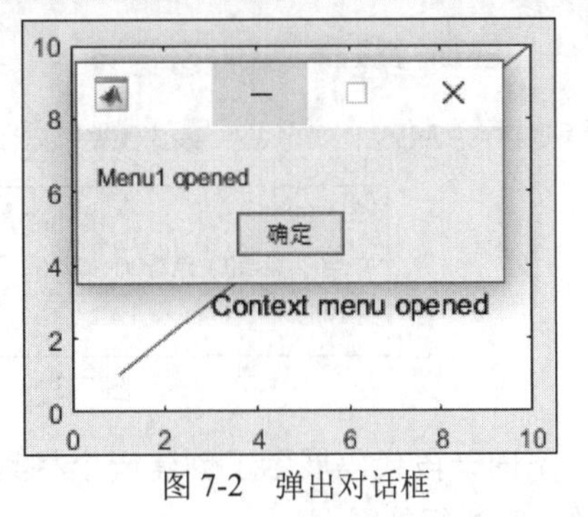

图 7-2　弹出对话框

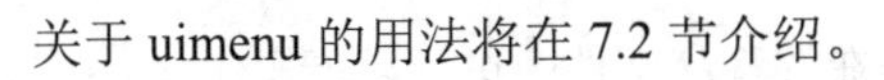
关于 uimenu 的用法将在 7.2 节介绍。

7.2 创建菜单或菜单项

函数 uimenu 用于创建菜单或菜单项。菜单在 App 窗口顶部显示选项的下拉列表。调用 uimenu 函数创建一个菜单，或者在现有菜单中添加一个子菜单。可通过属性控制菜单的外观和行为。使用圆点表示法引用特定的对象和属性，代码如下。

```
fig=uifigure;
m=uimenu(fig);
m.Text='OpenSelection';
```

1. 函数使用说明

（1）m=uimenu：在当前图窗中创建菜单，并返回 Menu 对象。如果没有可用的图窗，MATLAB 将调用 figure 函数创建一个图窗。

（2）m=uimenu(Name,Value)：使用一个或多个名值参数对指定菜单属性值。

（3）m=uimenu(parent)：在指定的父容器中创建菜单。父容器可以是使用 figure 或 uifigure 函数创建的图窗，也可以是另一个 Menu 对象。uimenu 的属性值略有不同，具体取决于该 App 是使用 figure 还是 uifigure 函数创建的。

（4）m=uimenu(parent,Name,Value)：指定父容器和一个或多个属性值。

2. 输入参数

（1）parent：父容器，指定为使用 figure 或 uifigure 函数创建的图窗对象、另一个 ContextMenu 对象或 Menu 对象。如果未指定父容器，则 MATLAB 调用 figure 函数以创建一个父容器，并将菜单放在该图窗的菜单栏中。将父容器指定为一个现有 Menu 对象，以将菜单项添加到菜单，或者嵌套菜单项。

（2）Name,Value：名值参数对。

示例：m=uimenu('Text','Open')表示创建菜单并将其标签设置为'Open'。

3. 示例

（1）下面一段代码展示了创建一个显示默认菜单栏的图窗，并为其添加一个菜单和一个菜单项。运行结果如图 7-3 所示。

```
f = figure('Toolbar','none');
m = uimenu('Text','Options');
mitem = uimenu(m,'Text','Reset');
```

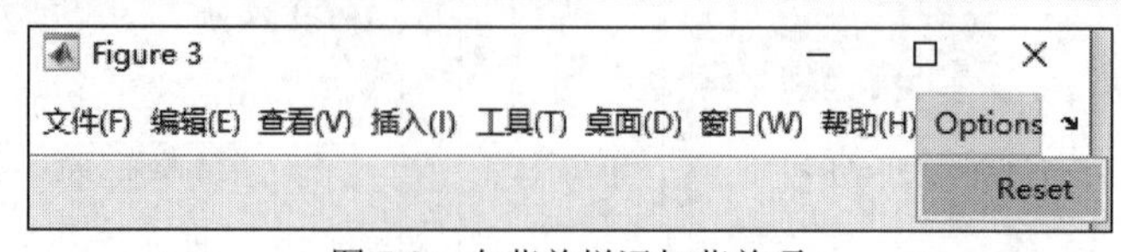

图 7-3 在菜单栏添加菜单项

（2）下面一段代码展示了创建一个将具有键盘快捷方式的菜单项添加到菜单栏，并定义选择该菜单项时执行的回调。

首先，创建一个名为 importmenu.m 的程序文件。在该程序文件中进行以下操作。

① 创建一个图窗。

② 添加一个名为 Import 的菜单。通过将'&Import'指定为文本标签，为菜单创建助记键和键盘快捷方式。

③ 创建一个菜单项并指定助记键和键盘快捷方式。

④ 定义当用户单击菜单项或使用助记键或键盘快捷方式时执行的 MenuSelectedFcn 回调。

运行程序文件。运行结果如图 7-4 所示。

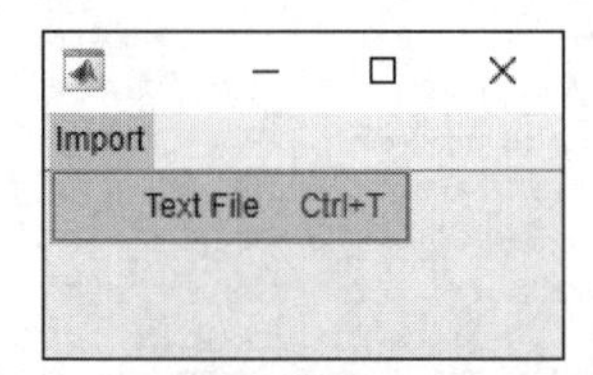

图 7-4　创建可以使用键盘快捷方式的菜单

```
function importmenu
fig = uifigure;
fig.Position(3:4) = [200 200];
m = uimenu(fig,'Text','&Import');
mitem = uimenu(m,'Text','&Text File');
mitem.Accelerator = 'T';
mitem.MenuSelectedFcn = @MenuSelected;
    function MenuSelected(src,event)
       file = uigetfile('*.txt');
   end
end
```

用户可以使用下列方式与菜单和菜单项交互。

- 通过按 Alt+I 快捷键选择 Import 菜单。
- 选择 Text File 菜单项，并通过按 Alt+I+T 快捷键执行回调。
- 选择 Text File 菜单项，并通过按 Ctrl+T 快捷键执行回调。

当用户选择 Text File 菜单项时，“选择要打开的文件”对话框被打开，扩展名字段限定为.txt。运行结果如图 7-5 所示。

（3）下面一段代码展示了创建一个选中菜单项，新建一个清除图像和恢复图像的按钮。菜单和按钮共享回调，这样单击该普通按钮也可以显示或清除图像。

首先，创建一个名为 uimenu_claplot.mlx 的程序文件。在该程序文件中进行以下操作。

① 创建一个图窗，其中包含一个普通按钮和用于显示图像的坐标区。

② 添加一个菜单和一个具有助记键的菜单项。指定该菜单项已被选中。

③ 定义一个 MenuSelectedFcn 回调，当用户与菜单项交互时该回调会清除或显示图像。

④ 定义一个 ButtonPushedFcn，它与该菜单项使用相同的回调函数。

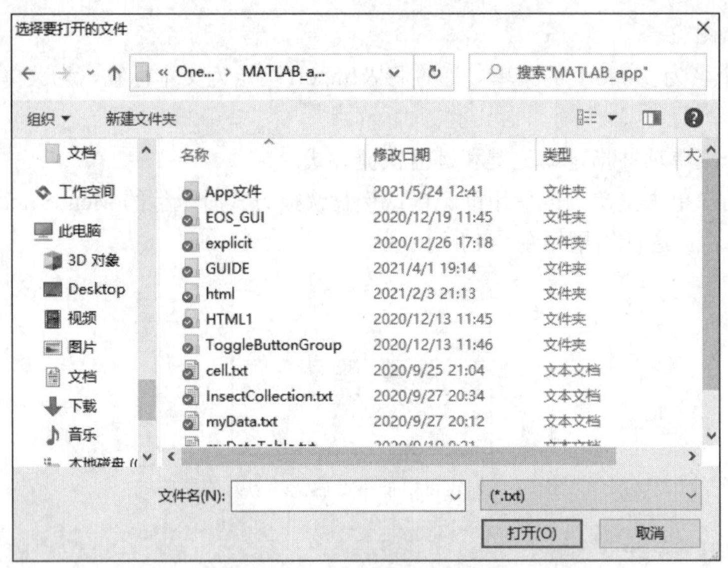

图 7-5　运行菜单打开对话框

运行程序文件。运行结果如图 7-6 和图 7-7 所示。

```
fig = uifigure('Toolbar','none');
fig.Position = [300 300 280 220];
ax = uiaxes(fig);
ax.Position = [10 10 260 160];
plot(ax,sin([1:0.1:10]));
btn = uibutton(fig,'Text','cla');
btn.Position = [90 180 100 20];
m = uimenu(fig,'Text','Options');
mitem = uimenu(m,'Text','Reset');
mitem.MenuSelectedFcn = {@cla1,mitem,ax};
btn.ButtonPushedFcn = {@cla1,mitem,ax};

function cla1(src,event,mitem,ax)
    cla(ax,"reset")
    if strcmp(mitem.Checked,'on')
       mitem.Checked = 'off';
       plot(ax,sin([1:0.1:10]))
    else
       mitem.Checked = 'on';
```

```
    end
end
```

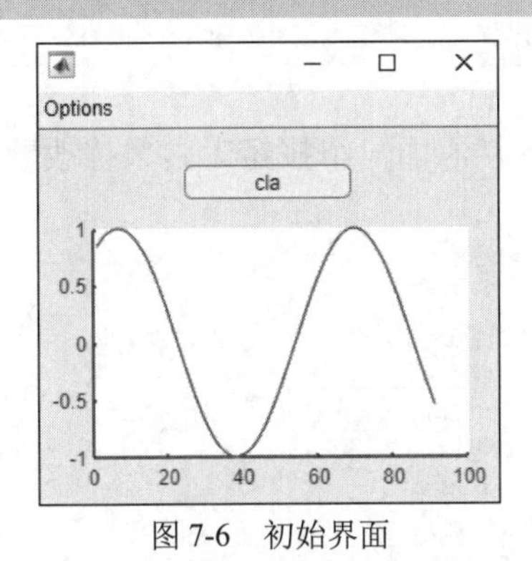

图 7-6　初始界面

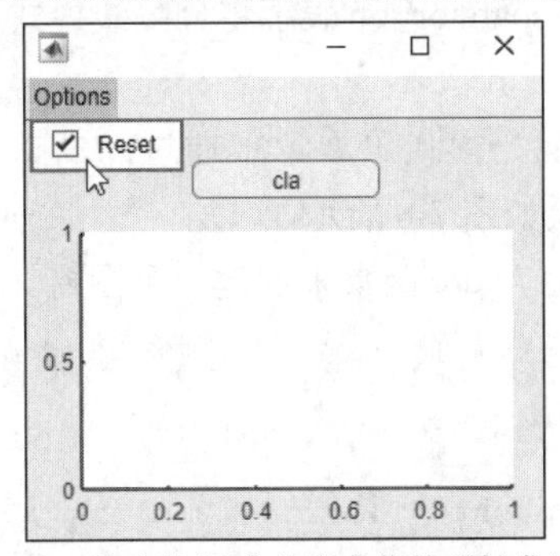

图 7-7　单击按钮或者选中菜单项触发回调

7.3　在工具栏中创建按钮工具

函数 uipushtool 用于在工具栏中创建按钮工具。按钮工具是显示在图窗顶部工具栏中的普通按钮。使用 uipushtool 函数在工具栏中创建一个普通按钮并在显示它之前设置任何必需属性。通过更改属性值，用户可以修改按钮外观和行为的某些方面。使用圆点表示法引用特定的对象和属性，代码如下。

```
pt=uipushtool;
pt.Separator='on';
```

1. 函数使用说明

（1）pt=uipushtool：在当前图窗的工具栏中创建一个按钮工具，并返回 PushTool 对象。

当前图窗必须是使用 figure 函数创建的图窗。如果当前图窗没有子工具栏，则 MATLAB 会在当前图窗中创建一个工具栏作为父级。如果用 figure 函数创建的图窗不存在，则 MATLAB 创建一个图窗，并调用 uitoolbar 函数来创建一个工具栏作为父级。

按钮工具的行为就像普通按钮。当用户单击它们时，它们显示为已按下，直到用户释放鼠标左键。

（2）pt=uipushtool(parent)：在指定的父工具栏中创建一个按钮工具。

（3）pt=uipushtool(___,Name,Value)：创建一个按钮工具，其中包含使用一个或多个名值参数对指定的属性值。

2. 输入参数

（1）parent：父工具栏，指定为 Toolbar 对象。使用此参数可在创建按钮工具时指定父工具栏，或将现有工具移动到其他工具栏上。

如果未指定父工具栏，则 MATLAB 会在当前图窗的工具栏中创建一个按钮工具。当前图窗必须是使用 figure 函数创建的图窗。如果当前图窗没有子工具栏，则 MATLAB 会在当前图窗中创建一个工具栏作为父级。MATLAB 不会在默认图窗工具栏中创建按钮工具。

如果图窗不存在，则 MATLAB 会创建一个图窗，并调用 uitoolbar 函数创建一个工具栏作为父级。

如果向工具栏中添加多个按钮工具或切换工具，它们将按照创建的顺序从左到右添加。

（2）Name,Value：名值参数对。

示例：'Separator','on'表示将分隔线模式设置为'on'。

3. 示例

（1）下面一段代码展示了通过向默认图窗工具栏添加一个按钮工具来修改默认图窗工具栏。运行结果如图 7-8 所示。

通过调用 figure 函数来创建一个图窗。

```
f = figure('ToolBar','auto',"MenuBar","figure");
defaultToolbar = findall(f,'Type','uitoolbar');
pt = uipushtool(defaultToolbar);
[img,map] = imread('m1.jpg');
% imshow(img,map);
RGB = im2uint8(img);
pt.CData = RGB;
```

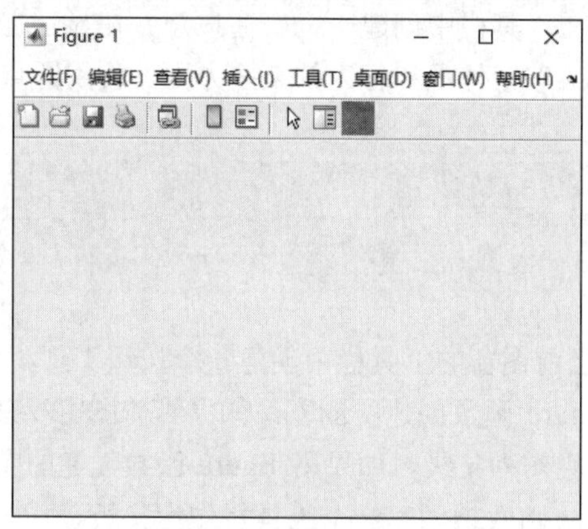

图 7-8 创建按钮工具

提示 如果使用 imread 读出的图像的 map 为空值，可以采用 im2uint8 读取图像，将灰度、RGB 或二值图像转换为 uint8 数据。

（2）下面一段代码展示了创建一个按钮工具，当用户单击它时，它将打开 uisetcolor 对话框。将 UI 图窗的背景颜色更改为从颜色选择器中选择的颜色。运行结果如图 7-9 所示。

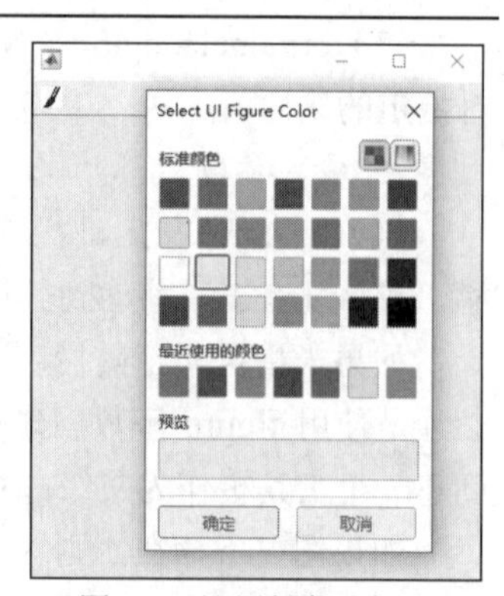

图 7-9 调用颜色选择器

首先，创建一个名为 uipushtool_colorPickerPushTool.mlx 的程序文件。在该程序文件中进行以下操作。

① 创建一个 UI 图窗。

② 在 UI 图窗中创建一个工具栏。

③ 在工具栏中创建一个按钮工具。

④ 通过将 Icon 属性值设置为 paintbrush.gif 的完整文件路

径，为按钮工具添加一个适当的图标。

⑤ 为按钮工具创建一个工具提示。

⑥ 将 ClickedCallback 属性设置为引用名为 colorToolClicked 的回调函数的函数句柄。

⑦ 创建一个名为 colorToolClicked 的回调函数。在其中调用 uisetcolor 函数，这样当用户单击工具栏中的按钮工具时，会打开颜色选择器对话框。将颜色选择器的默认颜色设置为 UI 图窗的颜色，并将颜色选择器的标题指定为 Select UI Figure Color。使 UI 图窗成为当前图窗，以便它显示在所有其他图窗的前端。

```
function uipushtool_colorPickerPushTool
    fig = uifigure;
    fig.Position(3:4) = [360 360];
    tb = uitoolbar(fig);
    pt = uipushtool(tb);
    pt.Icon
fullfile(matlabroot,'toolbox','matlab','icons','paintbrush.gif');
    pt.Tooltip = 'Change UI Figure Color';
    pt.ClickedCallback = @colorToolClicked;
    function colorToolClicked(src,event)
        c = uisetcolor(fig,'Select UI Figure Color');
        figure(fig)
    end
end
```

7.4　在工具栏中创建切换工具

函数 uitoggletool 用于在工具栏中创建切换工具。切换工具是显示在图窗顶部工具栏中的切换按钮。使用 uitoggletool 函数在工具栏中创建一个切换按钮并在显示它之前设置任何必需属性。通过更改属性值，编程者可以修改按钮外观和行为的某些方面。使用圆点表示法引用特定的对象和属性，代码如下。

```
tt=uitoggletool;
tt.Separator='on';
```

1. *函数使用说明*

（1）tt=uitoggletool：在当前图窗的工具栏中创建切换工具，并返回 ToggleTool 对象。

当前图窗必须是使用 figure 函数创建的图窗。如果当前图窗没有子工具栏，则 MATLAB 会在当前图窗中创建一个工具栏作为父级。如果图窗不存在，则 MATLAB 创建一个图窗，并调用 uitoolbar 函数来创建一个工具栏作为父级。

切换工具有两种状态：'off'或'on'。每次单击按钮时，按钮的状态都会发生变化。

（2）tt=uitoggletool(parent)：在指定的父工具栏中创建一个切换工具。

（3）tt=uitoggletool(___,Name,Value)：创建一个切换工具，其中包含使用一个或多个名值参数对指定的属性值。

2. 输入参数

（1）parent：父工具栏，指定为 Toolbar 对象。使用此属性可在创建切换工具时指定父工具栏，或将现有工具移动到其他工具栏上。

如果未指定父工具栏，则 MATLAB 会在当前图窗的工具栏中创建一个切换工具。当前图窗必须是使用 figure 函数创建的图窗。如果当前图窗没有子工具栏，则 MATLAB 会在当前图窗中创建一个工具栏作为父级。MATLAB 不会在默认图窗工具栏中创建切换工具。

如果图窗不存在，则 MATLAB 会创建一个图窗，并调用 uitoolbar 函数创建一个工具栏作为父级。

如果向工具栏添加多个按钮工具或切换工具，它们将按照创建的顺序从左到右添加。

（2）Name,Value：名值参数对。

示例：'Separator','on'表示将分隔线模式设置为'on'。

3. 示例

（1）下面一段代码展示了通过调用 figure 函数来创建一个图窗，并为图窗添加一个工具栏，它出现在默认图窗工具栏下方。运行结果如图 7-10 所示。

```
f= figure('Toolbar','figure');

f.Position(3:4) = [400 320];

tb = uitoolbar(f);
```

在工具栏中创建一个切换工具，读取一张图片并将其转化为图标。将 CData 属性值设置为数组，以在切换工具中显示黑色方形图标。运行结果如图 7-11 所示。

```
tt = uitoggletool(tb);

[img,map] = imread('m2.jpg');

% imshow(img,map); % 调试时使用

RGB = im2uint8(img);

tt.CData = RGB;
```

图 7-10 添加工具栏

图 7-11 向工具栏中添加图标

（2）下面一段代码展示了创建一个切换工具，每次单击它都会更改 UI 图窗的背景颜色。

首先，创建一个名为 toggleColor.m 的程序文件。在该程序文件中进行以下操作。

①创建一个 UI 图窗。

②在 UI 图窗中创建一个工具栏。

③向工具栏中添加一个切换工具。

④创建一个蓝色真彩色图像数组。将切换工具的 Icon 属性值设置为此数组。

⑤将 ClickedCallback 属性设置为引用名为 toggleFigureColor 的回调函数的函数句柄。

⑥创建一个名为 toggleFigureColor 的回调函数。在其中查询切换工具的 State 属性的值。如果值为'on'，将图窗的背景颜色更改为蓝色，并将切换工具设置为黑色；如果值为'off'，则将图窗背景颜色更改为黑色，并将切换工具设置为蓝色。

```
S.fig = uifigure('Position',[300 300 200 60]);
S.tb = uitoolbar(S.fig);
S.tt = uitoggletool(S.tb);
S.ttImage = zeros(16,16,3);
S.ttImage(:,:,3) = ones(16);
S.tt.Icon = S.ttImage;
S.tt.ClickedCallback ={@toggleFigureColor,S};
function toggleFigureColor(src,event,S)
state = src.State;
if strcmp(state,'on')
      fig.Color = 'blue';
      S.tt.Icon = zeros(16,16,3);
   else
      fig.Color = 'black';
      S.tt.Icon = S.ttImage;
   end
end
```

运行 toggleColor.m。单击切换工具可更改图窗的背景颜色。运行结果如图 7-12 和图 7-13 所示。

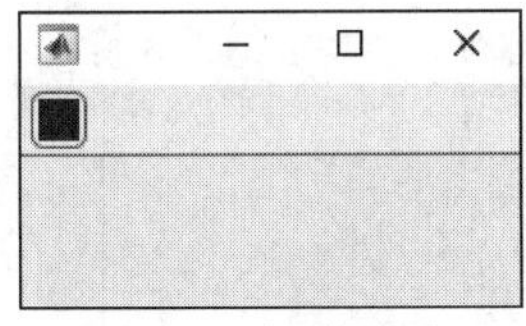

图 7-12　初始界面

图 7-13　单击切换工具触发回调

7.5　在图窗中创建工具栏

函数 uitoolbar 用于在图窗中创建工具栏。工具栏是图窗窗口顶部的水平按钮列表的容器。

使用 uitoolbar 函数在图窗中创建一个工具栏并在显示它之前设置任何必需属性。通过更改属性值，可以修改工具栏的外观和行为。使用圆点表示法引用特定的对象和属性，代码如下。

```
tb=uitoolbar;
tb.Visible='off';
```

1. 函数使用说明

（1）tb=uitoolbar：在当前图窗中创建一个工具栏并返回 Toolbar 对象。如果尚不存在用 figure 函数创建的图窗，则 MATLAB 创建一个图窗作为父级。

（2）tb=uitoolbar(parent)：在指定的父容器中创建一个工具栏。父容器可以是使用 uifigure 或 figure 函数创建的图窗。

（3）tb=uitoolbar(___,Name,Value)：创建一个工具栏，其中包含使用一个或多个名值参数对指定的属性值。

2. 输入参数

（1）parent：父容器，指定为使用 uifigure 或 figure 函数创建的图窗对象。如果未指定父容器，则 MATLAB 调用 figure 函数以创建一个图窗来作父容器。

（2）Name,Value：名值参数对。

示例：'Visible','off'表示将工具栏的可见性设置为'off'。

3. 示例

下面一段代码展示了更改工具栏中工具的从左到右的顺序。在示例中，颠倒 UI 图窗工具栏中按钮工具和切换工具的顺序。

创建一个 UI 图窗，并向其中添加一个工具栏。然后，在工具栏中添加按钮工具和切换工具。代码如下，运行结果如图 7-14 所示。

```
fig = uifigure;
fig.Position(3:4) = [400 320];
tb = uitoolbar(fig);
pt = uipushtool(tb);
tt = uitoggletool(tb);
```

在工具栏中创建一个按钮工具，并将 Icon 属性值设置为图像文件 m2.jpg。代码如下，运行结果如图 7-15 所示。

```
pt.Icon = 'm2.jpg'
```

图 7-14　添加按钮工具和切换工具

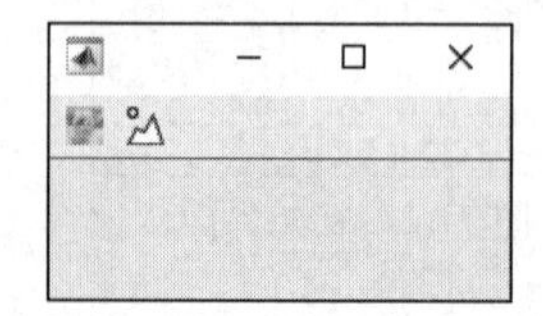

图 7-15　改变按钮工具图标

创建一个蓝色真彩色图像数组，将 Icon 属性值设置为此数组，以在切换工具中显示蓝色方形图标。代码如下，运行结果如图 7-16 所示。

```
ttImage = zeros(16,16,3);
```

```
ttImage(:,:,3) = ones(16);
tt.Icon = ttImage;
```

查询工具栏的 Children 属性，代码如下。在此数组中返回的子级的顺序反映了工具在工具栏中从右到左的显示顺序。切换工具是最右边的工具，出现在列表的顶部（数组的第一个元素）。

```
>> oldToolOrder = tb.Children
oldToolOrder =
  2×1 graphics 数组:
  ToggleTool
  PushTool
```

通过调用 flipud 函数翻转在 tb.Children 返回的数组中元素的顺序，颠倒工具的顺序。将 Children 属性值设置为此新工具顺序，代码如下。按钮工具现在出现在工具栏中切换工具的右侧。

```
newToolOrder = flipud(oldToolOrder);
tb.Children = newToolOrder;
```

运行结果如图 7-17 所示。

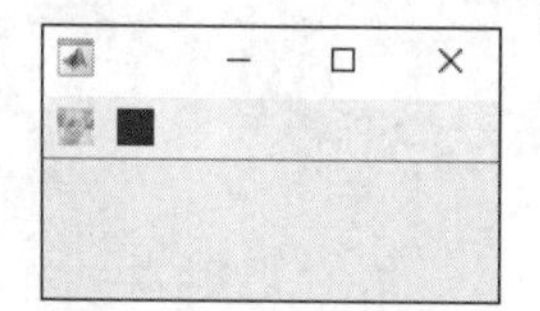
图 7-16　真彩色图像数组图标

图 7-17　改变图标顺序

7.6　可扩展组件

函数 uihtml 用于创建 HTML UI 对象。借助 HTML UI 对象，编程者可以显示原始 HTML 文本，或将 HTML、JavaScript 或 CSS 嵌入编程者的 App 以及对接到第三方 JavaScript 库。HTML 属性控制着 HTML UI 对象的外观和行为。使用圆点表示法引用特定的对象和属性，代码如下。

```
fig=uifigure;
h=uihtml(fig);
h.Position=[100 100 150 100];
h.HTMLSource='<p  style="font-family:sans-serif">This  is  <mark>marked</mark>
text.</p>';
```

1. 语法及说明

（1）h=uihtml：在新图窗中创建一个 HTML UI 对象，并返回 HTML UI 对象。如果没有可用的图窗，则 MATLAB 调用 uifigure 函数来创建图窗。

通过使用 uihtml 函数，编程者可以在 App 中嵌入 HTML、JavaScript 或 CSS 内容，并与第三方 JavaScript 库对接，以显示小组件或数据可视化等内容。所有支持文件（包括 HTML、JavaScript、CSS、图像）必须保存在本地文件系统中可以访问的位置。

（2）h=uihtml(parent)：在指定的父容器中创建 HTML UI 对象。父容器可以是使用 uifigure

函数创建的图窗对象或其子容器之一。

（3）h=uihtml(___,Name,Value)：使用一个或多个名值参数对指定 HTML UI 对象属性。例如，'HTMLSource','timepicker.html'表示将 HTML 源设置为指定的 HTML 文件。

2. 输入参数

（1）parent：父容器，指定为使用 uifigure 函数创建的图窗对象或其子容器（Tab、Panel、ButtonGroup 或 GridLayout）之一。如果不指定父容器，MATLAB 会调用 uifigure 函数创建新图窗对象充当父容器。

（2）Name,Value：名值参数对。

示例：h=uihtml(uifigure,'HTMLSource','C:\Work\expenses.html')。

3. 示例

下面一段代码展示了创建一个 HTML 组件，界面上显示文本“This is marked text.”，其中“marked”被标记颜色。运行结果如图 7-18 所示。

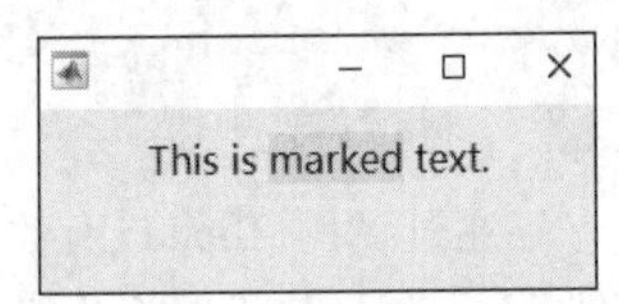

图 7-18 创建 HTML 组件

```
fig = uifigure("Position",[300,300,250,120]);
h = uihtml(fig,"Position",[50 50 150 60]);
h.HTMLSource = '<p style="font-family:sans-serif">This is <mark>marked</mark> text.</p>';
```

第 8 章　检测组件

创建检测组件的函数包含 4 个函数，分别用于创建仪表组件（uigauge），旋钮组件（uiknob），信号灯组件（uilamp），滑块开关、拨动开关或拨动开关组件（uiswitch）。各函数及说明见表 8-1。

表 8-1　创建检测组件的函数及说明

序号	函数名	说明
1	uigauge	创建仪表组件
2	uiknob	创建旋钮组件
3	uilamp	创建信号灯组件
4	uiswitch	创建滑块开关、拨动开关或拨动开关组件

8.1　创建仪表组件

函数 uigauge 用于创建仪表（表示测量仪器）组件。可通过属性控制仪表的外观和行为。使用圆点表示法引用特定的对象和属性，代码如下。

```
fig = uifigure;
g = uigauge(fig);
g.Value = 45;
```

1. 函数使用说明

（1）g=uigauge：在新图窗中创建一个圆形仪表，并返回 Gauge 对象。如果没有可用图窗，MATLAB 将调用 uifigure 函数来创建图窗。

（2）g=uigauge(style)：指定仪表样式。

（3）g=uigauge(parent)：在指定的父容器中创建仪表。父容器可以是使用 uifigure 函数创建的图窗对象或其子容器之一。

（4）g=uigauge(parent,style)：在指定的父容器中创建指定样式的仪表。

（5）g=uigauge(___,Name,Value)：使用一个或多个名值参数对指定对象属性。可以将此选项与前面语法中的任何输入参数组合在一起使用。

2. 输入参数

（1）style：仪表的样式，指定为表 8-2 中的值之一。

表 8-2　　　　　　　　　　　　　　仪表的样式

样式	外观	样式	外观
'circular'		'ninetydegree'	
'linear'		'semicircular'	

（2）parent：父容器，指定为使用 uifigure 函数创建的图窗对象或其子容器（Tab、Panel、ButtonGroup 或 GridLayout）之一。

（3）Name,Value：名值参数对。

每种类型的仪表支持一组不同的属性。MATLAB 有关于每种类型的属性和说明的完整列表，可通过帮助文件查看相关联的属性页。

3. 示例

下面一段代码展示了创建一个窗口，其中包含一个滑块和一个仪表。当移动滑块时，ValueChangedFcn 回调将更新仪表，以反映滑块值。将以下代码保存到 MATLAB 当前运行路径中的 uigaugevalue.mlx 或者 uigaugevalue.m 中。运行结果如图 8-1 所示。

图 8-1　创建滑块并使其与仪表数值关联

```
function uigaugevalue
fig = uifigure('Position',[300 300 190 230]);
g = uigauge(fig,'Position',[20 70 150 150], ...
    'ScaleColors',{'yellow','red'},...
    'ScaleColorLimits', [60 80; 80 100]);
sld = uislider(fig,'Position',[20 50 150 3], ...
    'ValueChangedFcn',@(sld,event) updateGauge(sld,g));
sld.Limits = [0 100];
    function updateGauge(sld,g)
    g.Value = sld.Value;
    end
end
```

8.2　创建旋钮组件

函数 uiknob 用于创建旋钮组件。旋钮是表示仪器控制旋钮的一种 UI 对象，用户可以通过调节它来控制某个值。可通过属性控制旋钮的外观和行为。使用圆点表示法引用特定的对象和属性，代码如下。

```
fig=uifigure;
k=uiknob(fig);
k.Value=45;
```

1. 函数使用说明

（1）kb=uiknob：在新图窗中创建一个旋钮，并返回 Knob 对象。如果没有可用的图窗，MATLAB 将调用 uifigure 函数来创建图窗。

（2）kb=uiknob(style)：指定旋钮样式。

（3）kb=uiknob(parent)：在指定的父容器中创建旋钮。父容器可以是使用 uifigure 函数创建的图窗对象或其子容器之一。

（4）kb=uiknob(parent,style)：在指定的父容器中创建指定样式的旋钮。

（5）kb=uiknob(___,Name,Value)：使用一个或多个名值参数对指定对象属性。可以将此选项与前面语法中的任何输入参数组合在一起使用。

2. 输入参数

（1）style：旋钮的样式，指定为表 8-3 中的值之一。

表 8-3　旋钮的样式

样式	外观
'continuous'	0 10 20 30 40 50 60 70 80 90 100
'discrete'	Off Low Medium High

（2）parent：父容器，指定为使用 uifigure 函数创建的图窗对象或其子容器（Tab、Panel、ButtonGroup 或 GridLayout）之一。如果不指定父容器，MATLAB 会调用 uifigure 函数创建新图窗对象充当父容器。

（3）Name,Value：名值参数对。

每种类型的旋钮对象支持一组不同的属性。

3. 示例

（1）下面一段代码展示了创建一个分档旋钮，当用户转动它时，它将执行一个操作。转动旋钮将更新文本编辑字段的值，以反映用户的选择。

将以下代码复制并粘贴到 MATLAB 当前运行路径中名为 uiknob_displayKnobValue.mlx 的文件中。运行以下代码将创建一个窗口，其中包含一个分档旋钮和一个文本编辑字段。它指定 ValueChangedFcn 回调，以便在转动旋钮时更新文本编辑字段。

```
fig = uifigure('Position',[100 100 220 150]);
 txt = uieditfield(fig,'text',...
    'Position', [60 30 100 20]);
kb = uiknob(fig,'discrete',...
```

```
        'Position',[80 60 60 60],...
        'ValueChangedFcn',@(kb,event) knobTurned(kb,txt));
function knobTurned(knob,txt)
    txt.Value = knob.Value;
end
```

运行 uiknob_displayKnobValue.mlx，然后转动旋钮。当用户释放鼠标左键时，编辑字段将更新，以反映新的旋钮值。运行结果如图 8-2 所示。

（2）下面一段代码展示了创建一个连续旋钮，当用户转动它时，它将执行一个操作。转动旋钮将更新标签的值，以反映用户的选择。

将以下代码复制并粘贴到 MATLAB 当前运行路径中名为 uiknob_ShowKnobValue.mlx 的文件中。运行以下代码将创建一个窗口，其中包含一个连续旋钮和一个标签字段。它指定 ValueChangedFcn 回调，以便在转动旋钮时更新标签。

```
    fig = uifigure('Position',[100 100 220 150]);
    lbl = uilabel(fig,'Position', [60 10 100 20], ...
        'Text','0','HorizontalAlignment','center');
    kb = uiknob(fig,...
        'Position',[80 60 60 60],...
        'ValueChangedFcn', @(kb,event) knobTurned(kb,lbl));
function knobTurned(kb,lbl)
    num = kb.Value;
    lbl.Text = num2str(num);
end
```

运行 uiknob_ShowKnobValue.mlx，然后转动旋钮。当用户释放鼠标左键时，标签将更新，以反映新的旋钮值。运行结果如图 8-3 所示。

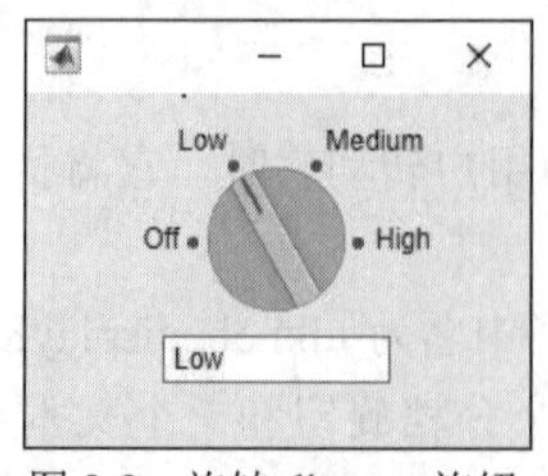

图 8-2　旋转 discrete 旋钮

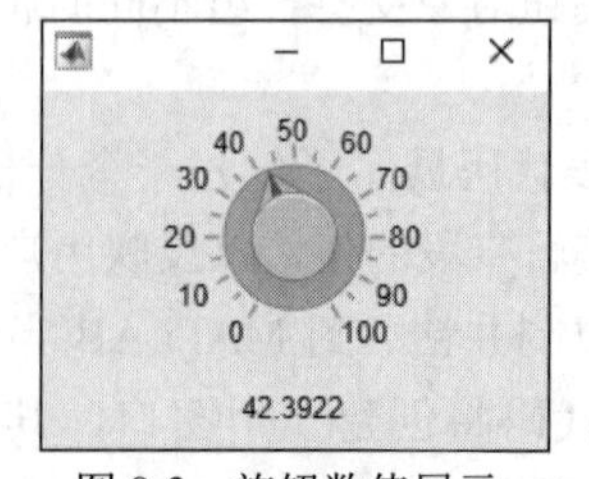

图 8-3　旋钮数值展示

（3）下面一段代码展示了创建一个连续旋钮，当用户转动它时，它将重复执行一个操作。当用户释放鼠标左键时，标签不是更新一次，而是随着旋钮的转动而连续更新。

```
fig = uifigure('Position',[100 100 220 150]);
    num = uieditfield(fig,'numeric',...
```

```
        'Position',[60 10 100 20],'HorizontalAlignment','center');
    kb = uiknob(fig,...
        'Position',[80 60 60 60],...
        'ValueChangingFcn',@(kb,event) knobTurned(kb,event,num));
function knobTurned(kb,event,num)
    num.Value = event.Value;
end
```

（4）下面一段代码展示了创建一个连续旋钮，当转动它时，它将执行一个操作。每次转动旋钮时，MATLAB 都会使用当前旋钮值和上一个旋钮值执行一次计算。

将以下代码复制并粘贴到 MATLAB 当前运行路径中名为 uiknob_increaseOnly.mlx 的文件中。运行以下代码将创建一个窗口，其中包含一个连续旋钮。它为旋钮指定 ValueChangedFcn 回调，以便在用户试图减小旋钮值时，显示无效值对话框。

```
fig = uifigure('Position',[100 100 320 200]);
kb = uiknob(fig,'Position',[100 40 120 120],...
    'ValueChangedFcn',@(kb,event) nValChanged(kb,event,fig));
function nValChanged(kb,event,fig)
    newvalue = event.Value;
    previousvalue = event.PreviousValue;
    str={'旋钮只能增加数值...','恢复刚才的数值...'};
    if previousvalue >  newvalue
        uialert(fig, str,'不合法数值');
        kb.Value = previousvalue;
    end
end
```

运行 uiknob_increaseOnly.mlx，增大旋钮值，然后尝试减小旋钮值。当程序使用者试图减小值时，将显示一个提示错误的对话框，值将被还原为上一个有效值。只能增大旋钮值。运行结果如图 8-4 所示。

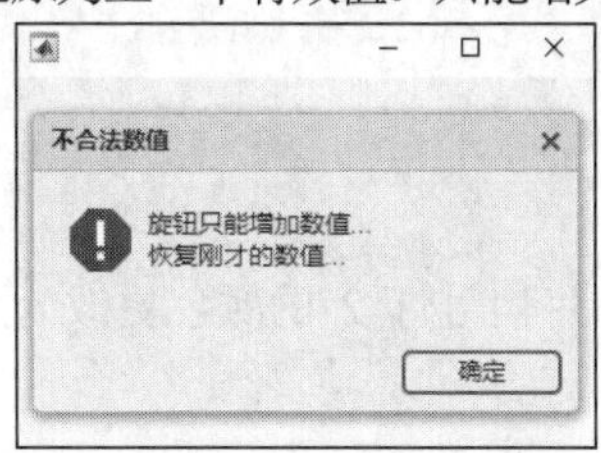

图 8-4　运行结果

8.3　创建信号灯组件

函数 uilamp 用于创建信号灯组件。信号灯是通过颜色显示状态的 App 组件。可通过属性控制信号灯的外观和行为。使用圆点表示法引用特定的对象和属性，代码如下。

```
fig=uifigure;
mylamp=uilamp(fig);
mylamp.Color='red';
```

1. 函数使用说明

（1）lmp=uilamp：在新图窗中创建一个信号灯，并返回 Lamp 对象。如果没有可用的图窗，MATLAB 将调用 uifigure 函数来创建该图窗。

（2）lmp=uilamp(parent)：在指定的父容器中创建信号灯。父容器可以是使用 uifigure 函数创建的图窗对象或其子容器之一。

（3）lmp=uilamp(___,Name,Value)：使用一个或多个名值参数对指定 Lamp 属性。可以将此选项与前面语法中的任何输入参数组合在一起使用。

2. 输入参数

（1）parent：父容器，指定为使用 uifigure 函数创建的图窗对象或其子容器（Tab、Panel、ButtonGroup 或 GridLayout）之一。如果不指定父容器，MATLAB 会调用 uifigure 函数创建新图窗对象充当父容器。

（2）Name,Value：名值参数对。

示例：'Color','red'表示指定信号灯的颜色为红色。

3. 示例

下面一段代码展示了在图窗中和面板上分别创建一个信号灯，并更改属性值。

```
fig = uifigure('Position',[100 100 150 150]);
pnl= uipanel(fig,'Position',[10 10 90 90]);
lmp1 = uilamp(pnl);
lmp1.Position(1:2)=[36 36];
lmp2 = uilamp(fig);
lmp2.Position(1:2)=[100 100];
```

确定信号灯 2 的当前颜色。代码如下，运行结果如图 8-5 所示。

```
>> color = lmp2.Color
color =
    0     1     0
```

通过将 Color 属性设置为'red'，将信号灯 2 的颜色更改为红色。代码如下，运行结果如图 8-6 所示。

```
lmp2.Color = 'red';
```

也可以通过将 Color 属性设置为蓝色的 RGB 三元组，停顿 3 秒，将信号灯的颜色更改为蓝色。代码如下，运行结果如图 8-7 所示。

```
pause(3);
lmp2.Color = [0 0 1];
```

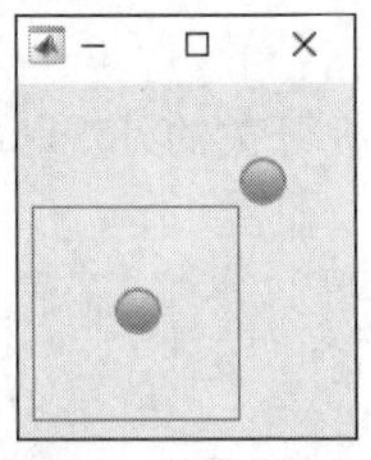
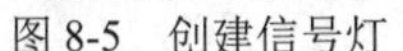

图 8-5　创建信号灯

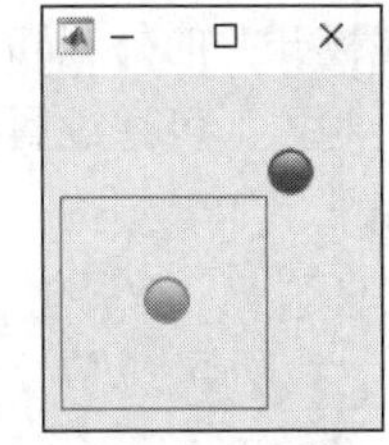

图 8-6　改变信号灯颜色（1）

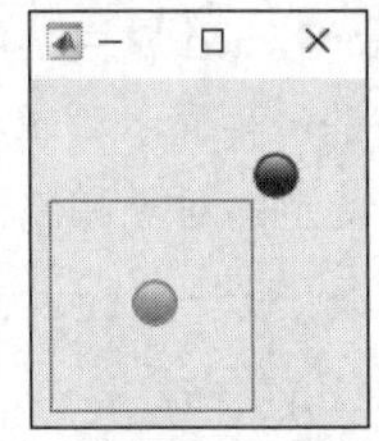

图 8-7　改变信号灯颜色（2）

8.4　创建滑块开关、拨动开关或拨动开关组件

函数 uiswitch 用于创建滑块开关、拨动开关或拨动开关组件。开关是一种显示逻辑状态的 UI 对象。可通过属性控制开关的外观和行为。使用圆点表示法引用特定的对象和属性。

1. 函数使用说明

（1）sw=uiswitch：在新图窗中创建一个开关，并返回 Switch 对象。如果没有可用的图窗，MATLAB 将调用 uifigure 函数来创建图窗。

（2）sw=uiswitch(style)：创建指定样式的开关。

（3）sw=uiswitch(parent)：在指定的父容器中创建开关。父容器可以是使用 uifigure 函数创建的图窗对象或其子容器之一。

（4）sw=uiswitch(parent,style)：在指定的父容器中创建指定样式的开关。

（5）sw=uiswitch(___,Name,Value)：使用一个或多个名值参数对指定对象属性。可以将此选项与前面语法中的任何输入参数组合在一起使用。

2. 输入参数

（1）style：开关的样式，指定为表 8-4 中的值之一。

（2）parent：父容器，指定为使用 uifigure 函数创建的图窗对象或其子容器（Tab、Panel、ButtonGroup 或 GridLayout）之一。如果不指定父容器，MATLAB 会调用 uifigure 函数创建新图窗对象充当父容器。

（3）Name,Value：名值参数对。

示例：'Text',{'0','1'}表示指定两个开关状态“0”和“1”。

Switch、RockerSwitch、ToggleSwitch 这 3 种类型的开关支持一组不同的属性。

表 8-4　开关的样式

样式	外观
'slider'	Off On
'rocker'	On Off
'toggle'	On Off

3. 属性

（1）Switch 属性：用于控制开关的外观和行为。代码如下。

```
fig=uifigure;
s=uiswitch(fig);
s.Items={'Cold','Hot'};
```

（2）RockerSwitch 属性：用于控制跷板开关的外观和行为。

跷板开关是一种显示逻辑状态的 UI 对象。可通过属性控制跷板开关的外观和行为。使用圆点表示法引用特定的对象和属性。代码如下。

```
fig=uifigure;
rs=uiswitch(fig,'rocker');
rs.Items={'Cold','Hot'};
```

（3）ToggleSwitch 属性：用于控制拨动开关的外观和行为。

拨动开关是一种显示逻辑状态的 UI 对象。可通过属性控制拨动开关的外观和行为。使用圆点表示法引用特定的对象和属性。代码如下。

```
fig=uifigure;
s=uiswitch(fig,'toggle');
s.Items={'Cold','Hot'};
```

4. 示例

（1）下面一段代码展示了在图窗中创建一个滑块开关、拨动开关、在面板中创建跷板开关，设置和访问开关属性值。

```
fig = uifigure;
fig.Position(3:4) = [220 220];
sliderswitch = uiswitch(fig);
sliderswitch.Position = [60 160 40 20];
toggleswitch = uiswitch(fig,'toggle');
toggleswitch.Position = [150 140 20 40];
pnl = uipanel(fig,'Position',[30 20 160 100])
rockerswitch = uiswitch(pnl,'rocker');
rockerswitch.Position = [80 20 20 45];
```

运行结果如图 8-8 所示。

更改开关文本，代码如下。运行结果如图 8-9 所示。

```
rockerswitch.Items = {'Stop','Start'};
```

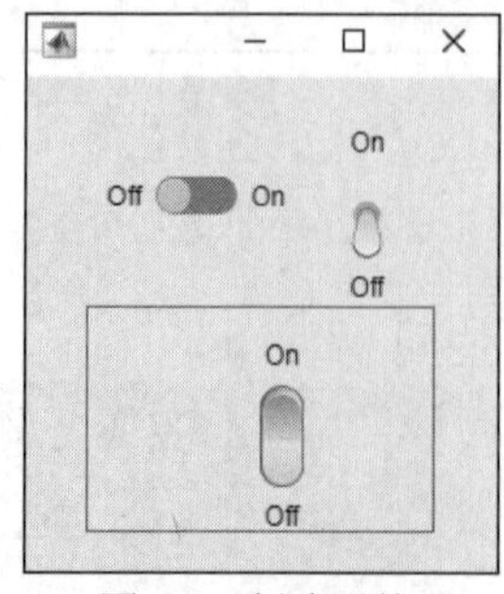

图 8-8　创建开关

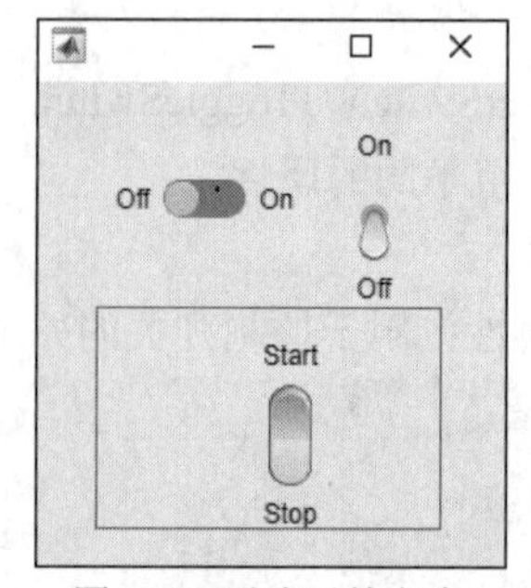

图 8-9　更改开关文本

确定当前开关值，代码如下。

```
>> val = rockerswitch.Value

val =

    'Stop'
```

（2）下面一段代码展示了创建一个 App，其中包含一个信号灯和一个跷板开关。当单击跷板开关时，ValueChangedFcn 回调将改变信号灯的颜色。

将以下代码保存到 MATLAB 当前运行路径中的 uiswitch_lampswitch.mlx 文件中。

```
function uiswitch_lampswitch
    fig = uifigure;
    fig.Position(3:4) = [180 160];
    lmp = uilamp(fig,...
        'Position',[85 20 20 20],...
        'Color','green');
    sw = uiswitch(fig,'toggle',...
        'Items',{'Go','Stop'},...
        'Position',[85 80 20 45],...
        'ValueChangedFcn',@switchMoved);
    function switchMoved(src,event)
        switch src.Value
            case 'Go'
                lmp.Color = 'green';
            case 'Stop'
                lmp.Color = 'red';
        end
    end
end
```

运行 uiswitch_lampswitch.mlx，然后单击开关以查看颜色变化。运行结果如图 8-10 和图 8-11 所示。

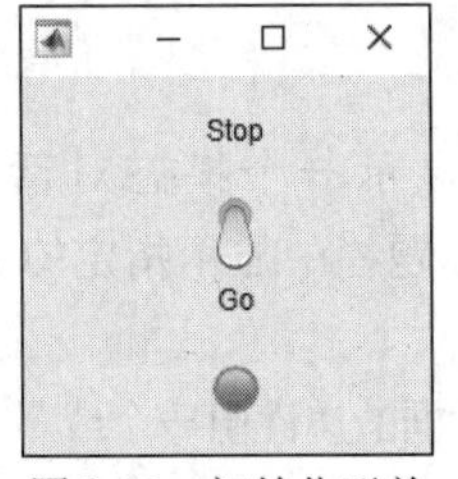

图 8-10　初始化开关

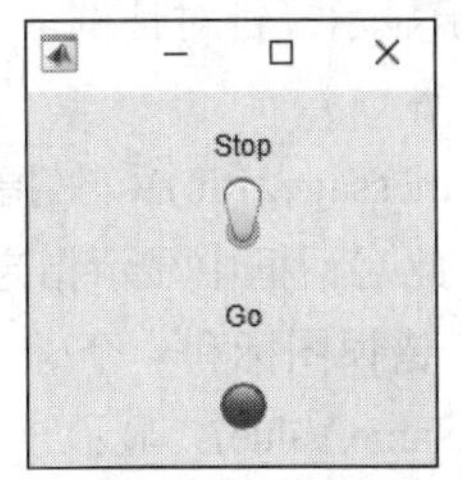

图 8-11　单击开关触发颜色改变

第 9 章　基于 uifigure 的对话框和通知

对话框和通知的相关函数包含 9 个函数，分别用于创建显示警告对话框（uialert）、创建确认对话框（uiconfirm）、创建进度对话框（uiprogressdlg）、打开颜色选择器（uisetcolor）、打开文件选择对话框（uigetfile）、打开用于保存文件的对话框（uiputfile）、打开文件夹选择对话框（uigetdir）、打开文件选择对话框并将选定的文件加载到工作区中（uiopen）、打开用于将变量保存到 MAT 文件的对话框（uisave）。主要的对话框和通知的相关函数见表 9-1。

表 9-1　对话框和通知的相关函数

序号	函数名	说明
1	uialert	显示警告对话框
2	uiconfirm	创建确认对话框
3	uiprogressdlg	创建进度对话框
4	uisetcolor	打开颜色选择器
5	uigetfile	打开文件选择对话框
6	uiputfile	打开用于保存文件的对话框
7	uigetdir	打开文件夹选择对话框
8	uiopen	打开文件选择对话框并将选定的文件加载到工作区中
9	uisave	打开用于将变量保存到 MAT 文件的对话框

9.1　显示警告对话框

函数 uialert 用于显示警告对话框。

1. 函数使用说明

（1）uialert(fig,message,title)：在指定图窗的前面显示一个模态对话框。图窗必须使用 uifigure 函数创建。此对话框中显示指定的消息，并在标题栏中显示指定的标题。默认情况下，此对话框还包含一个错误图标和一个确定按钮。

（2）uialert(___,Name,Value)：显示一个对话框，此对话框的属性由一个或多个名值参数对指定。

2. 输入参数

（1）fig：目标图窗，指定为图窗对象。图窗必须使用 uifigure 函数创建。

（2）message：消息，指定为字符向量、字符向量元胞数组或字符串数组。消息可以为任意长度。

允许使用格式字符（例如换行符\n）。要显示多行文本，需使用字符向量元胞数组或字符串数组。

示例：'Invalid value'。

（3）title：标题，指定为字符向量或字符串标量。长标题将被截断，后面用省略号表示。标题截断的确切长度取决于用户的系统设置。

标题中的格式字符（例如换行符\n）会被替换为空格。

（4）Name,Value：名值参数对。

示例：'Icon','warning'。

3. 属性

（1）'CloseFcn'：警告对话框关闭请求回调函数，指定为下列值之一。

- 函数句柄。
- 第一个元素是函数句柄的元胞数组。元胞数组中的后续元素是传递到回调函数的参数。
- 作为有效 MATLAB 表达式的字符向量。MATLAB 在基础工作区中计算此表达式。

当用户通过单击标题栏上的关闭按钮或单击“确定”按钮关闭警告对话框时，将执行 CloseFcn 回调。当用户从 MATLAB 命令行窗口中关闭显示警告对话框的图窗时，也会执行 CloseFcn 函数。用户可以使用 close 函数从命令行窗口中关闭图窗。

（2）'Icon'：图标，指定为预定义图标或自定义图标。

- 预定义图标：表 9-2 列出了预定义图标及值。例如，要显示对勾图标，需指定名值参数对为'Icon','success'。

表 9-2　预定义图标及值

值	图标
'error'（默认值）	
'warning'	
'info'	
'success'	
''	不显示任何图标

- 自定义图标：可将自定义图标指定为下列值之一：字符向量，指定 MATLAB 路径中的 SVG、JPEG、GIF 或 PNG 图像的文件名，也可以指定图像文件的完整路径；真彩色图像数组。

（3）'Modal'：模态，指定为 true 或 false。

模态对话框有一个特点：若不关闭它，将无法访问图窗。但是，它不会阻止其他对话框的出现。

4. 示例

（1）下面一段代码展示了创建一个模态警告对话框。在用户关闭此对话框后，才能访问后面的图窗。运行结果如图 9-1 所示。

```
fig = uifigure;
uialert(fig,'File not found','Invalid File');
```

（2）下面一段代码展示了创建带有警告图标的多模态警告对话框。运行结果如图 9-2 所示。

```
fig = uifigure;
fig.Position(3:4) = [360 200];
message = sprintf('Carefully! \n Bear infested.');
uialert(fig,message,'Warning',...
'Icon','warning');
```

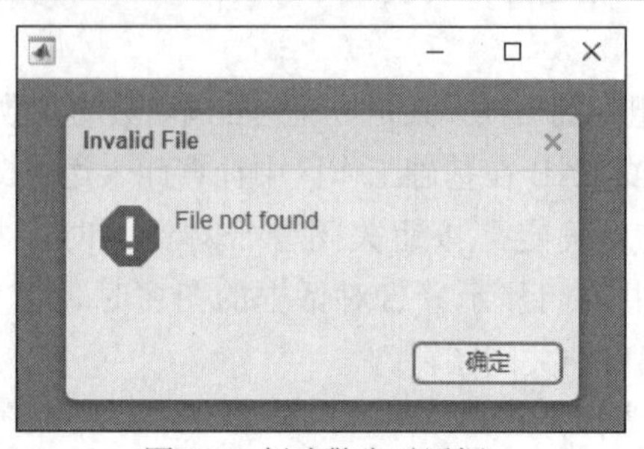

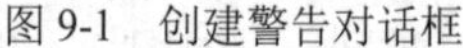
图 9-1　创建警告对话框

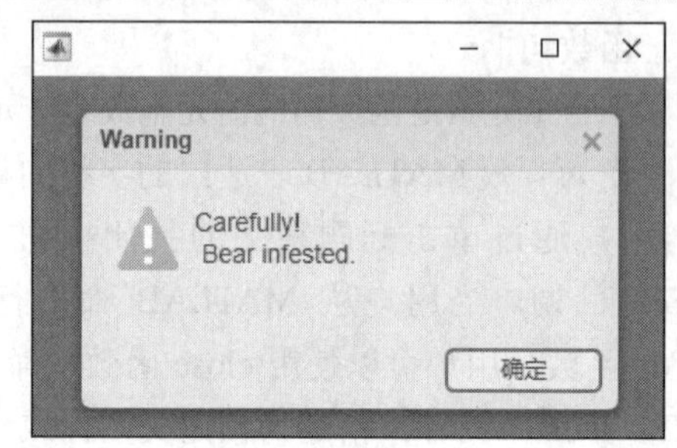

图 9-2　创建带有警告图标的多模态警告对话框

9.2　创建确认对话框

函数 uiconfirm 用于创建确认对话框。

1. 函数使用说明

（1）uiconfirm(fig,message,title)：在指定的目标图窗中显示一个 App 内模态确认对话框。目标图窗必须使用 uifigure 函数创建。此语法显示供用户选择的两个选项，OK 和 Cancel。

（2）uiconfirm(fig,message,title,Name,Value)：显示确认对话框，其中有一个或多个可自定义对话框外观和行为的名值参数对。例如，编程者可以在对话框中指定一组自定义选项，而不是默认的 OK 和 Cancel。

（3）selection=uiconfirm(___)：以字符向量形式返回用户的选择。可以结合上述任一语法使用 selection 输出参数。

2. 输入参数

（1）fig：目标图窗，指定为图窗对象。图窗必须使用 uifigure 函数创建。

（2）message：要显示的消息，指定为字符向量、字符向量元胞数组或字符串数组。当消息有多行文本时，指定为字符向量元胞数组或字符串数组。数组中的每个元素对应一行文本。

（3）title：对话框标题，指定为字符向量或字符串标量。

（4）Name,Value：名值参数对。

示例：selection=uiconfirm(fig,message,title,'Options',{'Save','Delete','Quit'})表示为对话框指定

3 个自定义选项。

3. 属性

（1）'Options'：自定义选项，指定为字符向量元胞数组或字符串数组。

（2）'Icon'：图标，指定为预定义图标或自定义图标。

● 预定义图标：表 9-3 列出了预定义图标及值。例如，要显示对勾图标，需指定名值参数对为'Icon','success'。

表 9-3　预定义图标及值

值	图标
'question'（默认值）	?
'info'	i
'success'	✓
'warning'	!
'error'	!
''	不显示任何图标

● 自定义图标：可将自定义图标指定为下列值之一：字符向量，指定 MATLAB 路径中的 SVG、JPEG、GIF 或 PNG 图像的文件名，也可以指定图像文件的完整路径；真彩色图像数组。

（3）'DefaultOption'：当编程者指定字符向量或字符串标量时，它必须与 Options 数组中的某个元素匹配。但是，如果编程者调用没有 Options 参数的 uiconfirm，则 DefaultOption 必须是'OK'或'Cancel'。

如果编程者指定整数，则它必须在[1,n]范围内，其中 n 是 Options 数组的长度。如果编程者调用没有 Options 参数的 uiconfirm，则 DefaultOption 必须是 1 或 2。

（4）'CancelOption'：取消选项，指定为字符向量、字符串标量或整数。取消选项指定与对话框中的取消操作对应的选项。

当编程者指定字符向量或字符串标量时，它必须与 Options 数组中的某个元素匹配。但是，如果编程者调用没有 Options 参数的 uiconfirm，则 CancelOption 必须是'OK'或'Cancel'。

如果编程者指定整数，则它必须在[1,n]范围内，其中 n 是 Options 数组的长度。如果编程者调用没有 Options 参数的 uiconfirm，则 CancelOption 必须是 1 或 2。

（5）'CloseFcn'：关闭操作回调函数，指定为下列值之一：①函数句柄；②第一个元素是函数句柄的元胞数组，元胞数组中的后续元素是传递到回调函数的参数。

此回调可用于在对话框关闭时执行特定的任务。

如果将 CloseFcn 指定为函数句柄（或包含函数句柄的元胞数组），则 MATLAB 会将包含事件数据的结构体作为输入参数传递给回调函数。此结构体包含表 9-4 中的字段。

表 9-4　　结构体字段

结构体字段	值
Source	与对话框关联的图窗对象
EventName	'ConfirmDialogClosed'
DialogTitle	对话框的标题
SelectedOptionIndex	所选选项的索引。如果有 n 个选项，则索引可以是从 1 到 n 的任何整数
SelectedOption	所选选项的按钮标签，以字符向量形式返回

4. 示例

（1）下面一段代码展示了创建警告图标，而不是默认的问号图标。运行结果如图 9-3 所示。

```
fig = uifigure;
fig.Position(3:4) = [360 200];
selection = uiconfirm(fig,'Close?',...
    'Confirm Close','Icon','warning')
```

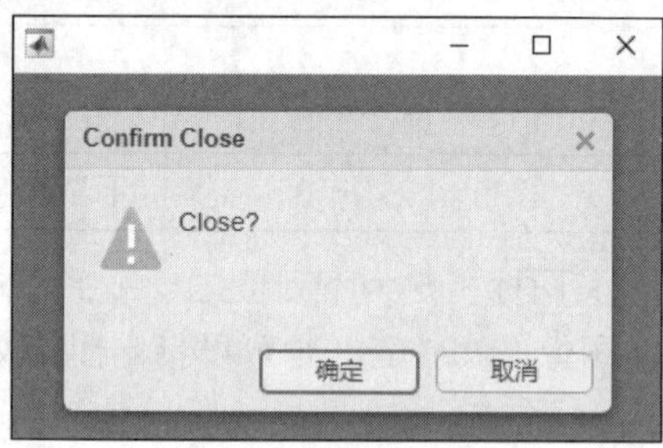

图 9-3　创建警告图标

当用户选择某个选项时，uiconfirm 将以字符向量形式返回该选项。单击“确定”按钮，系统返回值：

```
selection = 'OK'
```

（2）下面一段代码展示了创建一个确认对话框，其中包含 3 个选项：Overwrite、Save as new 和 Cancel。指定 Save as new 作为默认选项，并指定 Cancel 作为与取消行为对应的选项。运行结果如图 9-4 所示。

```
fig = uifigure;
fig.Position(3:4) = [400 200];
msg = 'Saving these changes will overwrite previous changes.';
title = 'Confirm Save';
selection = uiconfirm(fig,msg,title,...
        'Options',{'Overwrite','Save as new','Cancel'},...
        'DefaultOption',2,'CancelOption',3)
```

当用户选择某个选项时，uiconfirm 将以字符向量形式返回用户的选择。

```
selection = 'Overwrite'
```

（3）下面一段代码展示了创建 CloseFcn 名值参数对用于在对话框关闭时执行特定的任务。

在 MATLAB 编辑器中，创建一个包含如下代码的新函数 mycallback。此回调函数在名为 event 的结构体中显示 SelectedOption 字段。MATLAB 自动将此结构体作为第二个参数传递给回调函数。

```
fig = uifigure;
fig.Position(3:4) = [360 200];
uiconfirm(fig,'Close document?','Confirm Close',...
          'CloseFcn',@mycallback)
function mycallback(src,event)
  display(event.SelectedOption);
end
```

运行代码，运行结果如图 9-5 所示。

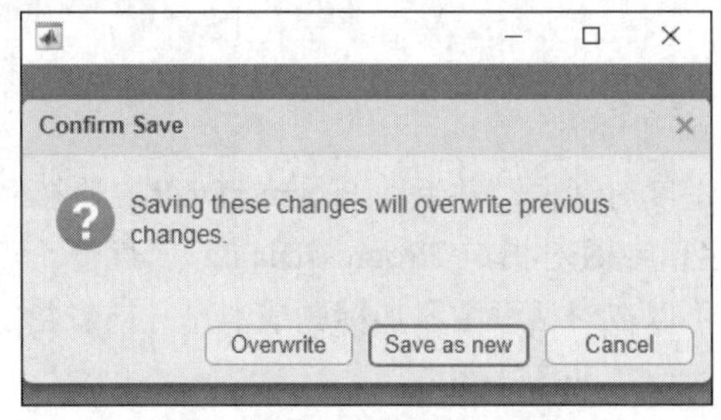

图 9-4　创建自定义确认对话框

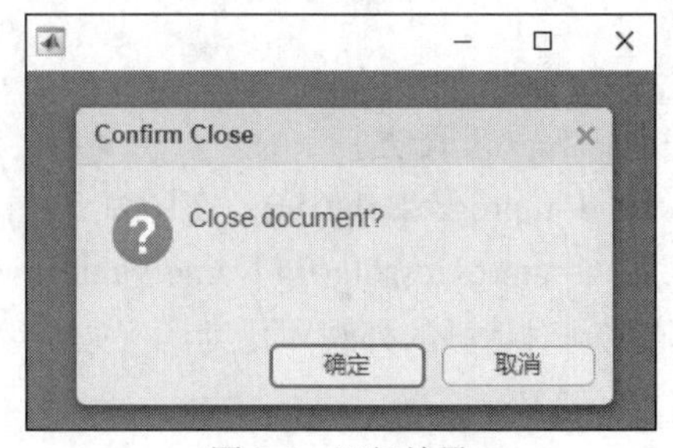

图 9-5　运行结果

当用户选择某个选项时，SelectedOption 的值将显示在命令行窗口中。

（4）下面一段代码展示了创建具有 CloseFcn 回调的确认对话框。

```
app.fig = uifigure;
app.fig.Position(3:4) = [360 200];
uiconfirm(app.fig,'Close?','Confirm Close',...
          'CloseFcn',@(src,event)mycallback(app,src,event));
function mycallback(app,src,event)
  display(event.SelectedOption);
end
```

保存并运行代码。当用户触发创建对话框的回调时，对话框将显示在父容器中。运行结果如图 9-6 所示。

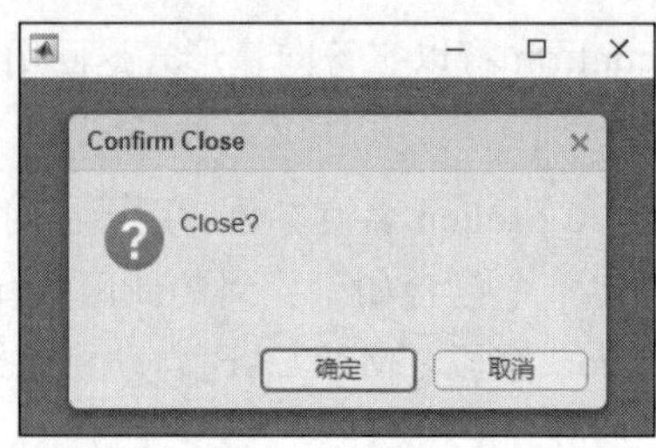

图 9-6　运行结果

9.3　创建进度对话框

函数 uiprogressdlg 用于创建进度对话框。进度对话框通过显示动画进度条指示操作正在进行中。uiprogressdlg 函数创建一个进度对话框并在显示它之前设置所有必需的属性。通过更改进度对话框的属性值，可以对其外观和行为的某些方面进行修改。使用圆点表示法引用特定的对象和属性，代码如下。

```
fig = uifigure;

d = uiprogressdlg(fig);

d.Value = .25;
```

1. 函数使用说明

（1）d=uiprogressdlg(fig)：在图窗 fig 中显示进度对话框，并返回 ProgressDialog 对象。

（2）d=uiprogressdlg(fig,Name,Value)：使用名值参数对指定 ProgressDialog 属性值。可通过属性值控制对话框的外观和行为。例如，编程者可以在对话框中添加标题或消息，或者指定不确定进度条。

2. 输入参数

（1）fig：目标图窗，指定为图窗对象。图窗必须使用 uifigure 函数创建。

（2）Name,Value：名值参数对。

示例：d=uiprogressdlg(uifigure,'Value',0.25)。

（3）'Value'：完成的部分，指定为 0 和 1 及其之间的数字。当值为 1 时，进度条达到其全长。在代码中的不同位置更改 Value，以直观显示正在运行的 App 的进度。

数据类型：double。

3. 属性

（1）'Message'：消息，指定为字符向量、字符向量元胞数组或字符串数组。消息显示在对话框中进度条的上方。

要显示多行文本，需指定为字符向量元胞数组或字符串数组。数组中的每个元素对应一行文本。每个元素中的硬分行（例如'\n'）会创建额外的文本行。

示例：d=uiprogressdlg(uifigure,'Message','Calculating result.')。

（2）'Title'：标题，指定为字符向量或字符串标量。标题显示在对话框的标题栏中。

示例：d=uiprogressdlg(uifigure,'Title','Calculating')。

（3）'Indeterminate'：不确定进度，指定为'off'或'on'，或者指定为数值或逻辑值，即 1（true）或

0（false）。值'on'等效于 true，'off'等效于 false。因此，编程者可以使用此属性的值作为逻辑值。该值存储为 matlab.lang.OnOffSwitchState 类型的 on/off 逻辑值。

将此属性设置为'on'以显示动画进度条但不提供具体进度信息。此动画进度条适用于计算时长未知的情形。

为防止不确定进度条无限期显示，在完成计算后需调用 close 函数。

（4）'Cancelable'：允许取消，指定为'off'或'on'，或者指定为数值或逻辑值，即 1（true）或 0（false）。值'on'等效于 true，'off'等效于 false。因此，编程者可以使用此属性的值作为逻辑值。该值存储为 matlab.lang.OnOffSwitchState 类型的 on/off 逻辑值。

值为'on'表示在对话框中显示取消按钮。编程者可以通过指定 CancelText 属性来自定义按钮标签。

当编程者允许取消时，编程者必须检查 CancelRequested 属性的值，并在值为 true 时调用 close 函数。否则，对话框将无限期显示。

4. 示例

（1）下面一段代码展示了创建一个图窗和一个进度对话框。运行中更新代码中 3 个不同点的 Value 和 Message 属性。

```
function uiprogressdlg_myprogress1
    fig = uifigure;
    fig.Position(3:4) = [360 200];
    d = uiprogressdlg(fig,'Title','Please Wait',...
        'Message','Opening the application');
    pause(.5)
    d.Value = .33;
    d.Message = 'Loading your data';
    pause(1)
    d.Value = .67;
    d.Message = 'Processing the data';
    pause(1)
    d.Value = 1;
    d.Message = 'Finishing';
    pause(1)
    close(d);
end
```

运行该程序以显示进度对话框。运行结果如图 9-7 所示。

（2）下面一段代码展示了创建一个图窗，利用暂停 5 秒模拟显示不确定进度条。

```
function uiprogressdlg_myprogress2
    fig = uifigure;
    fig.Position(3:4) = [360 200];
```

```
    d = uiprogressdlg(fig,'Title','Computing...',...
        'Indeterminate','on');
    pause(5)
    close(d);
end
```

将 Indeterminate 属性设置为'on'将以动画方式显示进度条，只是不知道预计完成时间。计算完成后，将由 close 函数关闭对话框。

运行该程序显示进度对话框。运行结果如图 9-8 所示。

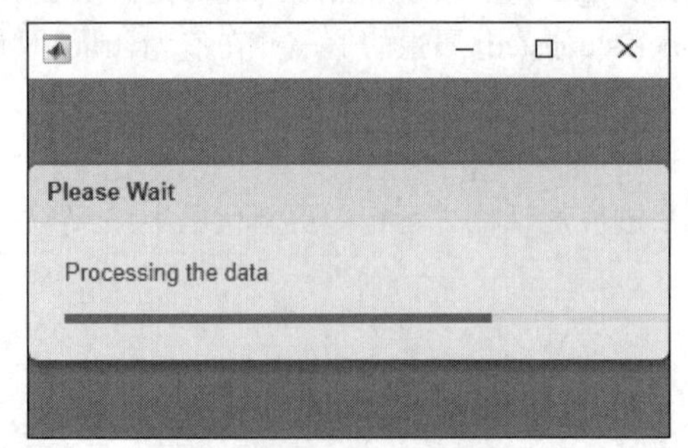

图 9-7　显示确定度对话框

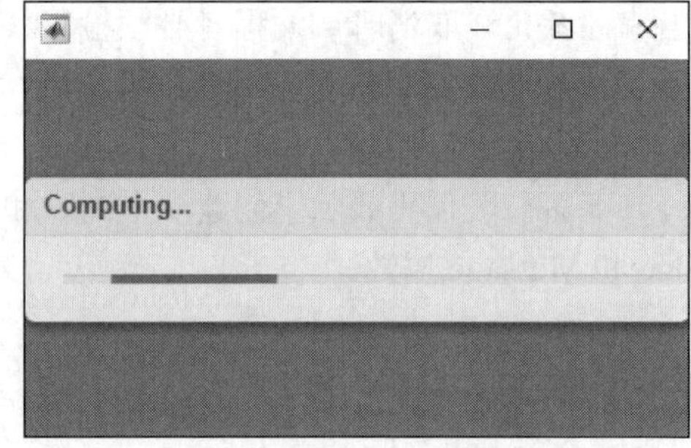

图 9-8　显示不确定度对话框

（3）下面一段代码展示了创建一个图窗并显示求 π 近似值的进度条。

```
function uiprogressdlg_myprogress3
    fig = uifigure;
    fig.Position(3:4) = [360 200];
    d = uiprogressdlg(fig,'Title','Approximating Pi',...
        'Message','1','Cancelable','on');
    pisqover8 = 1;
    denom = 3;
    valueofpi = sqrt(8 * pisqover8);
    steps = 2000;
    for step = 1:steps
        if d.CancelRequested
            break
        end
        d.Value = step/steps;
        d.Message = sprintf('%12.9f',valueofpi);
        pisqover8 = pisqover8 + 1 / (denom * denom);
        denom = denom + 2;
```

```
        valueofpi = sqrt(8 * pisqover8);
    end
    close(d);
end
```

将 Cancelable 属性设置为'on'将创建默认标签为“取消”的取消按钮。执行 for 循环中的第一个语句检查 d.CancelRequested 的值，以查看用户是否单击了取消按钮。如果该值为 true，则程序退出循环。最后，在 for 循环结束或用户取消后，由 close(d)关闭对话框。

运行该程序以求 π 的近似值并显示进度对话框。该程序运行较慢，需耐心等待，视计算机配置不同，有的计算机可能需要等待 10 秒或者更长时间。运行结果如图 9-9 所示。

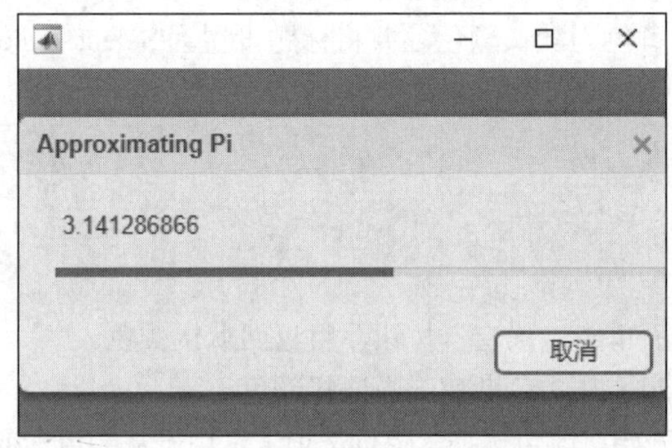

图 9-9　求 π 的近似值并显示进度对话框

9.4　打开颜色选择器

函数 uisetcolor 用于打开颜色选择器。

1．函数使用说明

（1）c=uisetcolor：显示颜色选择器，并以 RGB 三元组形式返回所选颜色。RGB 三元组是三元素行向量，其元素指定颜色的红、绿和蓝分量的强度。这些强度处于范围[0,1]中，类型为 double。

（2）c=uisetcolor(RGB)：指定 RGB 三元组形式的默认颜色选择。

（3）c=uisetcolor(obj)：将默认颜色选择设置为某个对象（例如图窗）的颜色。如果从颜色选择器中选择不同的颜色，单击确定按钮后，对象的颜色将被更改为新颜色。对象必须有一个属性控制颜色的某些方面。例如，某些对象具有 Color 或 BackgroundColor 属性。

（4）c=uisetcolor(___,title)：为对话框指定自定义标题。将标题指定为上述任一语法的最后一个参数。

2．输入参数

（1）RGB：默认颜色，指定为 RGB 三元组。RGB 三元组是三元素行向量，其元素指定颜色的红、绿和蓝分量的强度。强度必须处于范围[0,1]中。

示例：c=uisetcolor([1 0 0])表示指定红色为默认颜色。

示例：c=uisetcolor([0.5 0.5 0.5])表示指定灰色为默认颜色。

数据类型：single|double。

（2）obj：默认颜色的源对象，指定为图形对象。对象必须有一个属性控制颜色的某些方面。例如，某些对象具有 Color 或 BackgroundColor 属性。

示例：c=uisetcolor(figure)表示创建一个图窗对象，并将默认颜色设置为与该图窗的颜色相同。

（3）title：对话框的标题，指定为字符向量或字符串标量。

示例：c=uisetcolor('Choose a Color')表示将'Choose a Color'指定为对话框标题。

数据类型：char。

颜色选择器是模态的，用户必须先关闭它才能与其他窗口交互。

3. 示例

（1）下面一段代码展示了为对话框指定自定义标题。

打开颜色选择器，以黄色为默认颜色，并将标题设置为'Select a color'。运行结果如图 9-10 所示。

```
c = uisetcolor([1 1 0],'Select a color')

c =

    1     0     0
```

如果不选择其他颜色而单击“确定”按钮，将返回默认颜色。

（2）下面一段代码展示了从颜色渐变区中选择颜色。

从 MATLAB R2018b 开始，颜色选择器提供选项卡，用于从颜色渐变区中选择自定义颜色。

打开颜色选择器，然后单击右上角的自定义颜色选项卡。运行结果如图 9-11 所示。

```
c = uisetcolor
```

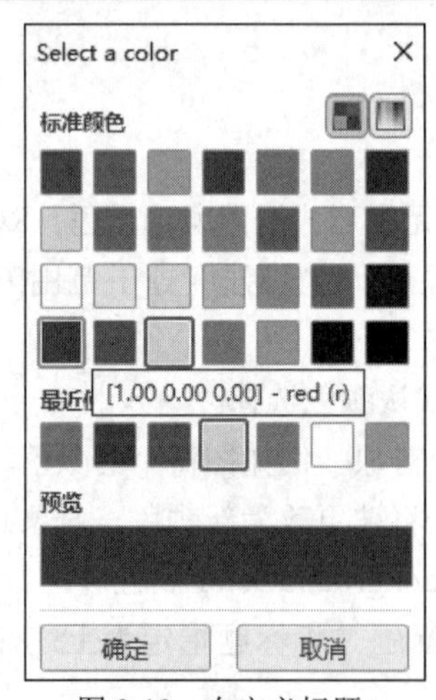

图 9-10　自定义标题

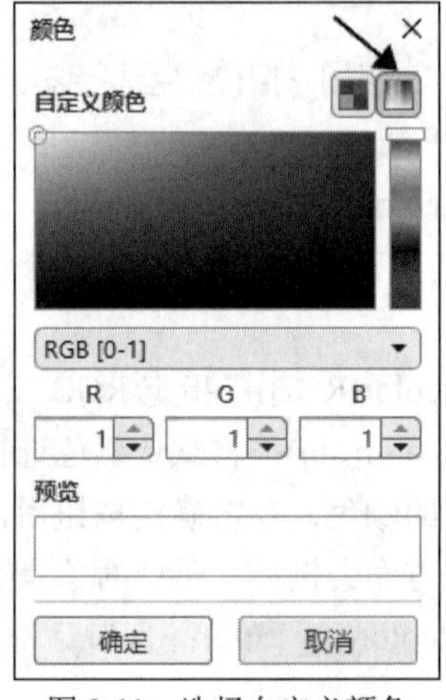

图 9-11　选择自定义颜色

移动垂直滑块以显示所需的颜色空间区域，然后单击颜色渐变区以选择颜色。单击“确定”按钮时，uisetcolor 会以 RGB 三元组形式返回所选颜色。运行结果如图 9-12 和图 9-13 所示。

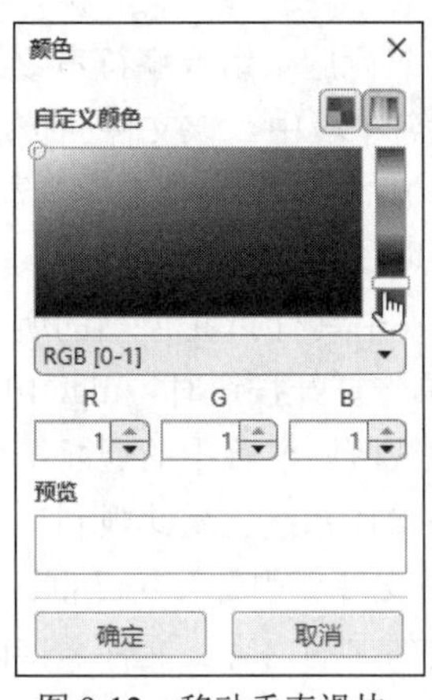

图 9-12　移动垂直滑块

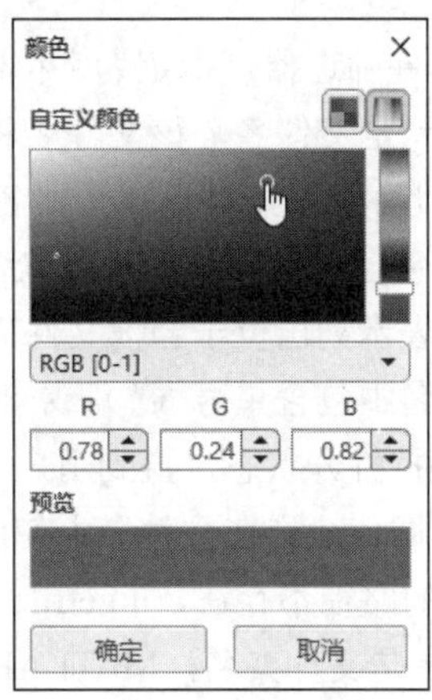

图 9-13　选择颜色

9.5　打开文件选择对话框

函数 uigetfile 用于打开文件选择对话框。

1. 函数使用说明

（1）file=uigetfile：打开一个模态对话框，其中列出了当前文件夹中的文件。用户可以在这里选择或输入文件的名称。如果文件存在并且有效，当用户单击打开按钮时，uigetfile 将返回文件名。如果用户单击取消按钮或窗口关闭按钮，uigetfile 将返回 0。

（2）[file,path]=uigetfile：当用户单击打开按钮时，[file,path]=uigetfile 将返回文件的名称和路径；当用户单击取消按钮或窗口关闭按钮时，uigetfile 将使两个输出参数都返回 0。

（3）[file,path,indx]=uigetfile：当用户单击打开按钮时，[file,path,indx]=uigetfile 将返回在对话框中选择的筛选器的索引。

（4）___=uigetfile(filter)：指定文件扩展名，根据该扩展名筛选对话框中显示的文件。可以将此语法与上述语法中的任何输出参数结合使用。

通常，只显示与文件扩展名匹配的文件。在某些平台上，uigetfile 还会显示与筛选器不匹配的文件，但这些文件的名称会呈灰色显示。如果筛选器缺失或为空，uigetfile 将显示默认文件类型（例如，所有 MATLAB 文件类型）列表。

（5）___=uigetfile(filter,title)：指定对话框标题。要使用默认文件筛选器进行筛选，需要指定自定义标题，需使用空引号作为筛选器值。例如：

file=uigetfile('','SelectaFile')。

（6）___=uigetfile(filter,title,defname)：为文件名字段指定默认文件名。

（7）___=uigetfile(___,'MultiSelect',mode)：指定用户是否可以选择多个文件。将 mode 设置为'on'表示允许进行多选。默认情况下设置为'off'。

注意　对话框的可视特征取决于运行代码的操作系统。例如，某些操作系统不在对话框中显示标题栏。如果用户向 uigetfile 函数传递对话框标题，这些操作系统不会显示标题。

2. 输入参数

（1）filter：文件筛选器，指定为字符向量、字符向量元胞数组或字符串数组。

- 如果 filter 是文件名，该文件名将出现在文件名字段中。该文件的扩展名即默认筛选器值。（筛选器字段没有标签，显示在文件名字段的右侧。）
- filter 可以包含路径。路径可以包含字符.、..、\、/、~。

例如，'../*.m'表示列出位于当前文件夹上一级文件夹中具有.m 扩展名的所有代码文件。

- 如果文件名中包含星号（*）或问号（?），则单击打开按钮时，uigetfile 函数不会响应。且对话框会一直保持打开状态，直到用户单击取消按钮或删除名称中的通配符为止。此限制适用于所有操作系统，即使允许在文件名中使用这些字符的操作系统也受此限制。
- 如果指定的路径不存在，uigetfile 函数将在当前文件夹中打开对话框。
- 如果 filter 是文件夹名，MATLAB 将显示该文件夹的内容。文件名字段为空，并且不应用任何筛选器。要指定文件夹名，filter 的最后一个字符必须是反斜杠（\）或斜杠（/）。
- 如果 filter 是字符向量元胞数组或字符串数组，则可以包含两列。第一列包含文件扩展名列表。可选的第二列包含相应的说明列表。这些说明替换筛选器字段中的标准说明。说明不能为空。

示例：'myfile.m'、'../myfile.m'、'../..'。

（2）title：对话框标题，指定为字符向量。

示例：'Select a File'。

（3）defname：文件名字段的默认值，指定为字符向量或字符串标量。defname 值可以指定路径，也可以指定路径加文件名。

- 如果指定路径，则可以包含字符.、..、\、/、~。
- 如果仅指定文件夹名，需使用反斜杠（\）或斜杠（/）作为 DefaultName 的最后一个字符。

示例：'myfile.mat'、'C:\Documents\my_MATLAB_files'、'..\myfile.mat'、'..\Documents\'。

（4）mode：多选模式，指定为'on'或'off'。如果多选模式关闭，则用户只能选择一个文件。如果多选模式打开，则用户可以选择多个文件。如果用户选择多个文件，它们必须在同一个文件夹中；否则，MATLAB 将显示警告对话框。

3. 输出参数

（1）file：用户在对话框中指定的文件名，以字符向量或字符向量元胞数组的形式返回。

当'MultiSelect'设置为'on'并且用户选择多个文件时，将返回一个字符向量元胞数组。每个数组元素都包含所选文件的名称。元胞数组中的文件名按照用户平台使用的顺序排列。如果用户选择多个文件，它们必须在同一个文件夹中，否则 MATLAB 将显示警告对话框。

如果用户单击取消按钮或窗口关闭按钮，MATLAB 将返回索引值 0。

（2）path：指定的一个或多个文件的路径，以字符向量形式返回。

如果用户单击取消按钮或窗口关闭按钮，MATLAB 将返回索引值 0。

（3）indx：选定的筛选器索引，以整数形式返回。

筛选器是不带标签的对话框组件，显示在对话框中文件名字段的右侧。筛选器的索引值与筛选器下拉列表中所选择的选项相对应。第一行的索引值为 1。

如果用户单击取消按钮或窗口关闭按钮，MATLAB 将返回索引值 0。

4. 其他

（1）模态对话框：模态对话框阻止用户在响应该对话框之前与其他 MATLAB 窗口进行交互。

（2）利用 uigetfile 返回的路径和文件名，可以使用 MATLAB 工具箱中的各种输入和输出函数打开、读取或分析文件，例如下面列出的函数。

- 用于读取图像的 imread 函数。
- 用于读取 Excel 文件的 xlsread 函数。
- 用于操作 MATLAB 代码文件的 open、edit 或 run 函数。例如，运行下面的代码会创建一个对话框，从用户处获取 MATLAB 代码的文件名、根据返回的值生成完整的文件名，然后运行用户指定的代码文件。

```
[file,path]=uigetfile('*.m');

selectedfile=fullfile(path,file);

run(selectedfile);
```

（3）替代功能：使用 dir 函数可以返回当前文件夹或指定文件夹中已筛选或未筛选的文件列表。dir 函数还可以返回文件属性。

5．示例

（1）下面一段代码展示了显示在对话框中选择的文件的完整文件路径。使用 disp 和 fullfile 函数添加说明性文本并串联 path 和 file 的输出值。运行结果如图 9-14 所示。

```
[file,path] = uigetfile('*.m');

if isequal(file,0)

   disp('User selected Cancel');

else

   disp(['User selected ', fullfile(path,file)]);

end
```

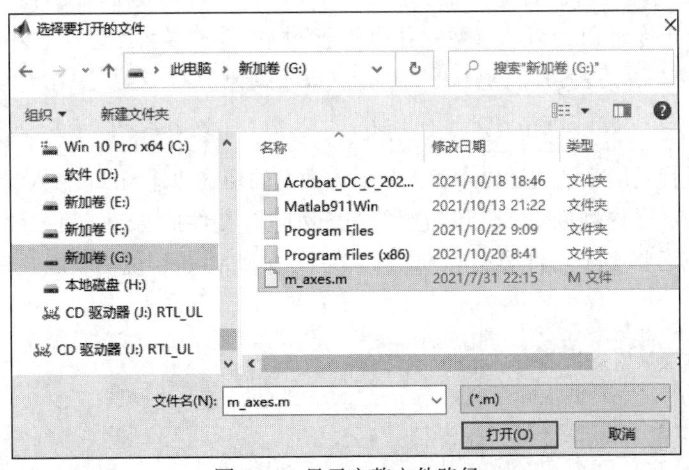

图 9-14　显示完整文件路径

（2）下面一段代码展示了在命令行窗口中显示选定筛选器的索引及相关的说明性文本。使用 num2str 函数将数值型筛选器索引值（indx）转换为字符数组。这样可使索引值成为 disp 函数的有效输入。运行结果如图 9-15 所示。

```
[file,path,indx] = uigetfile;
if isequal(file,0)
   disp('User selected Cancel')
else
   disp(['User selected ', fullfile(path, file),...
         ' and filter index: ', num2str(indx)])
end
```

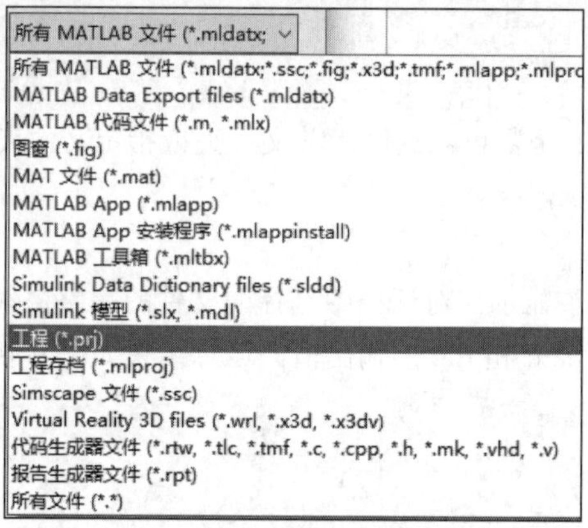

所有 MATLAB 文件 (*.mldatx;
所有 MATLAB 文件 (*.mldatx;*.ssc;*.fig;*.x3d;*.tmf;*.mlapp;*.mlpro
MATLAB Data Export files (*.mldatx)
MATLAB 代码文件 (*.m, *.mlx)
图窗 (*.fig)
MAT 文件 (*.mat)
MATLAB App (*.mlapp)
MATLAB App 安装程序 (*.mlappinstall)
MATLAB 工具箱 (*.mltbx)
Simulink Data Dictionary files (*.sldd)
Simulink 模型 (*.slx, *.mdl)
工程 (*.prj)
工程存档 (*.mlproj)
Simscape 文件 (*.ssc)
Virtual Reality 3D files (*.wrl, *.x3d, *.x3dv)
代码生成器文件 (*.rtw, *.tlc, *.tmf, *.c, *.cpp, *.h, *.mk, *.vhd, *.v)
报告生成器文件 (*.rpt)
所有文件 (*.*)

图 9-15 显示筛选器索引选择

（3）下面一段代码展示了按扩展名筛选文件。

通过指定'*.m'作为 filter 输入参数，在对话框中仅显示扩展名为.m 的文件。

```
[file,path] = uigetfile('*.m');
```

（4）下面一段代码展示了创建一个显示在文件筛选器下拉列表中的文件扩展名列表。以字符向量元胞数组的形式传递 filter 输入参数，并用分号分隔文件扩展名。运行结果如图 9-16 所示。

```
[file,path] = uigetfile({'*.m';'*.slx';'*.mat';'*.*'},...
                        'File Selector');
```

（5）下面一段代码展示了通过以字符向量元胞数组的形式传递 filter 输入参数，创建一个文件扩展名列表并为扩展名提供说明。元胞数组的第一列包含文件扩展名，第二列包含文件类型的自定义说明。此示例还将多个文件类型与'MATLAB Files'和'Models'说明关联。运行结果如图 9-17 所示。

```
[file,path,indx] = uigetfile( ...
{'*.m;*.mlx;*.fig;*.mat;*.slx;*.mdl',...
    'MATLAB Files (*.m,*.mlx,*.fig,*.mat,*.slx,*.mdl)';
   '*.m;*.mlx','Code files (*.m,*.mlx)'; ...
   '*.fig','Figures (*.fig)'; ...
   '*.mat','MAT-files (*.mat)'; ...
```

```
    '*.mdl;*.slx','Models (*.slx, *.mdl)'; ...
    '*.*',  'All Files (*.*)'}, ...
    'Select a File');
```

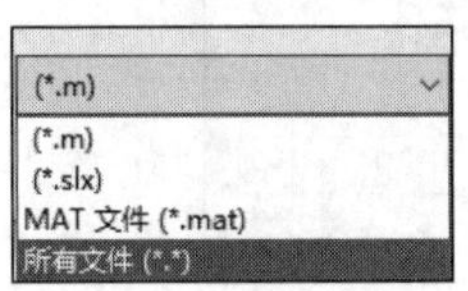

图 9-16　指定筛选器列表

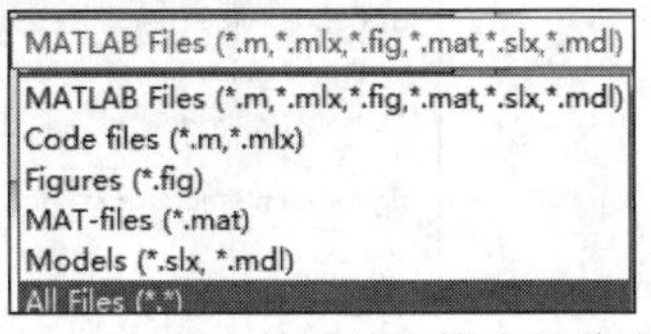

图 9-17　指定筛选器和筛选器说明

（6）下面一段代码展示了指定默认文件名。

要在对话框打开时在文件名字段中显示一个默认的文件名，需将此文件名作为 defname 输入参数进行传递。运行结果如图 9-18 所示。

```
[file,path] = uigetfile('*.png',...
             'Select an icon file','icon.png')
```

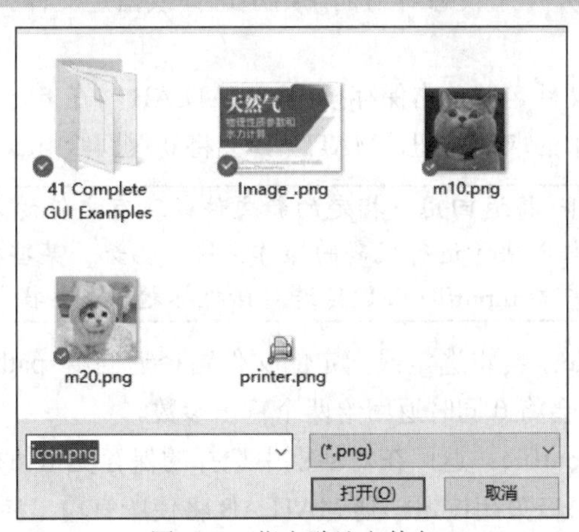

图 9-18　指定默认文件名

（7）下面一段代码展示了指定默认路径和文件。

要在对话框打开时在文件名字段中显示默认路径下的默认文件名，需将完整文件名作为 defname 输入参数进行传递。

```
[file,path] = uigetfile('g:\MATLABWork\icon.png',...
                  'Select an Image File')
```

（8）下面一段代码展示了启用多选。

将'Multiselect'选项设置为'on'可以启用多选。用户可以通过按住 Shift 键或 Ctrl 键并单击文件名来选择多个文件。运行结果如图 9-19 所示。

```
[file,path] = uigetfile('*.m',...
   'Select One or More Files', ...
   'MultiSelect', 'on');
```

图 9-19 启用多选

9.6 打开用于保存文件的对话框

函数 uiputfile 用于打开用于保存文件的对话框。

1．函数使用说明

（1）file=uiputfile：打开一个模态对话框，用于选择或指定文件。该对话框列出当前文件夹中的文件和文件夹。

如果用户指定有效的文件名并单击保存按钮，MATLAB 将在 file 中返回该文件名。

如果用户单击对话框中的取消按钮，MATLAB 会将 0 返回给 file。

注意 ①成功执行 uiputfile 将返回用户指定的新文件或现有文件的名称，它不会创建文件。②对话框的可视特征取决于运行代码的操作系统。例如，某些操作系统不在对话框中显示标题栏。如果用户向 uiputfile 函数传递对话框标题，这些操作系统不会显示标题。

（2）[file,path]=uiputfile：会将选定或指定的文件路径返回给 path。如果用户单击对话框中的取消按钮，则 MATLAB 会将 0 同时返回给两个输出参数。

（3）[file,path,indx]=uiputfile：返回在对话框中选择的保存类型值的索引。索引从 1 开始。如果用户单击取消按钮或窗口关闭按钮，则 MATLAB 将使所有输出参数返回 0。

（4）___=uiputfile(filter)：仅显示扩展名与 filter 匹配的文件。在某些平台上，uiputfile 也会显示任何与 filter 不匹配的文件，但它们会呈灰显。uiputfile 函数将所有文件追加到文件类型列表中。

如果 filter 是文件名，则 uiputfile 会在文件名字段中显示该文件名，并使用它的文件扩展名作为默认筛选器。

可以将此语法与上述语法中的任何输出参数结合使用。

（5）___=uiputfile(filter,title)：打开具有指定标题的对话框。要使用默认文件筛选器进行筛选，但要指定自定义标题，需使用空引号作为筛选器值。例如：

file=uiputfile('','SelectaFile')。

（6）___=uiputfile(filter,title,defname)：打开一个对话框并在文件名字段中显示由 defname 指定的文件名。

2．输入参数

（1）defname：对话框打开时显示在文件名字段中的默认文件名，指定为字符向量或字符串标量。

defname 值可以包含路径和文件名，也可以只包含路径。编程者可以在 defname 参数中使用.、..、\、/、～中的任何字符。

要将 defname 指定为仅包含文件夹，需将 defname 中的最后一个字符指定为反斜杠或斜杠。按此操作时，MATLAB 将在路径指定的文件夹中打开对话框。如果编程者指定的路径不存在，MATLAB 将在当前文件夹中打开对话框。

示例：'myfile.m'、'../myfile.m'。

（2）filter：文件类型筛选器设定，指定为字符向量、字符向量元胞数组或字符串数组。MATLAB 会在对话框所显示的文件类型列表的最后追加所有文件的文件类型。filter 值可以包含通配符（*）。

示例：*.m、'MATLAB Files (*.m,*.mlx,*.fig,*.mat,*.slx,*.mdl)'。

（3）title：对话框标题，指定为字符向量或字符串标量。要使用默认文件筛选器进行筛选，但要指定自定义标题，需使用空引号作为筛选器值。例如：

```
uiputfile(' ','Select File')。
```

示例：'File Selector'。

3. 输出参数

（1）file：用户指定的文件名，以字符向量或字符串标量形式返回。用户可以通过以下方式指定文件名：在对话框中选择文件名、在文件名字段中输入文件名或者接受默认文件名（如果用户指定了默认文件名）。

- 如果用户指定有效的文件名并单击保存按钮，MATLAB 将在 file 中返回该文件名。
- 如果用户在对话框的文件名字段中输入包含星号（*）或问号（?）的文件名，则单击保存按钮时，MATLAB 不会响应，且对话框会一直保持打开状态，直到用户单击对话框中的取消按钮或删除通配符为止。此限制适用于所有平台，即使允许在文件名中使用这些字符的平台也受此限制。
- 如果用户指定的文件名已存在，则会打开一个警告对话框，声明该文件已存在，并提供一个替换该文件的选项。
- 如果用户在警告对话框中单击是按钮，则 MATLAB 将替换现有文件并返回文件名。
- 如果用户在警告对话框中单击否按钮，则将控制权返回给 uiputfile 对话框，允许用户指定不同的文件名。
- 如果用户单击对话框中的取消按钮，MATLAB 会将 0 返回给 file。

（2）path：用户指定的文件名的路径，以字符向量形式返回，或者返回 0。如果用户单击对话框中的取消按钮，MATLAB 会将 0 返回给 path。

（3）indx：保存类型的索引，以整数形式返回。索引对应于各个保存类型选项。索引自上而下从 1 开始递增。如果用户单击取消按钮或对话框关闭按钮，或者文件不存在，则 MATLAB 将使 indx 返回 0。

4. 模态对话框

用于保存文件的对话框为模态对话框，阻止用户在响应该对话框之前与其他 MATLAB 窗口进行交互。

5. 其他

要使用 MATLAB 和 MATLAB 工具箱函数将数据写入用户指定的文件和位置，可使用

uiputfile 返回的路径和文件名。

（1）使用 fprintf 将数据写入文本文件。

（2）使用 imwrite 将图像写入图形文件。

（3）使用 xlswrite 将矩阵写入 Excel 电子表格。例如，下面的代码创建了一个矩阵 A 和一个对话框，用于从用户获取文件名、根据返回的值生成完整的文件名，然后将该矩阵写入用户指定的 Excel 文件。

```
A=[12.7 5.02 -98 63.9 0 -.2 56];
[file,path]=uiputfile('*.xlsx');
filename=fullfile(path,file);
xlswrite(filename,A);
```

6. 示例

（1）指定文件名和类型。

下面一段代码展示了创建一个对话框并将 filter 指定为 123.txt。代码运行时，在当前文件夹打开对话框，文件名字段包含指定的文件名，保存类型字段设置为*.txt。运行结果如图 9-20 所示。

```
[file,path,indx] = uiputfile('123.txt');
```

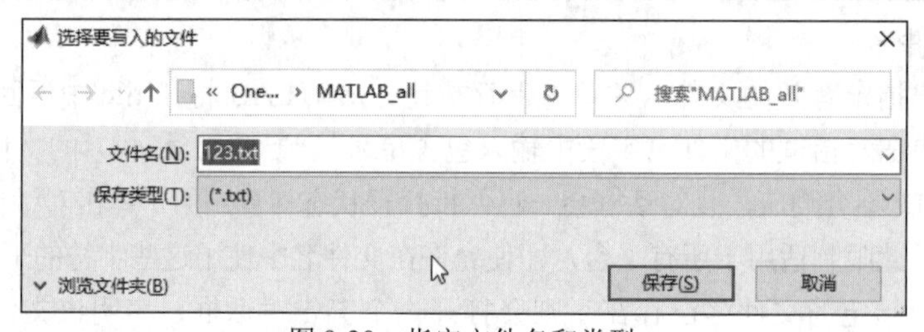

图 9-20　指定文件名和类型

（2）显示多个文件类型作为筛选器。

下面一段代码展示了通过用分号分隔 filter 输入参数中的每个文件扩展名，在保存类型列表中显示多个文件类型，如图 9-21 所示。

```
filter = {'*.m';'*.slx';'*.mat';'*.*'};
[file, path] = uiputfile(filter);
```

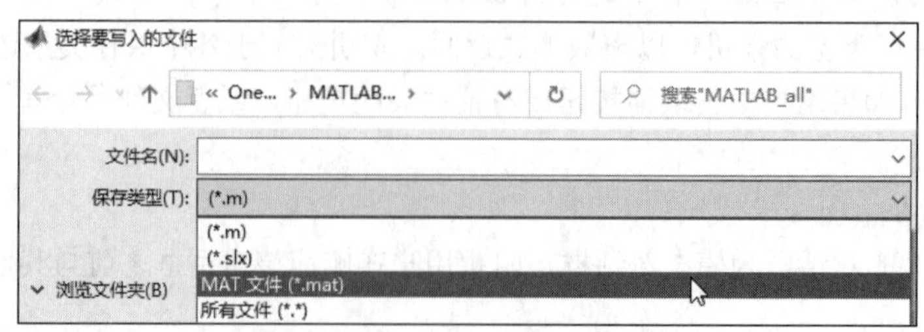

图 9-21　显示多个文件类型作为筛选器

（3）使用自定义说明指定文件类型。

下面一段代码展示了通过使用元胞数组提供 filter 输入值，创建一个文件类型列表并为其中的文件类型指定不同于默认设置的说明。为'MATLAB Files'和'Models'这两种说明关联多个文件类型。

输入的 filter 元胞数组的第一列包含文件扩展名，第二列包含文件类型的说明。例如，第一列的第一个条目包含用分号分隔的多个扩展名。这些文件类型均与说明'MATLAB Files (*.m,*.mlx,*.fig,*.mat,*.slx,*.mdl)'关联。运行结果如图 9-22 所示。

```
[filename, pathname, filterindex] = uiputfile( ...
{'*.m;*.fig;*.mat;*.slx;*.mdl',...
 'MATLAB Files (*.m,*.mlx,*.fig,*.mat,*.slx,*.mdl)';
 '*.m;*.mlx', 'program files (*.m,*.mlx)';...
 '*.fig','Figures (*.fig)';...
 '*.mat','MAT-files (*.mat)';...
 '*.slx;*.mdl','Models (*.slx,*.mdl)';...
 '*.*',  'All Files (*.*)'});
```

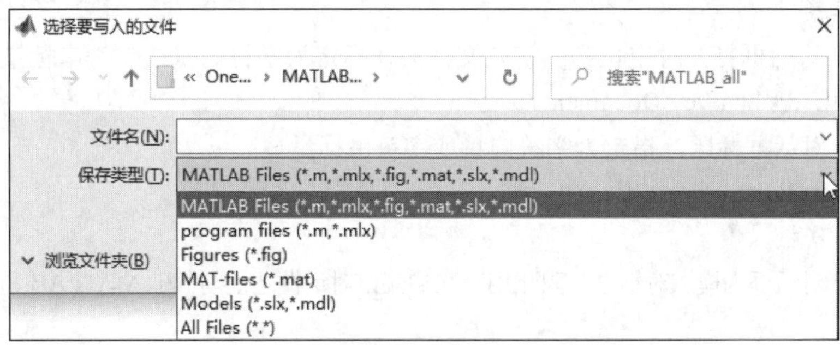

图 9-22　使用自定义说明指定文件类型

（4）在命令行窗口显示用户操作。

下面一段代码展示了如何创建具有以下功能的对话框：打开“选择要写入的文件”对话框，然后选择一个文件，MATLAB 会自动打开“确认另存为”对话框。

如果用户在确认对话框中单击确定按钮，则 MATLAB 将关闭这两个对话框，并在命令行窗口显示用户的选择。

如果用户在确认对话框中单击取消按钮，然后在“选择要写入的文件”对话框中单击取消按钮，则命令行窗口将显示“User clicked Cancel.”。

```
[file,path] = uiputfile('*.m');
if isequal(file,0) || isequal(path,0)
   disp('User clicked Cancel.')
else
   disp(['User selected ',fullfile(path,file),...
         ' and then clicked Save.'])
end
```

9.7 打开文件夹选择对话框

函数 uigetdir 用于打开文件夹选择对话框。

1. 函数使用说明

（1）selpath=uigetdir：打开一个模态对话框，显示当前工作目录中的文件夹并返回用户从对话框中选择的路径。

此对话框允许用户导航到某个文件夹并选择它（或输入文件夹的名称并选择该文件夹）。如果指定的文件夹存在，则当用户单击确定按钮时，MATLAB 将返回所选路径。如果用户单击取消按钮或标题栏上的关闭按钮，MATLAB 将返回 0。

（2）selpath=uigetdir(path)：指定对话框打开时定位到的初始路径。如果 path 为空或不是有效路径，对话框将在当前工作目录中打开。

（3）selpath=uigetdir(path,title)：指定对话框的标题。

注意 对话框的可视特征取决于运行代码的操作系统。例如，某些操作系统不在对话框中显示标题栏。如果用户向 uigetdir 函数传递对话框标题，这些操作系统不会显示标题。

2. 输入参数

（1）path：对话框打开时定位到的初始文件夹，指定为字符向量或字符串标量。

示例：'C:\Users\hharvey\Documents'。

（2）title：对话框标题，指定为字符向量或字符串标量。

示例：'OpenDirectory'。

3. 模态对话框

文件夹选择对话框为模态对话框，阻止用户在响应该对话框之前与其他 MATLAB 窗口进行交互。

4. 示例

（1）下面一段代码展示了显示驱动器 G 上的文件夹。运行结果如图 9-23 所示。

```
uigetdir('G:\')
```

或者

```
uigetdir('G:')
```

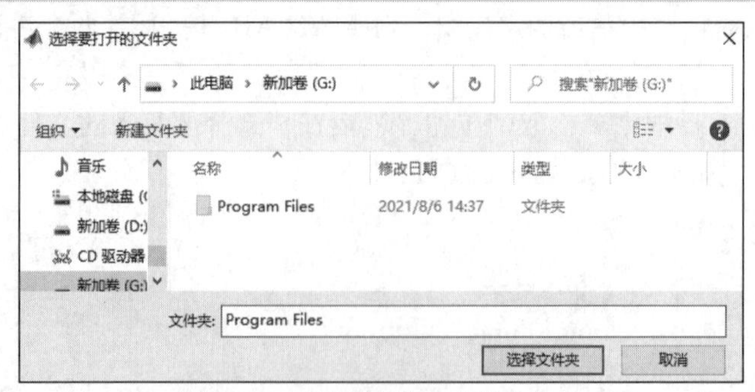

图 9-23 显示驱动器 G 上的文件夹

（2）下面一段代码展示了打开当前文件夹，并将对话框命名为 Now。运行结果如图 9-24 所示。

```
uigetdir('','Now');
```

图 9-24　显示 MATLAB 根文件夹中的文件夹

9.8　打开文件选择对话框并将选定的文件加载到工作区中

函数 uiopen 用于打开文件选择对话框并将选定的文件加载到工作区中。

1. 函数使用说明

（1）uiopen：打开一个标题为“打开”的模态对话框。将对话框中的文件筛选器设置为所有 MATLAB 文件。如果用户在文件名字段中输入有效的文件名并单击“打开”按钮，则 MATLAB 将在适用的应用程序中打开指定的文件。如果没有安装适用的应用程序，将在 MATLAB 编辑器中打开文件或者返回错误。

注意　对话框的可视特征取决于运行代码的操作系统。例如，某些操作系统不在对话框中显示标题栏。

（2）uiopen(type)：根据指定的文件类型（与文件扩展名不同）设置文件筛选器。例如，如果类型为'figure'，则 MATLAB 将筛选器设置为所有图窗文件（*.fig）。

（3）uiopen(file)：指定在对话框的文件名字段中显示的默认文件名。对话框中只显示与此默认文件名具有相同扩展名的文件。

如果指定通配符和文件扩展名（例如*.m），则文件名字段不会显示任何文件名。对话框中只显示具有指定扩展名的文件。type 值出现在文件名字段右侧的筛选器字段中。

（4）uiopen(file,tf)：在 tf 的值为逻辑值 true（1）时直接打开指定的文件而不显示“打开”对话框。在 tf 的值为逻辑值 false（0）时，显示“打开”对话框。

2. 输入参数

（1）type：文件筛选器，指定为'matlab'、'load'、'figure'、'simulink'或'editor'。MATLAB 为每个类型值显示的文件见表 9-5。

表 9-5　文件筛选器

类型值	显示的文件
'matlab'	所有 MATLAB 文件
'load'	所有 MAT 文件（*.mat）
'figure'	所有图窗文件（*.fig）
'simulink'	所有 Simulink 模型文件（*.mdl 和*.slx）
'editor'	除.mat、.fig、.slx、.mlapp 和.mlappinstall 文件之外的所有 MATLAB 文件

唯一可编译成独立应用程序的 uiopen 格式是 uiopen('load')。要创建可以编译的文件选择对话框，需使用 uigetfile。

（2）file：文件名，指定为包含文件扩展名的字符向量或字符串标量。如果 tf 为 false（默认值），则文件名可以是一个通配符加上一个文件扩展名。例如，*.txt 显示文件扩展名为.txt 的所有文件的列表。

示例：'surf.m'、't.fig'、'*.mat'。

（3）tf：逻辑打开文件，指定为逻辑值 true（1）、逻辑值 false（0）或计算结果为逻辑值 true 或 false 的 MATLAB 表达式。

- 如果 tf 设置为 true、1 或者计算结果为 1，则不会显示“打开”对话框，MATLAB 会尝试在适当的工具中打开指定的文件。
- 如果 tf 设置为 false、0 或者计算结果为 0，则会显示“打开”对话框。

示例：1、true。

3. 模态对话框

文件选择对话框为模态对话框，阻止用户在响应该对话框之前与其他 MATLAB 窗口进行交互。

4. 其他

（1）表 9-6 列出了文件扩展名和对应的应用程序（当用户选择具有该扩展名的文件并单击打开按钮时，将在该应用程序中打开此文件）。如果计算机上未安装所列出的工具，而文件是一个文本文件，则将在 MATLAB 编辑器中打开该文件。如果未安装 Simulink，而用户选择了具有.mdl 或.slx 文件扩展名的文件，MATLAB 将返回错误。

表 9-6　　文件扩展名

文件扩展名	对应的应用程序
.m 或.mlx	MATLAB 编辑器
.fig	MATLAB 图窗窗口
.mat	MATLAB 工作区
.mlapp	MATLAB App 设计工具
.mlappinstall	MATLAB App 安装程序
.mdl 或.slx	Simulink

（2）要在 Windows 中打开文件，需使用 winopen 函数。

5. 备选方法

编程者还可以使用表 9-7 中的函数在 MATLAB 代码文件或命令行窗口中打开文件。

表 9-7　　打开文件函数

要打开的文件	函数
基于文件扩展名	open
在编辑器中	edit
.fig 文件	openfig
.mat 文件	load

6. 示例

（1）按类型筛选文件。

不带参数的 uiopen 函数将显示当前文件夹中的所有 MATLAB 文件，代码如下。运行结果如图 9-25 所示。

```
uiopen
```

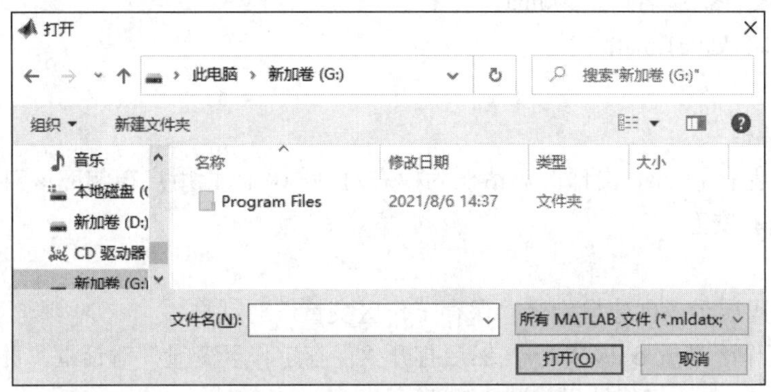

图 9-25　创建打开文件选择对话框

（2）按文件扩展名筛选文件，代码如下。

```
uiopen('*.m')
```

（3）指定默认文件。

将 file 输入参数设置为某个文件的文件名，代码如下。当打开对话框时，该文件名将出现在文件名字段中。

```
uiopen('surf.m')
```

如果用户单击打开按钮，将在 MATLAB 编辑器中打开 surf.m。

如果用户在文件名字段中输入一个不同的文件名，然后单击打开按钮，则会打开新输入的文件（前提是它位于当前文件夹中）。但是需注意，“打开”对话框只列出文件扩展名与 uiopen 函数调用中指定的文件扩展名相同的文件。

9.9　打开用于将变量保存到.mat 文件的对话框

函数 uisave 用于打开用于将变量保存到.mat 文件的对话框。

1. 函数使用说明

（1）uisave：打开“保存工作区变量”模态对话框。如果用户单击保存按钮，则 MATLAB 会将用户工作区中的所有变量保存到对话框的文件名字段中显示的文件中。

如果指定的文件已存在于对话框顶部显示的文件夹中，则会打开一个确认对话框，并为用户提供取消操作或覆盖现有文件的机会。

（2）uisave(vars)：指定要保存用户工作区中的哪些变量。

（3）uisave(vars,file)：指定打开“保存工作区变量”对话框时在文件名字段中显示的文件名，而不是默认的 matlab.mat。

2. 输入参数

（1）vars：要保存到.mat 文件中的工作区变量集，指定为字符向量、字符向量元胞数组或字符串数组。要指定多个变量，需使用字符向量元胞数组。

示例：'y'、{'x','y'}。

（2）file：打开“保存工作区变量”对话框时显示在文件名字段中的文件名。可以省略文件扩展名，或者将文件扩展名指定为.mat。

示例：'data1'、'data1.mat'。

示例：'v'。

3. 模态对话框

用于将变量保存到.mat 文件的对话框为模态对话框，阻止用户在响应该对话框之前与其他 MATLAB 窗口进行交互。

4. 示例

下面一段代码展示了创建自定义“保存工作区变量”对话框。

创建 3 个工作区变量 d、w 和 y。然后打开“保存工作区变量”对话框，并在文件名字段中显示默认文件 var1.mat。运行结果如图 9-26 所示。

```
d = 'Sunday';
w = 31;
y = 2017;
uisave({'d','w'},'var1')
```

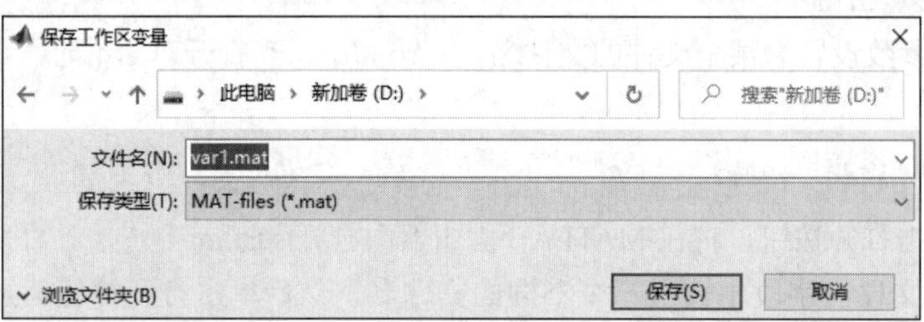

图 9-26 创建“保存工作区变量”对话框

单击“保存”按钮，将工作区变量 d 和 w 保存到对话框顶部显示的文件夹中的 var1.mat 中。

第 10 章　布局函数

布局函数包含 7 个函数，分别用于对齐用户界面控件和坐标区对象、将图窗移动到屏幕上的指定位置、获取对象位置（以像素为单位）、设置对象位置（以像素为单位）、列出可用的系统字体、使用户界面控件的文本换行、对用户界面控件的视图层叠进行重新排序，见表 10-1。

表 10-1　　布局函数

序号	函数名	说明
1	align	对齐用户界面控件和坐标区对象
2	movegui	将图窗移动到屏幕上的指定位置
3	getpixelposition	获取对象位置（以像素为单位）
4	setpixelposition	设置对象位置（以像素为单位）
5	listfonts	列出可用的系统字体
6	textwrap	使用户界面控件的文本换行
7	uistack	对用户界面控件的视图层叠进行重新排序

10.1　对齐用户界面控件和坐标区对象

函数 align 用于对齐用户界面控件和坐标区对象。

1. 函数使用说明

（1）垂直对齐对象。

① align(components,valign,spacing)：垂直对齐指定的对象。该函数根据 valign 的值对齐对象的左边缘、中心或右边缘，并根据 spacing 的值调整对象的垂直间距。例如，align(components,'left','none')表示对齐左边缘，不调整间距。每个对象的大小不变。

② align(components,valign,'fixed',distance)：将垂直间距调整为固定距离（以点为单位）。

（2）水平对齐对象。

① align(components,spacing,halign)：水平对齐指定的对象。该函数根据 halign 的值对齐对象的上边缘、中间或下边缘，并根据 spacing 的值调整对象的水平间距。例如，align(components,'none','top')表示对齐上边缘，不调整间距。每个对象的大小不变。

② align(components,'fixed',distance,halign)：将垂直间距调整为固定距离（以点为单位）。

（3）对齐重叠的对象。

align(components,valign,halign)：重叠对象的对齐。这等效于根据 valign 垂直对齐对象，根

据 halign 水平对齐对象。例如，align(components,'left','top')表示对齐对象的左上角。

（4）返回计算出的位置。

① 如果指定对象对齐，则 positions = align(___)以矩阵形式返回其计算出来的位置，但不移动对象。矩阵输出的每一行均为一个位置向量。可以将此选项与前面语法中的任何输入参数组合在一起使用。

② 如果对象对齐，则 positions = align(cpositions,___)返回其位置包含在 cpositions 中的对象计算出来的位置，但对象在图窗上的位置不变。可以将此选项与前面语法中的任何输入参数组合在一起使用，用 cpositions 替换 components。

2. 输入参数

（1）components：要对齐的对象，指定为 uicontrol 或 Axes 对象的向量。如果向量包含 uicontrol 或 Axes 以外的类型的对象，则 align 函数会忽略它们。使对象对齐并不会改变它们的绝对大小。

（2）valign：components 中对象的垂直对齐方式，指定为 'left'、'center' 或 'right'，见表 10-2。

表 10-2　垂直对齐方式

值	定义
'left'	垂直对齐对象的左边缘
'center'	垂直居中对齐对象
'right'	垂直对齐对象的右边缘

所有对齐方式都会在围住对象的边界框内对齐对象。'left'用于将对象的左边缘与包含这些对象的边界框的左边缘对齐，'right'类似。'center'用于将对象中心所在的垂直线与边界框中心所在的垂直线对齐。

（3）spacing：对象的间距调整，指定为'none'或'distribute'。

● 'none'：不更改对象的间距。垂直对齐对象时，不在垂直方向移动它们。水平对齐对象时，不在水平方向移动它们。

● 'distribute'：均匀分布对象。垂直对齐对象时，在包围这些对象的边界框的左右边缘之间水平均匀分布对象。水平对齐对象时，在包围这些对象的边界框的上下边缘之间垂直均匀分布对象。

（4）halign：components 中对象的水平对齐方式，指定为'top'、'middle'或'bottom'，见表 10-3。

表 10-3　水平对齐方式

值	定义
'top'	水平对齐对象的上边缘
'middle'	水平居中对齐对象
'bottom'	水平对齐对象的下边缘

所有对齐方式都会在围住对象的边界框内对齐对象。'top'用于将对象的上边缘与包含这些对象的边界框的上边缘对齐，'bottom'类似。'middle'用于将对象中心所在的水平线与边界框中心所在的水平线对齐。

（5）distance：对象的固定距离，指定为标量，以磅为单位，72 磅等于 1 英寸。

（6）cpositions：当前对象位置，指定为其中的行是位置向量的矩阵。每个位置向量是一个四元素向量，以[left bottom width height]形式指定对象的位置和大小。所有位置向量测量值都以像素为单位。

3．示例

（1）垂直居中对齐。

下面一段代码展示了创建一个包含不完全垂直对齐的 3 个按钮的图窗。运行结果如图 10-1 所示。

```
f = figure('Position',[100 100 220 150],'menubar','none', ...
    'name','对齐按钮','numbertitle','off','resize','on');
u1 = uicontrol(f,'Position',[10 80 60 30],'String','One');
u2 = uicontrol(f,'Position',[50 50 60 30],'String','Two');
u3 = uicontrol(f,'Position',[30 10 60 30],'String','Three');
```

垂直居中对齐按钮，并使按钮的垂直间距相等，代码如下。垂直对齐对象时，对象间距参数在垂直对齐参数前。第 1 和第 3 个按钮在垂直方向上的位置不变，调整第 2 个按钮与其他两个按钮的垂直间距。运行结果如图 10-2 所示。

```
align([u1 u2 u3],'center','distribute');
```

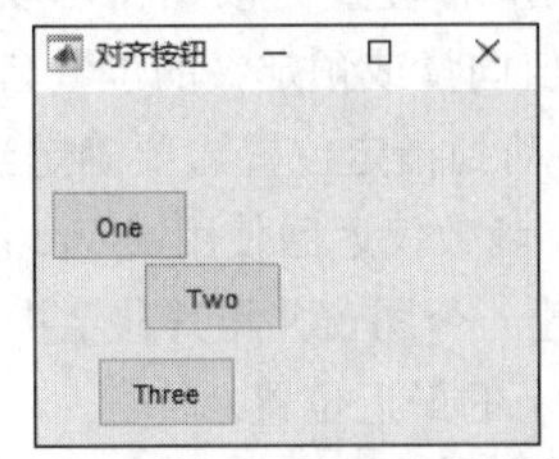

图 10-1　生成 3 个按钮的图窗

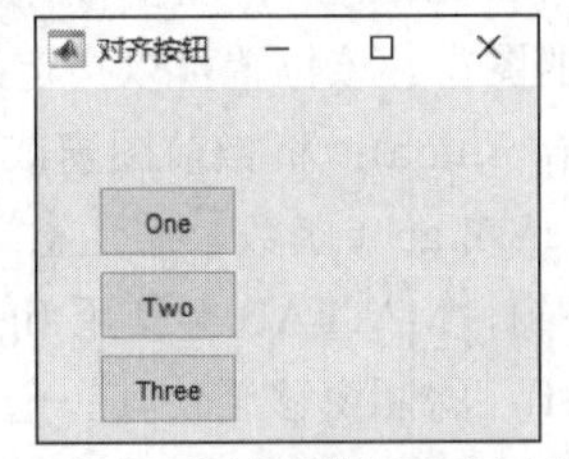

图 10-2　对 3 个按钮进行垂直居中对齐

（2）水平对齐下边缘。

水平对齐上面 3 个按钮的下边缘，并将按钮的水平间距设置为 10 个点，代码如下。水平对齐对象时，水平对齐参数在对象间距参数前。运行结果如图 10-3 所示。

```
align([u1 u2 u3],'fixed',10,'bottom');
```

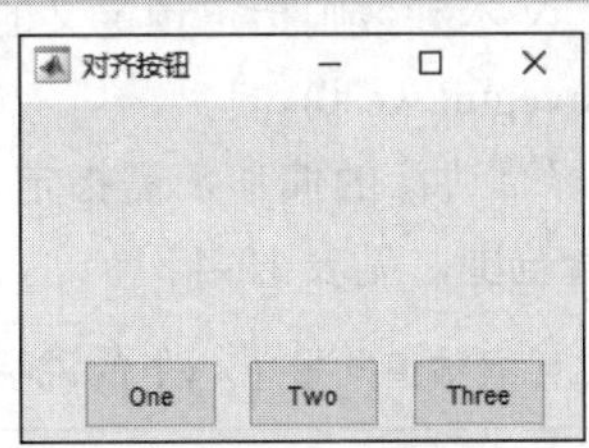

图 10-3　水平对齐 3 个按钮的下边缘

（3）居中对齐坐标区对象和按钮。

下面一段代码展示了创建一个图窗，其中包含一个按钮和一个坐标区对象。运行结果如图 10-4 所示。

```
f = figure('Position',[100 100 350 200]);
ax = axes('Parent',f);
btn = uicontrol('Parent',f,'String','Click');
```

将按钮的中心与坐标区的中心对齐，代码如下。第二个参数 'center' 指定垂直居中对齐，第三个参数'middle'指定水平居中对齐。运行结果如图 10-5 所示。

```
align([ax btn],'center','middle');
```

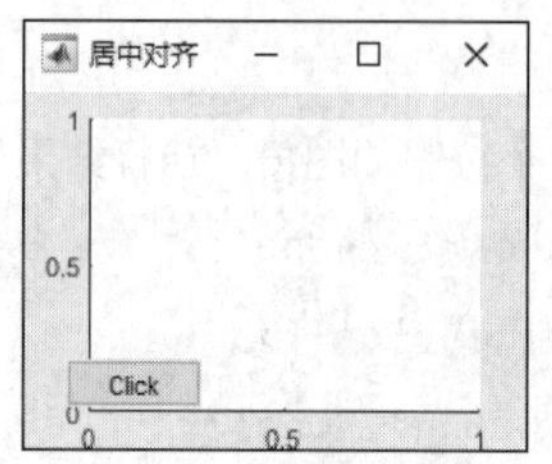

图 10-4 创建一个按钮和一个坐标区对象

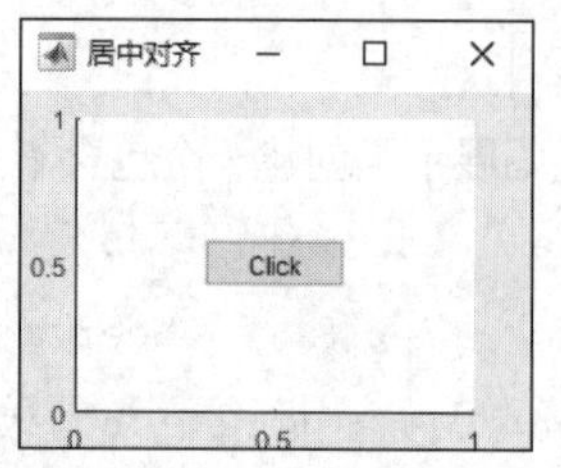

图 10-5 按钮的中心与坐标区的中心对齐

10.2 将图窗移动到屏幕上的指定位置

函数 movegui 用于将图窗移动到屏幕上的指定位置。

1. 函数使用说明

（1）movegui(f,position)：将图窗 f 移动到指定的屏幕位置。该图窗可以是使用 figure 或 uifigure 函数创建的图窗。该位置可以指定为二元素数值向量或预定义的位置名称。

（2）movegui(position)：将当前图窗或回调图窗移动到指定位置。要确定当前图窗或回调图窗，需分别使用 gcf 或 gcbf 函数。需注意，gcf 和 gcbf 函数仅返回使用 figure 函数创建的图窗。如果没有这样的图窗，MATLAB 会使用 figure 函数创建一个图窗并将其移至指定位置。

（3）movegui(f)：将图窗移至使其完全显示在屏幕上的最近位置。

（4）movegui：将当前图窗（gcf）或回调图窗（gcbf）移至使其完全显示在屏幕上的最近位置。

2. 输入参数

（1）f：图窗，指定为使用 figure 或 uifigure 函数创建的图窗对象。使用此参数指定要移动的图窗。

（2）position：图窗在屏幕上的位置，指定为二元素数值向量、字符向量或字符串标量。数值向量以像素为单位指定 x 和 y 值，文本参数则指定预定义的位置名称之一。

示例：movegui(f,[150 -50])、movegui('west')。

要以像素为单位显示图窗相对屏幕边缘的偏移，需指定二元素数值向量[x y]。测量偏移量时参考的屏幕边缘取决于向量元素值范围，见表 10-4。

表 10-4 二元素数值向量［x y］的说明

元素	值范围	说明
x	x >= 0	左侧相对屏幕左边缘的偏移量
	x < 0	右侧相对屏幕右边缘的偏移量
y	y >= 0	底部相对屏幕下边缘的偏移量
	y < 0	顶部相对屏幕上边缘的偏移量

用户也可以将 position 指定为表 10-5 所示位置名称之一。

表 10-5　　位置名称及对应的屏幕位置

位置名称	屏幕位置
'north'	上边缘中心
'south'	下边缘中心
'east'	右边缘中心
'west'	左边缘中心
'northeast'	右上角
'northwest'	左上角
'southeast'	右下角
'southwest'	左下角
'center'	居中
'onscreen'	能使图窗完全显示在屏幕上且最靠近当前位置的位置

3. 算法：用于最大化的图窗

对一个最大化的图窗应用 movegui 会将图窗移向任务栏并在屏幕另一侧创建一个与任务栏一样宽的空隙。该图窗可能会被缩小几像素。如果对最大化的图窗应用 movegui 并将输入参数 position 指定为'onscreen'，那么 movegui 会在屏幕左侧和顶部分别创建空隙，从而使图窗左上角可见。

4. 示例

（1）用位置向量移动图窗。

创建一个图窗并移动它，使左下角距屏幕左侧 300 像素，距底部 600 像素，代码如下。

```
fig = uifigure;
movegui(fig,[300 600]);
```

（2）用位置名称移动图窗。

创建一个图窗，并将其移至屏幕的底部中心，代码如下。

```
f = figure;
movegui(f,'south');
```

（3）移动当前图窗，代码如下。

```
f1 = figure;
f2 = figure;
movegui('east');
```

f2 会移动，因为它是当前图窗。

（4）将屏幕之外的图窗移到屏幕上。

创建一个位于屏幕右上角之外的图窗，然后，将其移动到屏幕上，代码如下。

```
f = figure('Position',[10000 10000 400 300]);
movegui(f);
```

该图窗移至屏幕的右上角，因为该位置最接近其上一个位置。

10.3 获取对象位置

函数 getpixelposition 用于获取对象位置（以像素为单位）。

1. 函数使用说明

（1）pos = getpixelposition(c)：返回由 c 指定的对象的位置（以像素为单位）。MATLAB 以四元素向量形式返回位置，以[left bottom width height]形式指定对象相对于其父容器的位置和大小。

（2）pos = getpixelposition(c,isrecursive)：根据 isrecursive 的值返回由 c 指定的对象相对于父容器或其直接父容器的位置。

2. 输入参数

（1）c：用户界面控件。

（2）isrecursive：是否返回对象相对于父容器的位置，指定为数值或逻辑值，即 0（false）或 1（true）。

- 0（false）：函数返回对象相对于其直接父容器的位置。
- 1（true）：函数返回对象相对于父容器的位置。

3. 示例

（1）获取普通按钮相对于面板的位置。

下面一段代码展示了在面板容器中创建一个普通按钮。

```
f = figure('Position',[300 300 220 200],'menubar','none', ...
    'name','获取位置','numbertitle','off','resize','on');
p = uipanel('Position',[.2 .2 .6 .6]);
btn = uicontrol(p,'Style','PushButton', ...
     'Units','Normalized', ...
     'String','Push Button', ...
     'Position',[.1 .1 .5 .2]);
```

获取普通按钮相对于其直接父容器（即面板）的位置（以像素为单位），代码如下。

```
pos1 = getpixelposition(btn)
```

（2）获取普通按钮相对于图窗的位置。

获取上例中普通按钮相对于图窗的位置（以像素为单位），代码如下。

```
pos2 = getpixelposition(btn,true)
```

10.4 设置对象位置

函数 setpixelposition 用于设置对象位置（以像素为单位）。

1. 函数使用说明

（1）pos = setpixelposition(c,position)：设置由 c 指定的对象的位置（以像素为单位）。将位置

指定为四元素向量，以[left bottom width height]形式给出对象相对于其父容器的位置和大小。

（2）pos = setpixelposition(c,position,isrecursive)：根据 isrecursive 的值设置对象相对于父容器或其直接父容器的位置。

2. 输入参数

（1）c：用户界面控件。

（2）position：对象的新位置（以像素为单位），指定为[left bottom width height]形式的向量。向量的 left 和 bottom 元素与直接父容器或父容器相关，具体取决于 isrecursive 的值。表 10-6 介绍该向量中的每个元素。

表 10-6 位置向量中的每个元素及说明

元素	说明
left	父容器的内部左边缘与用户界面控件的外部左边缘的距离
bottom	父容器的内部下边缘与用户界面控件的外部下边缘的距离
width	用户界面控件的左右外部边缘的距离
height	用户界面控件的上下外部边缘的距离

（3）isrecursive：是否设置对象相对于父容器的位置，指定为数值或逻辑值，即 0（false）或 1（true）。

- 0（false）：函数设置对象相对于其直接父容器的位置。
- 1（true）：函数设置对象相对于父容器的位置。

（4）像素：以像素为单位的距离不依赖 Windows 操作系统和 macOS 的系统分辨率。

- 在 Windows 操作系统中，MATLAB 将 1 像素定义为 1/96 英寸。
- 在 macOS 中，MATLAB 将 1 像素定义为 1/72 英寸。
- 在 Linux 操作系统中，系统分辨率决定 MATLAB 像素的大小。

3. 示例

设置普通按钮相对于面板的位置。

设置 10.3 节示例中面板的位置。

获取普通按钮相对于面板的位置（以像素为单位）。通过向右和向上移动 10 像素，并使宽度和高度增加 25 像素来更新位置向量。使用更新后的位置向量来设置普通按钮相对于面板的位置。代码如下。

```
pos = getpixelposition(btn);

newpos = pos + [10 10 25 25];

setpixelposition(btn,newpos);
```

10.5 列出可用的系统字体

函数 listfonts 用于列出可用的系统字体。

1. 函数使用说明

（1）d = listfonts：返回按字母顺序排列的可用系统字体列表。

（2）d = listfonts(obj)：返回可用的系统字体，其中包括指定图形对象的字体名称（如果该对象具有 FontName 属性）。

2. 输入参数

obj：指定图形对象，如 Axes、Annotation、Illustration，或用户界面控件。

3. 其他

某些系统字体不能在 MATLAB 中呈现。要在图窗中预览 MATLAB 可以呈现的字体，需使用 uisetfont 函数。或者，在主页选项卡的环境部分中，选择预设>字体>自定义以预览 MATLAB 中可以呈现的可用字体。

如果只需要确定对象的字体名称，可使用圆点表示法查询其 FontName 属性的值。

4. 示例

（1）列出可用的系统字体。

调用 listfonts 函数返回可用系统字体列表，输出格式与如下示例类似。

```
>> d = listfonts

d =

  576×1 cell 数组

    {'Adobe Devanagari'             }
    {'Agency FB'                    }
    {'Algerian'                     }
    {'Arial'                        }
    {'Arial Black'                  }
```

（2）在返回的系统字体中包含对象字体名称。

创建一个 FontName 属性值为'MyFont' 的 uicontrol 对象，以对象作为输入调用 listfonts，代码如下。此时，经过排序的列表包括对象字体和系统字体。

```
c = uicontrol('Style','text','String','My Text','FontName','MyFont');
d = listfonts(c)
```

10.6 使用户界面控件的文本换行

函数 textwrap 用于使用户界面控件的文本换行。

1. 函数使用说明

（1）wrappedtext = textwrap(c,txt)：返回在适应指定的用户界面控件 c 的字符宽度处换行的文本。用户界面控件 c 必须为使用 uicontrol 函数创建的控件，其'Style'属性值设置为'text'或 'edit'，例如，c = uicontrol('Style','text')。

（2）wrappedtext = textwrap(c,txt,numchar)：返回在指定字符数处换行的文本。字符计数中包

含空格。Textwrap 函数会尽可能避免拆分单词，如果在指定的字符数内无法容纳某个单词，则将其移至下一行的开头。

（3）[wrappedtext,position] = textwrap(___)：根据要换行的文本返回用户界面控件的推荐位置。返回的位置可让完整文本显示在 uicontrol 对象中而不被裁剪。如果未指定用户界面控件，则位置向量包含的元素全部为零。

2. 输入参数

（1）c：用户界面控件。用户界面控件必须支持多行文本，例如，其'Style'属性值可以是'text'或'edit'。

（2）txt：要换行的文本，指定为字符向量元胞数组、字符串数组或字符串标量。

示例：{'Please select an answer from the options below.'}、["Enter your name using","the format LastName,FirstName"]。

（3）numchar：每行文本中的字符数，指定为正整数。使用此参数指定每行的最大字符宽度。如果 numchar 超过 txt 中的字符数，则文本不会换行。

3. 输出参数

（1）wrappedtext：换行文本，以字符向量元胞数组形式返回。要在指定的用户界面控件上显示文本，必须将 wrappedtext 赋给该用户界面控件的 String 属性。

（2）position：为用户界面控件推荐的位置，以[left bottom width height]形式的四元素向量返回。单位与用户界面控件的单位相同。利用返回的该参数的值优化 uicontrol 的宽度和高度，可以使指定的文本跨多行显示而不被裁剪。如果未指定用户界面控件，则位置向量包含的元素全部为零。

4. 示例

在用户界面控件中显示换行文本。

以指定的字符宽度对文本进行换行，并将其显示在静态文本编辑字段中。

在[20 20 60 20]的默认位置创建一个静态文本编辑字段，指定要在其中显示的文本，代码如下。运行结果如图 10-6 所示。

```
S.fh = figure('position',[300 300 200 120],'menubar','none',...
          'name','uicS', 'numbertitle','off','resize','on');
S.c = uicontrol('Style','text',Position= [20 20 60 20]);
S.c.String = {'The data shown represents 18 months of observations.'};
```

由于 uicontrol 函数的指定宽度和高度值太小，无法容纳完整文本，因此文本被截断并显示在多行上。

以下代码为预览最大文本宽度为 16 个字符时的换行文本和推荐的位置。

```
[wrappedtext,position] = textwrap(S.c,S.c.String,16)
wrappedtext =
  4×1 cell 数组
    {'The data shown '}
    {'represents 18 ' }
    {'months of '     }
```

```
    {'observations.' }
position =
    20    20    86    67
```

以下代码为在文本编辑字段中显示换行文本，并将其移至推荐位置。运行结果如图 10-7 所示。

```
S.c.String = wrappedtext;
S.c.Position = position;
```

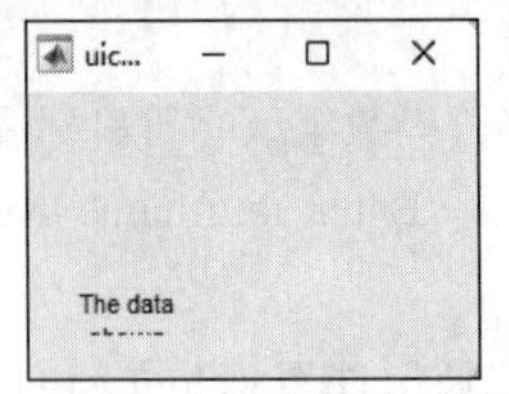

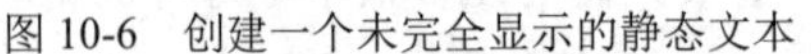

图 10-6　创建一个未完全显示的静态文本

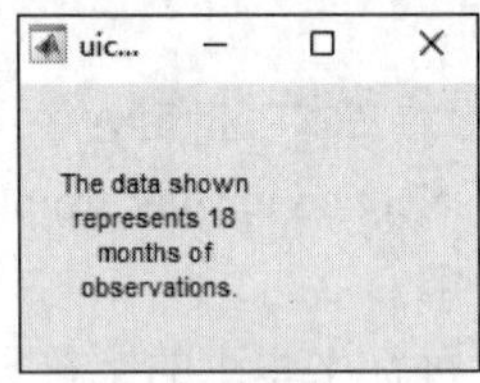

图 10-7　在文本编辑字段中显示换行文本并将其移至推荐位置

10.7　对对象的视图层叠进行重新排序

函数 uistack 用于对对象的视图层叠进行重新排序，该函数可以用于基于 figure 和基于 uifigure 的对象的重新排序。

1. 函数使用说明

（1）uistack(comp)：将指定对象在对象的前后视图层叠顺序中向上移一层。如果将 comp 指定为对象的向量，则向量中的每个对象都会上移一层。

（2）uistack(comp,moveto)：将对象移至层叠中的另一个位置。例如，uistack(f,'top')表示将对象 f 移至当前层叠的顶部。

（3）uistack(comp,moveto,step)：向上或向下移动对象指定的层数。例如，uistack(c,'up',2)表示将 c 在当前层叠中向上移动两层。

2. 输入参数

（1）comp：要重新排序的对象，指定为单个对象（如 Figure、Panel、ButtonGroup、UIControl、Axes 或 Tab 对象）或对象向量。使用此参数指定要在当前层叠中重新排序的对象。

如果将 comp 指定为对象的向量，则该向量中的每个对象必须共享一个父容器，并且该向量必须是父容器的子级项的一个真子集。例如，如果一个图窗有 6 个子级对象，则向量 comp 可以有不超过 5 个元素。

（2）moveto：移动对象的位置，指定为表 10-7 中的值之一。使用此参数可指定对象要移至的层叠位置。

表 10-7　moveto 参数的值及说明

值	说明
'up'	上移 step 层（默认移动一层）
'down'	下移 step 层（默认移动一层）

续表

值	说明
'top'	移至当前层叠的顶部
'bottom'	移至当前层叠的底部

（3）step：在层叠中向上或向下移动对象的层数，指定为正整数。

如果指定的层数大于可移动的层数，则对象移至层叠的顶部或底部。例如，如果层叠有 5 个层级，指定对象向下移动 6 层，则该对象移至层叠的底部。

3. 示例

下面一段代码展示了创建一个具有选项卡组的图窗，该选项卡组内包含 5 个选项卡。运行结果如图 10-8 所示。

```
f =figure('position',[300 300 200 200],'menubar','none',...
        'name','uicS','numbertitle','off','resize','on');
tg = uitabgroup(f,'Position',[0.05 0.05 0.85 0.85]);
t1 = uitab('Title','1');
t2 = uitab('Title','2');
t3 = uitab('Title','3');
t4 = uitab('Title','4');
t5 = uitab('Title','5');
```

将选项卡 4 移至最后，代码如下，运行结果如图 10-9 所示。

```
uistack(t4,'bottom');
```

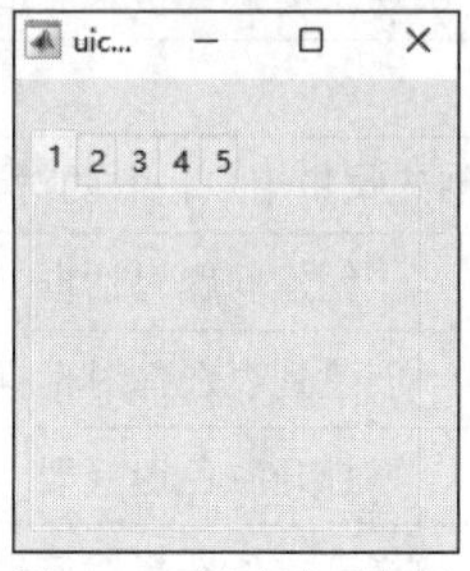

图 10-8　创建选项卡组

图 10-9　调整选项卡顺序

第 11 章　基于 figure 的对话框和通知

对话框和通知包含警报、确认和输入、文件系统、打印和导出、其他等 5 个方面，其中文件系统的 5 个函数、确认和输入中的 uisetcolor 函数与基于 uifigure 的编程相同，本章不做重复介绍。对话框和通知基本上都具备使用 TeX 解释器的功能，并具有模态和非模态的使用方法，在 11.1 节中详细介绍，其他节将一笔带过。对话框和通知包含的函数见表 11-1。

表 11-1　对话框和通知包含的函数

序号	函数名	说明
		警报
1	errordlg	创建错误对话框
2	warndlg	创建警告对话框
3	msgbox	创建消息对话框
4	helpdlg	创建帮助对话框
5	waitbar	创建或更新等待条对话框
		确认和输入
1	inputdlg	创建收集用户输入的对话框
2	questdlg	创建问题对话框
3	listdlg	创建列表选择对话框
4	uisetcolor	打开颜色选择器
5	uisetfont	打开字体选择对话框
6	export2wsdlg	创建用来将变量导出到工作区的对话框
		文件系统
1	uigetfile	打开文件选择对话框
2	uiputfile	打开用于保存文件的对话框
3	uigetdir	打开文件夹选择对话框
4	uiopen	打开文件选择对话框并将选定的文件加载到工作区中
5	uisave	打开用于将变量保存到.mat 文件的对话框

续表

序号	函数名	说明
打印和导出		
1	printdlg	打开图窗的“打印”对话框
2	printpreview	打开图窗的“打印预览”对话框
3	exportsetupdlg	打开图窗的“导出设置”对话框
其他		
1	dialog	创建空的模态对话框
2	uigetpref	创建根据用户预设打开的对话框

11.1 警报

11.1.1 创建错误对话框

函数 errordlg 用于创建错误对话框。

1. 函数使用说明

（1）f=errordlg(msg)：创建包含以 msg 参数指定的错误消息的非模态错误对话框并返回对话框对象 f。消息文本会换行以适应对话框大小。

如果用户要在多个 App 窗口、MATLAB 桌面或 Simulink 上显示错误对话框，并且在响应对话框之前仍能与它们进行交互，可使用 errordlg 函数。

（2）f=errordlg(msg,title)：创建错误对话框并指定自定义对话框标题。

（3）f=errordlg(msg,title,opts)：创建错误对话框并指定对话框标题，同时根据 opts 的值指定窗口样式，或指定窗口样式并为错误消息指定解释器。

（4）f=errordlg：创建一个错误对话框，包含如下所示的默认标题和消息。

① 默认标题：错误对话框。

② 默认消息：这是默认错误。

2. 输入参数

（1）msg：错误消息，指定为字符向量、字符向量元胞数组或字符串数组。

① 如果用户将错误消息指定为字符向量，则 MATLAB 将对文本进行换行以适应对话框大小。

② 如果用户将错误消息指定为元胞数组，则 MATLAB 将在每个元胞数组元素后对文本进行换行。对于较长的元胞数组元素，MATLAB 将对其文本进行换行以适应对话框大小。

示例：'Input must be a scalar value.'。

（2）title：对话框标题，指定为字符向量或字符串标量。

示例：'Input Error'。

（3）opts：对话框设置，指定为窗口样式的值或结构体。

将 opts 设置为表 11-2 中的值之一，将仅指定窗口样式。

表 11-2　　窗口样式的值及说明

值	说明
'non-modal'	创建非模态错误对话框。此对话框不影响其他打开的对话框
'modal'	指定模态错误对话框。 如果其他错误对话框具有相同的标题，MATLAB 将用当前设定修改最近激活的错误对话框。MATLAB 将删除与最近激活的错误对话框具有相同标题的其他所有打开的错误、消息和警告对话框。受影响的对话框可以是模态对话框，也可以是非模态对话框。 消息和警告对话框分别使用 msgbox 和 warndlg 函数创建
'replace'	指定非模态错误对话框。其用法同'modal'

将 opts 设置为结构体，将指定窗口样式并为错误消息指定解释器。结构体必须包含字段 WindowStyle 和 Interpreter，见表 11-3。

表 11-3　　字段的值及说明

字段	值及说明
WindowStyle	'non-modal'、'modal'或'replace'。详细说明见表 11-2
Interpreter	'none'或'tex'。如果设置为'tex'，则 MATLAB 使用 TeX 解释器来显示消息。 使用 TeX 可通过修饰符添加上标和下标、修改字体类型和颜色，以及在消息文本中包含特殊字符

修饰符会一直作用到文本结尾，但上标和下标除外，因为它们仅修饰下一个字符或花括号中的字符。当用户将 Interpreter 属性设置为'tex'时，支持的修饰符见表 11-4。

表 11-4　　修饰符

修饰符	说明	示例
^{ }	上标	'text^{superscript}'
_{ }	下标	'text_{subscript}'
\bf	粗体	'\bf text'
\it	斜体	'\it text'
\sl	伪斜体（通常与斜体相同）	'\sl text'
\rm	常规字体	'\rm text'
\fontname{specifier}	字体名称：将 specifier 替换为字体系列的名称。用户可以将此修饰符与其他修饰符结合使用	'\fontname{Courier} text'
\fontsize{specifier}	字体大小：将 specifier 替换为以磅为单位的数值标量值	'\fontsize{15} text'
\color{specifier}	字体颜色：将 specifier 替换为以下颜色之一，即 red、green、yellow、magenta、blue、black、white、gray、darkGreen、orange 或 lightBlue	'\color{magenta} text'
\color[rgb]{specifier}	自定义字体颜色：将 specifier 替换为 RGB 三元组	'\color[rgb]{0,0.5,0.5} text'

表 11-5 列出了当 Interpreter 属性设置为'tex'时支持的特殊字符。

表 11-5　　特殊字符

字符序列	符号	字符序列	符号	字符序列	符号
\alpha	α	\upsilon	υ	\sim	～
\angle	∠	\phi	ϕ	\leq	≤
\ast	*	\chi	χ	\infty	∞
\beta	β	\psi	ψ	\clubsuit	♣
\gamma	γ	\omega	ω	\diamondsuit	♦
\delta	δ	\Gamma	Γ	\heartsuit	♥
\epsilon	ϵ	\Delta	Δ	\spadesuit	♠
\zeta	ζ	\Theta	Θ	\leftrightarrow	↔
\eta	η	\Lambda	Λ	\leftarrow	←
\theta	θ	\Xi	Ξ	\Leftarrow	⇐
\vartheta	ϑ	\Pi	Π	\uparrow	↑
\iota	ι	\Sigma	Σ	\rightarrow	→
\kappa	κ	\Upsilon	ϒ	\Rightarrow	⇒
\lambda	λ	\Phi	Φ	\downarrow	↓
\mu	μ	\Psi	Ψ	\circ	°
\nu	ν	\Omega	Ω	\pm	±
\xi	ξ	\forall	∀	\geq	≥
\pi	π	\exists	∃	\propto	∝
\rho	ρ	\ni	∍	\partial	∂
\sigma	σ	\cong	≅	\bullet	•
\varsigma	ς	\approx	≈	\div	÷
\tau	τ	\Re	ℜ	\neq	≠
\equiv	≡	\oplus	⊕	\aleph	ℵ
\Im	ℑ	\cup	∪	\wp	℘

续表

字符序列	符号	字符序列	符号	字符序列	符号
\otimes	⊗	\subseteq	⊆	\oslash	⌀
\cap	∩	\in	∈	\supseteq	⊇
\supset	⊃	\lceil	⌈	\subset	⊂
\int	∫	\cdot	·	\o	o
\rfloor	⌋	\neg	¬	\nabla	∇
\lfloor	⌊	\times	×	\ldots	...
\perp	⊥	\surd	√	\prime	′
\wedge	∧	\varpi	ϖ	\0	⌀
\rceil	⌉	\rangle	〉	\mid	|
\vee	∨	\langle	〈	\copyright	©

示例：opts='modal'、opts.WindowStyle='non-modal'; opts.Interpreter='tex';。

3. 模态对话框和非模态对话框

（1）模态对话框：阻止用户在响应该对话框之前与其他 MATLAB 窗口进行交互。

（2）非模态对话框：允许用户在响应该对话框之前与其他 MATLAB 窗口进行交互。非模态对话框也称为普通对话框。

4. 其他

（1）模态对话框（使用 errordlg、msgbox 或 warndlg 创建）会替代使用这些具有相同名称的函数创建的任何现有对话框。

（2）即使模态对话框处于活动状态，MATLAB 程序也会继续执行。要阻止该程序执行直到用户关闭对话框为止，需使用 uiwait 函数。

（3）要为单窗口 App 设计工具或基于 uifigure 的 App 创建模态警报对话框，需改用 uialert 函数。

5. 示例

（1）指定错误对话框的消息和标题，代码如下。

```
f = errordlg('Nothing','Error');
```

运行结果如图 11-1 所示。

（2）解释模态错误对话框的消息。

创建结构体 opts，以指定模态窗口样式和 TeX 解释器；然后创建一个错误对话框，指定结构体 opts 作为输入参数，代码如下。TeX 解释器将消息文本中的字符“2”显示为上标。运行结果如图 11-2 所示。

```
opts = struct('WindowStyle','modal',...
            'Interpreter','tex');
f = errordlg('Try this equation instead: f(x) = x^2',...
           'Equation Error', opts);
```

图 11-1　指定错误对话框的消息和标题

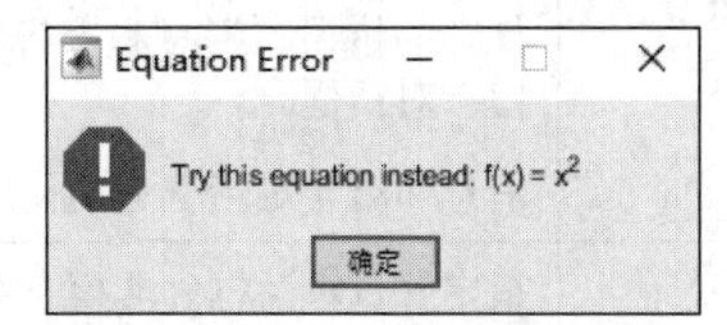

图 11-2　创建含有 TeX 解释器的对话框

11.1.2　创建警告对话框

函数 warndlg 用于创建警告对话框。

1. 函数使用说明

（1）f=warndlg(msg)：创建包含指定消息的非模态警告对话框，并返回对话框图窗对象 f。消息文本会换行以适应对话框大小。对话框标题为 Warning Dialog。

如果用户要在多个 App 窗口、MATLAB 桌面或 Simulink 上显示警告对话框，并且在响应对话框之前仍能与它们进行交互，可使用 warndlg 函数。

（2）f=warndlg(msg,title)：创建警告对话框并指定自定义对话框标题。

（3）f=warndlg(msg,title,opts)：创建警告对话框并指定对话框标题，同时根据 opts 的值指定窗口样式，或指定窗口样式并为错误消息 msg 指定解释器。

（4）f=warndlg：创建一个具有如下默认标题和消息的警告对话框。

① 默认标题：警告对话框。

② 默认消息：这是默认警告。

2. 输入参数

（1）msg：警告消息，指定为字符向量、字符向量元胞数组或字符串数组。

① 如果用户将警告消息指定为字符向量，则 MATLAB 将对文本进行换行以适应对话框大小。

② 如果用户将警告消息指定为元胞数组，则 MATLAB 将在每个元胞数组元素后对文本进行换行。对于较长的元胞数组元素，MATLAB 将对其文本进行换行以适应对话框大小。

示例：'This command clears your workspace.'。

（2）title：对话框标题，指定为字符向量或字符串标量。

示例：'Workspace Warning'。

（3）opts：对话框设置，指定为窗口样式的值或结构体。结构体为 msg 参数指定窗口样式和解释器。

将 opts 设置为表 11-6 中的值之一，将仅指定窗口样式。

表 11-6　　窗口样式的值及说明

值	说明
'non-modal'	创建一个非模态警告对话框。此对话框不影响其他打开的对话框
'modal'	指定警告对话框为模态对话框。 如果其他警告对话框具有相同的标题，MATLAB 将用当前设定修改最近激活的警告对话框。MATLAB 将删除与最近激活的警告对话框具有相同对话框标题的其他所有打开的错误、消息和警告对话框。受影响的对话框可以是模态对话框，也可以是非模态对话框。 消息和错误对话框分别使用 msgbox 和 errordlg 函数创建
'replace'	指定警告对话框为非模态对话框。其用法同'modal'

将 opts 设置为结构体，将指定窗口样式并为警告消息指定解释器。结构体必须包含字段 WindowStyle 和 Interpreter。

3. 其他

可创建模态对话框和非模态对话框。

4. 示例

（1）指定警告对话框的消息和标题，代码如下。

```
f = warndlg('Component will be deleted','Warning');
```

运行结果如图 11-3 所示。

（2）解释模态警告对话框的消息。

创建结构体 opts，以指定模态窗口样式和 TeX 解释器；然后创建警告对话框，指定结构体 opts 作为输入参数，代码如下。TeX 解释器读取消息文本中的\color{blue}作为指令，将消息文本中重点内容渲染为蓝色。

```
opts = struct('WindowStyle','modal',...
          'Interpreter','tex');
f =  warndlg('Pressing  \color{blue}  ACCEPT  \color{black}clears memory',...
          'Memory Warning', opts);
```

运行结果如图 11-4 所示。

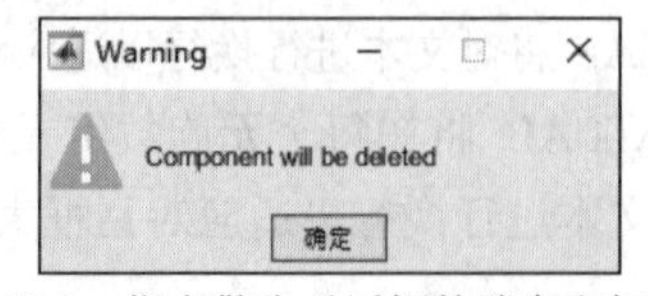

图 11-3　指定警告对话框的消息和标题

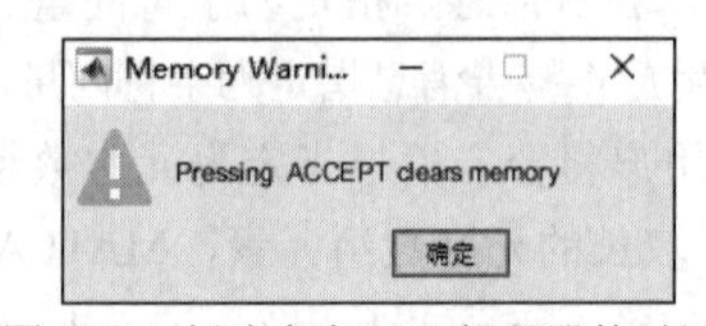

图 11-4　创建含有 TeX 解释器的对话框

11.1.3　创建消息对话框

函数 msgbox 用于创建消息对话框。

1. 函数使用说明

（1）f=msgbox(message)：创建一个消息对话框，该对话框可使 message 自动换行，以适应图窗的大小。

如果编程者要在多个 App 窗口、MATLAB 桌面上显示消息对话框，并且在响应对话框之前仍能与它们进行交互，可使用此函数。

（2）f=msgbox(message,title)：指定消息对话框的标题。

（3）f=msgbox(message,title,icon)：指定要在消息对话框中显示的预定义图标。

（4）f=msgbox(message,title,'custom',icondata,iconcmap)：指定要包括在消息对话框中的一个自定义图标。icondata 是定义该图标的图像数据，iconcmap 是用于该图像的颜色图。如果 icondata 是真彩色图像数组，则不需要指定 iconcmap。

（5）f=msgbox(___,createmode)：指定对话框的窗口模式。编程者也可以指定一个结构体数组，该数组指定窗口模式以及 message 的解释器。

2. 输入参数

（1）message：对话框文本，指定为字符向量、字符向量元胞数组或字符串数组。

1 行显示示例：'Operation Completed'。

2 行显示示例：{'Operation';'Completed'}。

（2）title：标题，指定为字符向量或字符串标量。

示例：'Success'。

（3）icon：图标，指定为'help'、'warn'、'error'或'none'。

表 11-7 列出了值和对应的图标。

表 11-7　值和对应的图标

值	图标	值	图标
'help'	i	'error'	!
'warn'	!	'none'	不显示任何图标

（4）icondata：图像数组，指定为 $m \times n$ 数组或 $m \times n \times 3$ 真彩色图像数组。编程者也可以使用 imread 从文件中获取图像数组。

数据类型：single | double | int8 | int16 | int32 | int64 | uint8 | uint16 | uint32 | uint64。

（5）iconcmap：颜色图，指定为 RGB 三元组的三列矩阵。RGB 三元组是包含 3 个元素的行向量，其元素分别指定颜色的红、绿、蓝分量的强度。强度必须在[0,1]范围内。

数据类型：single | double。

（6）createmode：窗口模式，指定为'non-modal'、'modal'、'replace'或结构体数组。

① 如果 createmode 是'non-modal'，MATLAB 会使用指定参数创建一个新的非模态消息对话框。具有相同 title 的现有消息对话框将被继续保留。

② 如果 createmode 是'modal'，MATLAB 会用指定的模态对话框替换掉最近创建的或单击过的、具有指定 title 的现有消息对话框，并删除其他所有具有相同标题的消息对话框。被替换的消息对话框可以是模态消息对话框，也可以是非模态消息对话框。

③ 如果 createmode 是'replace'，MATLAB 会用指定的非模态消息对话框替换掉最近创建的或单击过的、具有指定 title 的消息对话框，并删除其他所有具有相同标题的消息对话框。被替

换的消息对话框可以是模态消息对话框，也可以是非模态消息对话框。

④ 如果 createmode 是结构体数组，则它必须具有 WindowStyle 和 Interpreter 字段。WindowStyle 字段的值必须为'non-modal'、'modal'或'replace'。Interpreter 字段的值必须为'tex'或'none'。如果 Interpreter 的值是'tex'，MATLAB 会将 message 值解释为 TeX。Interpreter 的默认值是'none'。

3. 输出参数

f：对话框的图窗对象。使用 f 来查询和修改对话框的属性。

4. 其他

可创建模态对话框和非模态对话框。

5. 示例

（1）简单消息对话框。

指定在消息对话框显示的文本，代码如下。

```
f=msgbox('这是一个简单对话框');
```

运行结果如图 11-5 所示。

（2）多行文本消息对话框。

使用字符向量元胞数组指定消息对话框文本，代码如下。

```
f=msgbox({'这是第一行';'这是第二行'});
```

运行结果如图 11-6 所示。

也可以用矩阵表示。

```
f=msgbox(['这是第一行';'这是第二行']);
```

（3）带标题的消息对话框。

指定消息对话框文本并将对话框标题指定为“提示”，代码如下。

```
f=msgbox('这是一个带标题的简单对话框','提示');
```

运行结果如图 11-7 所示。

图 11-5　简单消息对话框

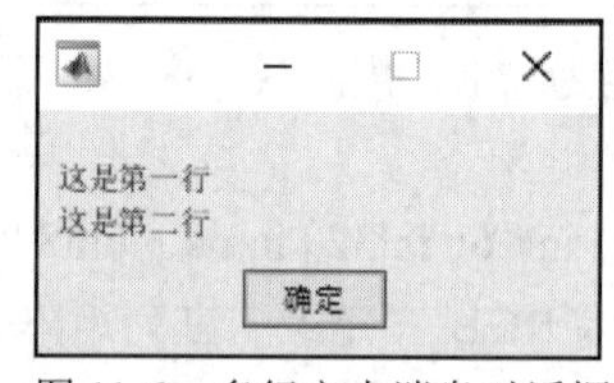

图 11-6　多行文本消息对话框

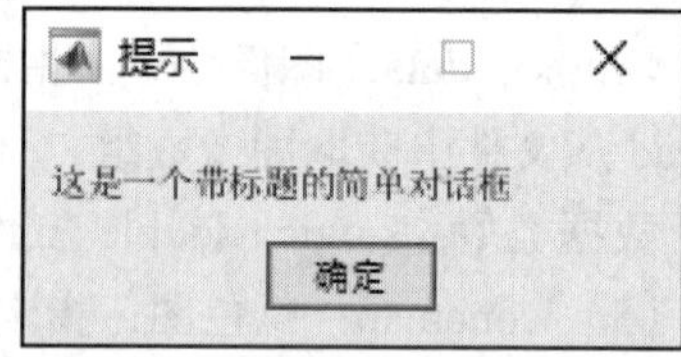

图 11-7　带标题的消息对话框

（4）使用系统内置图标的消息对话框。

在标题为“错误”的对话框中包含一个内置错误图标和一条错误消息，代码如下。

```
f=msgbox('输入了无效参数','错误','Error');
```

运行结果如图 11-8 所示。

（5）使用真彩色自定义图标的消息对话框。

将 RGB 图像读取到工作区，然后在对话框中将其指定为一个自定义图标，代码如下。

```
myicon=imread('cutecat.jpg');
h=msgbox('这是一个自定义图片的对话框','图片','custom',myicon);
```

运行结果如图 11-9 所示。

图 11-8　使用系统内置图标的对话框

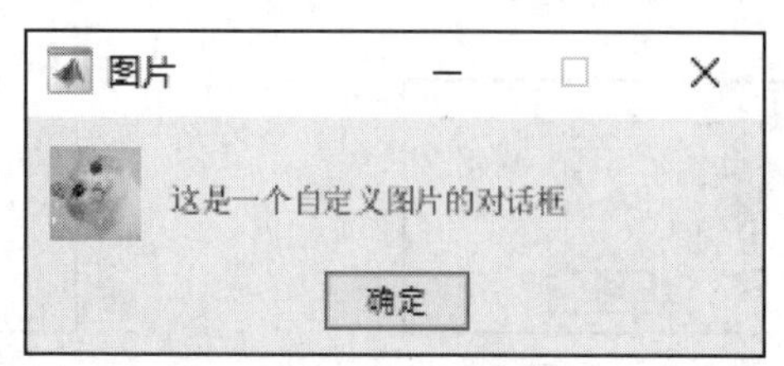

图 11-9　使用真彩色自定义图标的消息对话框

提示　要把加载的图片放在当前代码运行的文件夹中或者使用图片的绝对路径。

（6）模态消息对话框。

创建一个模态消息对话框，使用 uiwait 来控制对 msgbox 的调用，以阻止 MATLAB 执行，直到用户响应消息对话框为止，代码如下。

```
uiwait(msgbox('操作成功，等待点击确认后进行后面的运算','操作成功','modal'));
```

运行结果如图 11-10 所示。

（7）使用 TeX 格式消息的消息对话框。

创建一个结构体，指定用户必须先单击“确定”按钮，然后才能与其他窗口交互，而且 MATLAB 按 TeX 格式解释消息，代码如下。

```
CreateStruct.Interpreter='tex';
CreateStruct.WindowStyle='modal';
h=msgbox(["勾股定理，是一个基本的几何定理";"指直角三角形的两条直角边的平方和等于斜边的平方。";'a^2+b^2=c^2'],'勾股定理',CreateStruct);
```

运行结果如图 11-11 所示。

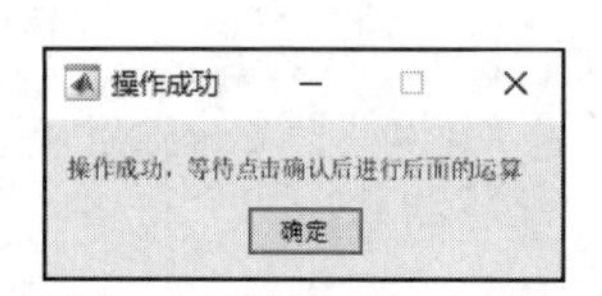

图 11-10　模态消息对话框

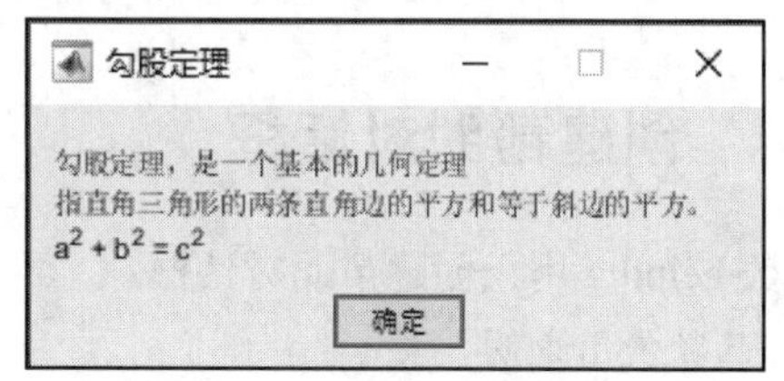

图 11-11　使用 TeX 格式消息的消息对话框

（8）启用最大化和最小化的对话框。

如果对话框标题显示不完整，可以在代码后面加上一行代码，即 set(h,'resize','on')，手动调节对话框大小。

如：

```
CreateStruct.Interpreter='tex';
CreateStruct.WindowStyle='modal';
h=msgbox(["勾股定理："；'a^2+b^2=c^2'],'勾股定理',CreateStruct);
set(h,'resize','on')
```

运行结果如图 11-12 和图 11-13 所示。

图 11-12　运行结果

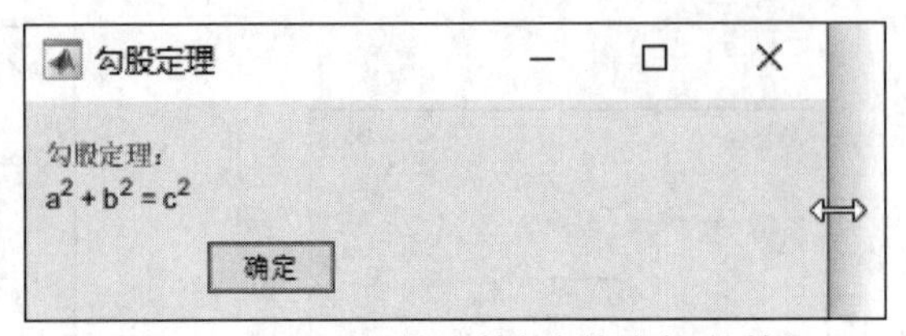

图 11-13　可以手动改变大小的消息对话框

（9）改变对话框内容的字体大小并手动调节对话框大小。

对上一个示例进行修改，代码如下。

```
CreateStruct.Interpreter='tex';
CreateStruct.WindowStyle='modal';
h=msgbox(["勾股定理：";'a^2+b^2=c^2'],'勾股定理',CreateStruct);
h1=findobj(h,'Type','text');%寻找句柄，改变属性
set(h1,'FontSize',20,'Unit','normal');%改变对话框字体大小
set(h,'resize','on');%手动改变对话框大小，使标题全部显示
```

运行结果如图 11-14 所示。

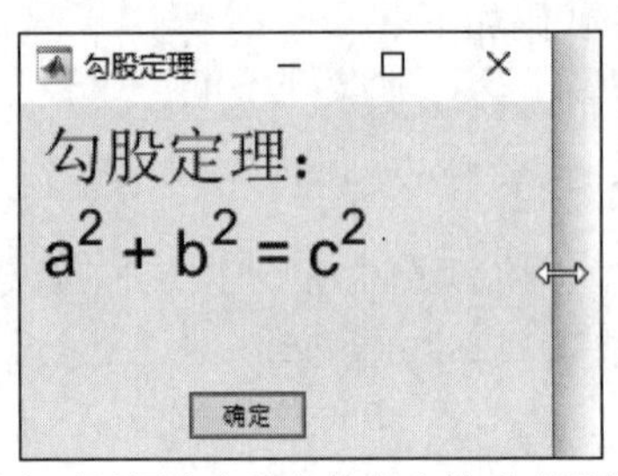

图 11-14　改变对话框内容的字体大小并手动调节对话框大小

11.1.4　创建帮助对话框

函数 helpdlg 用于创建帮助对话框。

1. 函数使用说明

（1）helpdlg：创建一个非模态帮助对话框，其默认标题为帮助对话框，默认消息为 This is the default help。

如果要在多个 App 窗口、MATLAB 桌面或 Simulink 上显示帮助对话框，并且在响应对话框之前仍能与它们进行交互，可使用此函数。

（2）helpdlg(msg)：指定自定义消息文本。如果具有匹配对话框标题的对话框已存在，MATLAB 会将它置于最前端。

（3）helpdlg(msg,title)：为对话框指定自定义标题。

（4）f=helpdlg(___)：返回图窗对象。可以将此语法与前面语法中的任何输入参数结合使用。

2. 输入参数

（1）msg：帮助消息，指定为字符向量、字符向量元胞数组或字符串数组。

① 如果将帮助消息指定为字符向量，则长消息会换行以适应对话框大小。

② 如果将帮助消息指定为字符向量元胞数组，将在每个数组元素后进行换行。长元素会换行以适应对话框大小。

示例：'This value is required.'、{'Valid data types are:','int8','int16','int32','int64'}。

（2）title：对话框标题，指定为字符向量或字符串标量。

示例：'Value Specification'。

3. 其他

可创建模态对话框和非模态对话框。

4. 示例

（1）指定自定义消息，代码如下。

```
helpdlg('Consider restarting the computer.');
```

运行结果如图 11-15 所示。

（2）指定带有换行符的消息。

使用字符向量元胞数组指定帮助对话框文本。在每个数组元素之后进行换行，代码如下。

```
helpdlg({'Invalid input:','a', '大','～','【'});
```

运行结果如图 11-16 所示。

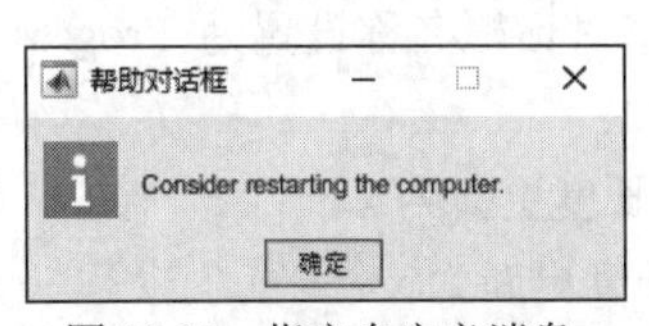

图 11-15　指定自定义消息

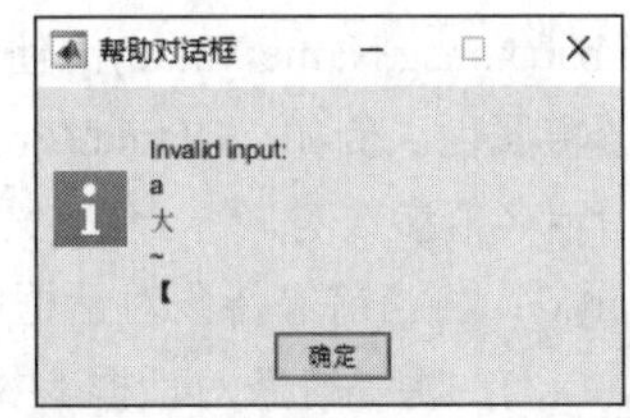

图 11-16　指定带有换行符的消息

（3）指定自定义标题和消息。

创建具有自定义标题和消息的对话框，代码如下。

```
helpdlg('Choose 10 points from the figure',...

       'Point Selection');
```

运行结果如图 11-17 所示。

如果该对话框不可见，它可能隐藏在其他窗口后面。重复执行此代码可将其置于最前端。

可以通过使用相同的标题和不同的消息再次调用 helpdlg 来更改消息，代码如下。

```
helpdlg('Choose 5 points from the figure',...

       'Point Selection')
```

运行结果如图 11-18 所示。

创建对话框后，每次调用 helpdlg 并指定相同的 title 时，MATLAB 都会将该对话框置于最前端。如果对话框 title 未更改，而用户在两次调用 helpdlg 之间关闭对话框，则 MATLAB 只会创建一个新对话框。

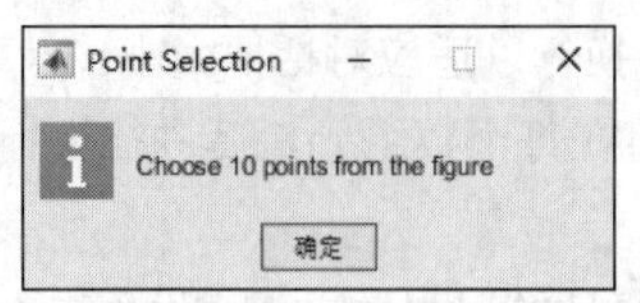

图 11-17　创建具有自定义标题和消息的对话框

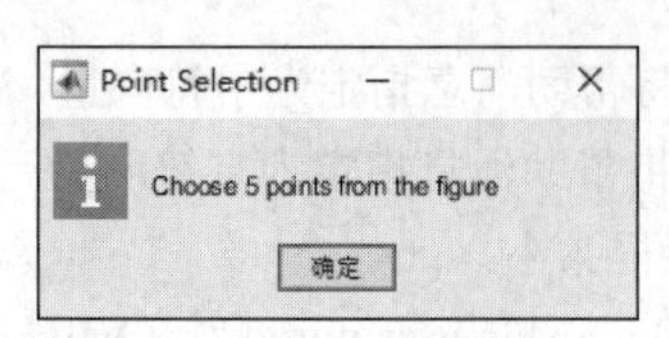

图 11-18　更新对话框内容

11.1.5　创建或更新等待条对话框

函数 waitbar 用于创建或更新等待条对话框。等待条是一个显示计算完成百分比的指示条，计算过程中将从左到右使用颜色逐步填充等待条。等待条也称为进度条。

等待条对话框是图窗的一种形式，其属性和图窗属性一致。Figure 属性用来控制基于 figure 函数创建的图窗的外观和行为，与 UI Figure 属性有相似之处。

1. 函数使用说明

（1）f=waitbar(x,msg)：创建一个非模态对话框，其中包含一个带有指定消息的等待条。等待条具有小数形式的长度 x。该对话框保持打开状态，直到控制它的代码将其关闭或用户单击对话框标题栏中的关闭按钮为止。图窗对象返回 f。

如果要在多个 App 窗口、MATLAB 桌面或 Simulink 上显示等待条对话框，并且在响应对话框之前仍能与它们进行交互，可使用 waitbar 函数。

（2）f=waitbar(x,msg,Name,Value)：使用一个或多个名值参数对来指定其他选项，这些参数设置对话框的图窗属性。例如，'Name','Progress'表示将对话框名称设置为 Progress。在所有其他输入参数之后指定名值参数对。

（3）waitbar(x)：将当前等待条对话框中的等待条长度更新为 x。

（4）waitbar(x,f)：将等待条对话框 f 中的等待条长度更新为 x。

（5）waitbar(x,f,msg)：更新等待条对话框 f 中的消息。

2. 输入参数

（1）x：小数形式的等待条长度，指定为 0 和 1 之间的一个实数。x 的后续值通常会增大。如果后续值减小，等待条将反向运行。

示例：0.75。

（2）msg：等待条消息，指定为字符向量、字符向量元胞数组或字符串数组。消息显示在对话框中等待条的上方。

① 如果将消息指定为字符向量，则长消息将换行以适应对话框大小。

② 如果将消息指定为字符向量元胞数组，将在每个数组元素后进行换行。长元素会换行以适应对话框大小。

示例：'Please Wait'、{'Please wait','The operation is processing'}。

（3）f：前面创建的等待条对话框的图窗对象，指定为创建该图窗对象时使用的输出变量。

（4）Name,Value：名值参数对。

示例：'Name','Wait Bar'。

3. 示例

（1）创建等待条对话框。

创建一个等待条对话框，并在代码中的 3 个位置对小数形式的等待条长度和显示的消息进行更新，代码如下。

```
function figure_basicwaitbar
f = waitbar(0,'Please wait...');
pause(.5)
waitbar(.33,f,'Loading your data');
pause(1)
waitbar(.67,f,'Processing your data');
pause(1)
waitbar(1,f,'Finishing');
pause(1)
close(f)
end
```

使用此代码模拟执行冗长计算的过程。pause 函数将第一个等待条对话框的图窗对象传递给后续的 waitbar 函数调用。以这种方式传递图窗对象可确保对话框在每个点进行更新，而不是重新创建。模拟计算完成后，对话框将被关闭。

运行结果如图 11-19 所示。

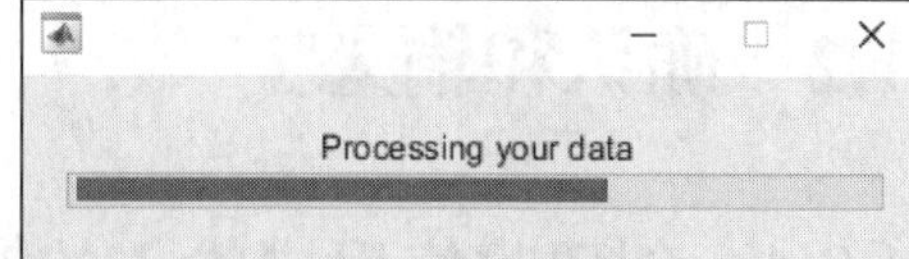

图 11-19　创建等待条对话框

（2）更新等待条消息并添加“取消”按钮。

添加“取消”按钮，使用户能够停止正在进行的计算。

使用以下代码在 for 循环中收敛 π 的值，并在每次循环时更新等待条和消息。当用户单击“取消”按钮时，MATLAB 将图窗应用程序数据（appdata）中的逻辑标志'canceling'设置为 1。代码在 for 循环中测试该值，如果标志值为 1，则退出循环。

```
function approxpi
f = waitbar(0,'1','Name','近似计算 π...',...
    'CreateCancelBtn','setappdata(gcbf,''canceling'',1)');
setappdata(f,'canceling',0);
% 近似公式 pi^2/8: 1 + 1/9 + 1/25 + 1/49 + ...
pisqover8 = 1;
denom = 3;
valueofpi = sqrt(8 * pisqover8);
steps = 20000;
for step = 1:steps
    % 监控“取消”按钮
    if getappdata(f,'canceling')
        break
    end
```

```
        % 更新等待条和信息
        waitbar(step/steps,f,sprintf('%12.9f',valueofpi))
        % 计算下一次近似值
        pisqover8 = pisqover8 + 1 / (denom * denom);
        denom = denom + 2;
        valueofpi = sqrt(8 * pisqover8);
    end
    delete(f)
    end
```

运行结果如图 11-20 所示。

将 CreateCancelBtn 回调设置为一个字符向量值。只有在该值所指定的代码很简单时才可以这样设置（比如像此处的回调代码这样），其他情况下不建议这样做。

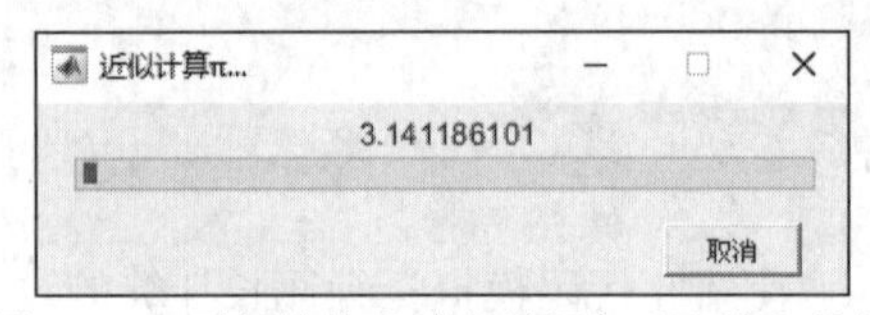

图 11-20　更新等待条消息并添加“取消”按钮

11.2　确认和输入

11.2.1　创建收集用户输入的对话框

函数 inputdlg 用于创建收集用户输入的对话框。

1. 函数使用说明

（1）answer=inputdlg(prompt)：创建包含一个或多个文本编辑字段的模态对话框，并返回用户输入的值。返回值是字符向量元胞数组的元素。元胞数组的第一个元素对应对话框顶部文本编辑字段中的响应，第二个元素对应下一个文本编辑字段中的响应，依此类推。

（2）answer=inputdlg(prompt,dlgtitle)：指定对话框的标题。

（3）answer=inputdlg(prompt,dlgtitle,dims)：当 dims 是标量值时，指定每个文本编辑字段的高度；当 dims 是数组时，数组元素中的第一个值用于设置文本编辑字段的高度，数组元素中的第二个值用于设置文本编辑字段的宽度。

（4）answer=inputdlg(prompt,dlgtitle,dims,definput)：指定每个文本编辑字段的默认值。definput 输入参数包含的元素数量必须与 prompt 的相同。

（5）answer=inputdlg(prompt,dlgtitle,dims,definput,opts)：指定当 opts 设置为'on'时，对话框可在水平方向调整大小；指定当 opts 是结构体时，对话框是否可在水平方向调整大小、是否为模态，以及是否解释 prompt 文本。

2. 输入参数

（1）prompt：文本编辑字段标签，指定为字符向量、字符向量元胞数组或字符串数组。对于元胞数组和字符串数组，每个元素指定一个文本编辑字段标签。这两种数组都按从上到下的顺序指定对话框中的文本编辑字段。

（2）dlgtitle：对话框标题，指定为字符向量或字符串标量。

（3）dims：文本编辑字段的高度和宽度（尺寸），指定为下列值之一。

① 如果 dims 是标量，则它指定所有文本编辑字段的高度。高度是两个文本行的基线的距离。所有文本编辑字段的宽度是对话框允许的最大宽度。

② 如果 dims 是列向量或行向量，则每个元素指定对话框中从上到下每个对应文本编辑字段的高度。所有文本编辑字段的宽度是对话框允许的最大宽度。

③ 如果 dims 是数组，则其大小必须为 $m\times2$，其中 m 为对话框中的提示数量。每一行指向对应提示的文本编辑字段。第一列指定文本行中文本编辑字段的高度，第二列指定该文本编辑字段的宽度（以字符为单位）。使用系统字体时，字符单元的宽度等于字母 x 的宽度。

注意　文本编辑字段的高度和宽度不会限制用户可以输入的文本数量，只有一种情况例外。当文本编辑字段的高度为 1 时，用户不能输入多行文本。

示例：2 指定对话框中每个编辑字段的高度为两个文本行。

示例：[1;2]指定第一个（最上面的）编辑字段的高度为一个文本行，第二个编辑字段的高度为两个文本行。

示例：[1 50; 2 10]指定第一个（最上面的）编辑字段的高度为一个文本行，宽度为 50 个字符单元；第二个编辑字段的高度为两个文本行，宽度为 10 个字符单元。

（4）definput：默认的一个或多个输入值，指定为字符向量元胞数组或字符串数组。

示例：{'Color','1'}。

（5）opts：对话框设置，指定为'on'或结构体。当 opts 设置为'on'时，用户可在水平方向调整对话框大小。当 opts 是结构体时，结构体字段指定为表 11-8 中的内容。

表 11-8　opts 字段及说明

字段	说明
Resize	'off'（默认值）或'on'。如果设置为'off'，则用户不能调整对话框大小。如果设置为'on'，则用户可在水平方向调整对话框大小
WindowStyle	'modal'（默认值）或'normal'。如果设置为'modal'，则用户必须先做出响应，然后才能与其他窗口交互
Interpreter	'none'（默认值）或'tex'。如果设置为'tex'，则使用 TeX 呈现提示。对话框标题不受影响。 使用 TeX 标记可添加上标和下标、修改字体类型和颜色，以及在 prompt 文本中包含特殊字符

修饰符会一直作用到文本结尾，但上标和下标除外，因为它们仅修饰下一个字符或花括号中的字符。当编程者将 Interpreter 属性设置为'tex'时，支持的修饰符如表 11-4 所示。

示例：opts.Resize='on'、opts.WindowStyle='normal'、opts.Interpreter='tex'。

3．输出参数

answer：返回一个字符向量元胞数组，其中包含对应对话框中从上到下的每个文本编辑字段的输入。

如果用户单击“取消”按钮关闭对话框，则 answer 是一个空元胞数组{ }。

如果用户按回车键关闭对话框，则 answer 是 definput 的值。如果 definput 未定义，则 answer 是空元胞数组{ }。

4. 其他

模态对话框阻止用户在响应模态对话框之前与其他 MATLAB 窗口进行交互。

即使模态输入对话框处于活动状态，MATLAB 程序也会继续执行。要阻止程序执行直到用户做出响应，可以使用 uiwait 函数。

用户可在输入对话框中输入标量或向量值。使用 str2num 将以空格和逗号分隔的值转换为行向量，将以分号分隔的值转换为列向量。例如，如果 answer{1}包含'1 2 3;4 -5 6+7i'，则转换将生成：

```
input=str2num(answer{1})

input=

   1.0000     2.0000     3.0000

   4.0000    -5.0000     6.0000 + 7.0000i
```

5. 示例

（1）用于收集用户输入的对话框。

创建一个对话框，其中包含两个文本编辑字段，用于收集用户输入的数值，代码如下。运行结果如图 11-21 所示。

```
prompt={'请输入压力，单位 kPa','请输入温度，单位℃'}

dlgtitle ='压力和温度';

dims=[1,36];

definput = {'101.325','26.85'}

W=inputdlg(prompt,dlgtitle,dims,definput,'on');
```

也可以用下面的语句来替代：

```
W=inputdlg({'请输入压力，单位 kPa','请输入温度，单位℃'},...

    '压力和温度',[1,36],{'101.325','26.85'},'on');
```

（2）创建具有不同宽度的文本编辑字段，代码如下。

```
x = inputdlg({'Name','Telephone','Account'},...

             'Customer', [1 50; 1 12; 1 7]);
```

运行结果如图 11-22 所示。

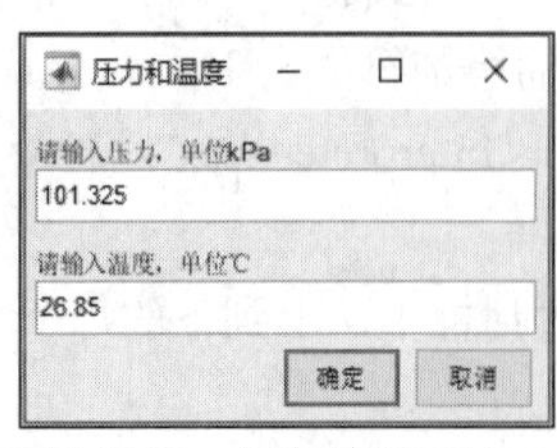

图 11-21　运行结果（1）

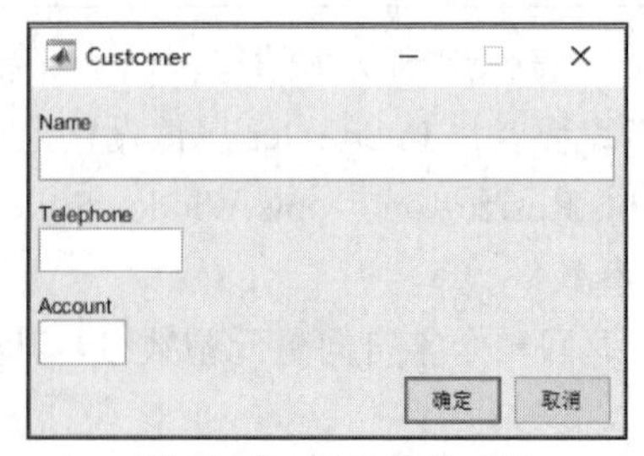

图 11-22　运行结果（2）

（3）使用 TeX 解释器解释 prompt 值。

创建一个对话框，并在 options 结构体中指定值。

使用该 options 结构体指定要用作解释器的 TeX，代码如下。

```
prompt = {'Enter a value of \theta (in degrees)'};
dlgtitle = 'Theta Value';
definput = {'30'};
opts.Interpreter = 'tex';
answer = inputdlg(prompt,dlgtitle,[1 40],definput,opts);
```

运行结果如图 11-23 所示。

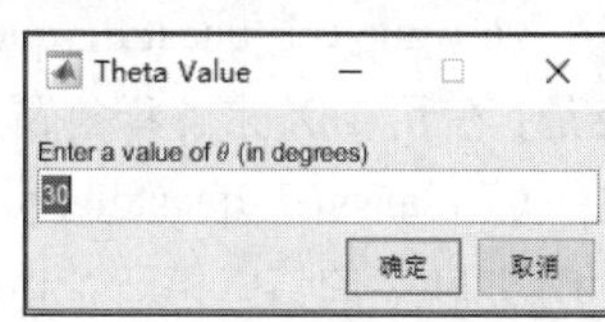

图 11-23　运行结果

（4）将输入转换为数值。

用户可在 inputdlg 文本编辑字段中输入标量或向量值。MATLAB 将以字符向量元胞数组的形式存储这些输入。可以使用 str2num 函数将输入元胞数组的成员转换为数字。

创建一个要求用户输入数值数据的输入对话框，代码如下。

```
answer = inputdlg('Enter space-separated numbers:',...
    'Sample', [1 50])
answer_val=str2num(answer{1})
```

假设用户输入 1*pi 3; 4 5，然后单击“确定”按钮。MATLAB 将以字符向量元胞数组的形式存储答案：{'1*pi 3;4 5'}。

使用 str2num 将字符数组或字符串转换为数值数组，代码如下。

```
answer =
  1×1 cell 数组
    {'1*pi 3;4 5'}
answer_val =
    3.1416    3.0000
    4.0000    5.0000
```

11.2.2　创建问题对话框

函数 questdlg 用于创建问题对话框。

1. 函数使用说明

（1）answer=questdlg(quest)：创建一个模态对话框，在其中显示问题并返回'Yes'、'No'、'Cancel'或''（表示空）。

默认情况下，该对话框有 3 个标准按钮，其标签分别为是、否和取消。

① 如果用户单击其中一个按钮，则 answer 值与单击的按钮的标签相同。

② 如果用户单击对话框标题栏上的关闭按钮或按 Esc 键，则 answer 值为空字符向量。

③ 如果用户按回车键，则 answer 值与默认所选按钮的标签相同。

（2）answer=questdlg(quest,dlgtitle)：指定对话框标题。

（3）answer=questdlg(quest,dlgtitle,defbtn)：指定当用户按回车键时将哪个按钮作为默认按

钮。defbtn 值必须与按钮标签之一匹配。

（4）answer=questdlg(quest,dlgtitle,btn1,btn2,defbtn)：通过用 btn1 和 btn2 的值作为按钮标签来自定义两个标准按钮。第三个标准按钮则被删除。defbtn 值必须与 btn1 或 btn2 的值匹配。

如果用户按回车键，并且 defbtn 值与任一按钮标签都不匹配，则对话框保持打开状态。

（5）answer=questdlg(quest,dlgtitle,btn1,btn2,btn3,defbtn)：使用与 btn3 的值匹配的标签自定义第三个标准按钮。

（6）answer=questdlg(quest,dlgtitle,opts)：指定一个 options 结构体来指定默认按钮选择，以及是否使用 TeX 来解释问题文本。

（7）answer=questdlg(quest,dlgtitle,btn1,btn2,opts)：自定义两个标准按钮，其标签分别匹配 btn1 和 btn2 的值。第三个标准按钮则被删除。

（8）answer=questdlg(quest,dlgtitle,btn1,btn2,btn3,opts)：使用与 btn3 的值匹配的标签自定义第三个标准按钮。

2. 输入参数

（1）quest：对话框中的问题，指定为字符向量、字符向量元胞数组或字符串数组。问题会自动换行以适应对话框大小。

示例：'What is the velocity?'。

（2）dlgtitle：对话框标题，指定为字符向量或字符串标量。

示例：'Configuration'。

（3）defbtn：默认按钮选择，指定为字符向量或字符串标量。默认按钮选择是用户按回车键而不是单击对话框中的按钮时 MATLAB 返回的值。默认选择必须与对话框按钮标签之一相同。如果 defbtn 参数值与任一按钮标签都不匹配，则用户按回车键时，对话框保持打开状态。

示例：'Cancel'。

（4）btn1：第一个自定义按钮标签，指定为字符向量或字符串标量。

示例：'Start'。

（5）btn2：第二个自定义按钮标签，指定为字符向量或字符串标量。

示例：'Reset'。

（6）btn3：第三个自定义按钮标签，指定为字符向量或字符串标量。

示例：'Test'。

（7）opts：对话框设置，指定为结构体。此结构体指定哪个按钮是默认按钮以及是否使用 TeX 解释问题文本。

3. 示例

（1）在问题对话框中将用户的选择用整数编码，代码如下。

```
answer = questdlg('Would you like a dessert?', ...
    'Dessert Menu', ...
    'Ice cream','Cake','No thank you','No thank you');
switch answer
    case 'Ice cream'
        disp([answer ' coming right up.'])
```

```
            dessert = 1;
        case 'Cake'
            disp([answer ' coming right up.'])
            dessert = 2;
        case 'No thank you'
            disp('I''ll bring you your check.')
            dessert = 0;
    end
```

运行结果如图 11-24 所示。

要获取赋予 dessert 的返回值，需将示例保存为函数。例如，将以下代码作为第一行，创建函数 choosedessert。

```
function dessert = choosedessert
```

运行代码后的结果如下。

```
ans =
Ice cream coming right up.
```

（2）使用 TeX 设置对话框中的问题的格式，代码如下。

```
opts.Interpreter = 'tex';
opts.Default = 'Don''t know';
quest = '\fontsize{15} Is \Sigma(\alpha - \beta) < 0?';
answer = questdlg(quest,'Boundary Condition',...
                  'Yes','No','Don''t know',opts)
```

运行结果如图 11-25 所示。

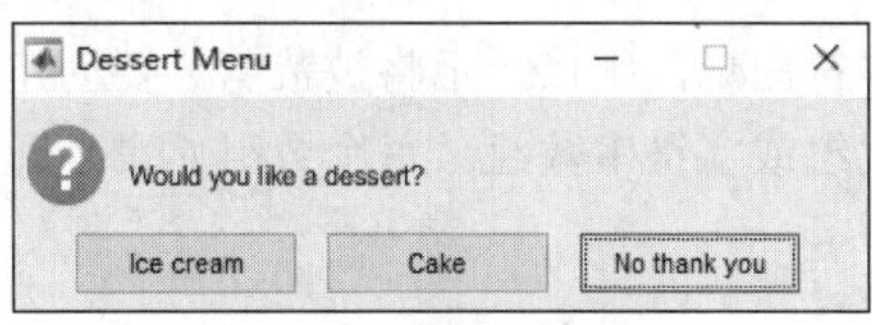

图 11-24　运行结果（1）

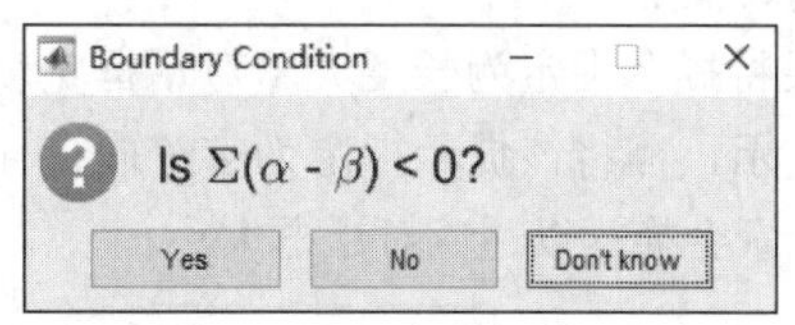

图 11-25　运行结果（2）

11.2.3　创建列表选择对话框

函数 listdlg 用于创建列表选择对话框。

1. 函数使用说明

（1）[indx,tf]=listdlg('ListString',list)：创建一个模态对话框，允许用户从指定的列表中选择一个或多个项目。

list 值指要显示在对话框中的项目列表。

此函数返回两个输出参数 indx 和 tf，其中包含有关用户选择了哪些项目的信息。

对话框中包括全选、取消和确定按钮。可以使用名值参数对'SelectionMode','single'将选择限制为单个项目。

（2）[indx,tf]=listdlg('ListString',list,Name,Value)：使用一个或多个名值参数对指定其他选项。例如，'PromptString','Select a Color'表示在列表上方显示“Select a Color”。

2. 输入参数

（1）list：要显示在对话框中的项目列表，指定为字符向量、字符向量元胞数组或字符串数组。对于字符向量元胞数组和字符串数组，每个元素通常对应一个单独的列表项。如果使用 sprintf 插入换行符，则会产生更多列表项。例如，以下代码产生 4 个列表项，即使只有 3 个字符向量元胞数组元素。其中\n 为换行转义字符。运行结果如图 11-26 所示。

```
f = listdlg('ListString', ...
        {'CH4' ...
         sprintf('C2H6\nC3H8') ...
         'i-C4H10'},'ListSize',[150,90]);
```

（2）Name,Value：名值参数对。

示例：代码如下，'SelectionMode,'single','InitialValue',4 表示用户可从列表中选择一个项目，并且当对话框打开时，列表中的第四个项目处于选中状态。运行结果如图 11-27 所示。

```
f = listdlg('ListString', ...
        {'CH4' ...
         sprintf('C2H6\nC3H8') ...
         'i-C4H10'},'SelectionMode', ...
         'single','InitialValue',4,...
         'ListSize',[150,90]);
```

（3）'PromptString'：列表框提示，指定为字符向量、字符向量元胞数组或字符串数组。提示出现在列表框上方。

如果将提示指定为长度大于对话框宽度的字符向量，则该提示将被裁剪。要创建一个多行列表框提示，需将该提示指定为字符向量元胞数组或字符串数组。每个数组元素之间会进行换行。长元素会换行以适应对话框大小。

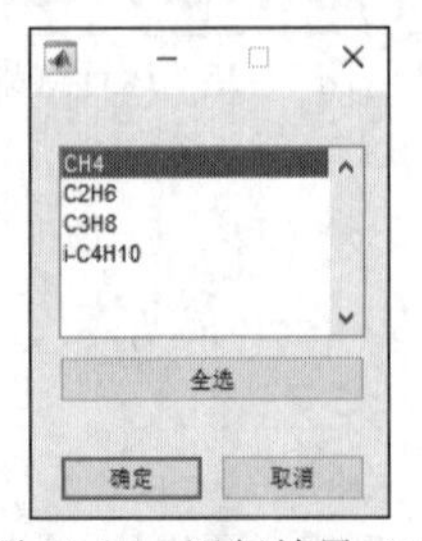

图 11-26　运行结果（1）

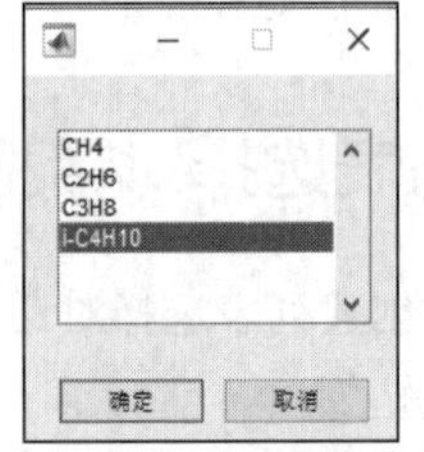

图 11-27　运行结果（2）

示例：显示当前文件夹文件用于进行单选，代码如下，运行结果如图 11-28 所示。

```
d = dir;%选定当前程序所在文件夹
```

```
    fn = {d.name}; %列出所有文件名
    f= listdlg('PromptString',{'选择一个文件.',...
        '每次只能选择一个文件.',''},...
        'SelectionMode','single','ListString',fn);
```

（4）'SelectionMode'：列表选择模式，以用逗号分隔的名值参数对指定，该名值参数对由'SelectionMode'和'multiple'或'single'组成。

如果选择模式设置为'multiple'，则用户可以选择多个列表项，并且对话框中会显示全选按钮。

如果选择模式设置为'single'，则用户只能选择一个列表项，并且对话框中不会显示全选按钮。

示例：'SelectionMode','single'。

（5）'ListSize'：列表框大小（以像素为单位），以用逗号分隔的名值参数对指定，该名值参数对由'ListSize'和一个二元素向量[width height]组成。

示例：'ListSize',[150,250]。

图 11-28　运行结果

（6）'InitialValue'：选定的列表框项目，当'SelectionMode'设置为'single'时，指定为标量索引值，当'SelectionMode'设置为'multiple'时，指定为索引向量。索引显示当对话框打开时，列表框中的哪些项目处于选中状态。例如：

如果'InitialValue'设置为 3，则当对话框打开时，列表中上起第三个项目处于选中状态；

如果'InitialValue'设置为[3 4]，则当对话框打开时，列表中上起第三个和第四个项目处于选中状态。

示例：'InitialValue',5、'InitialValue',[2 5]。

（7）'Name'：对话框标题，指定为字符向量或字符串标量。

示例：'Name','选择一个组分'。代码如下。

```
    f = listdlg('ListString', ...
            {'CH4' ...
             sprintf('C2H6\nC3H8') ...
             'i-C4H10'},'SelectionMode', ...
             'single','InitialValue',4,...
             'ListSize',[230,90],'Name','选择一个组分');
```

运行结果如图 11-29 所示。

（8）'OKString'：确定按钮标签，指定为字符向量或字符串标量。

示例：'OKString','应用'。代码如下。

```
    f = listdlg('ListString', ...
            {'CH4' ...
             sprintf('C2H6\nC3H8') ...
```

```
            'i-C4H10'},'SelectionMode', ...
            'single','OKString','应用',...
            'ListSize',[230,90],'Name','选择一个组分');
```

运行结果如图 11-30 所示。

图 11-29　运行结果（1）

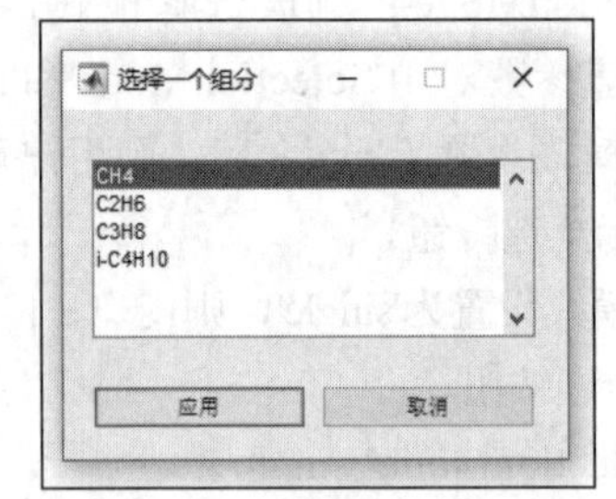

图 11-30　运行结果（2）

（9）'CancelString'：取消按钮标签，指定为字符向量或字符串标量。

示例：'CancelString','不选择'。代码如下。

```
f = listdlg('ListString', ...
           {'CH4' ...
            sprintf('C2H6\nC3H8') ...
            'i-C4H10'},'SelectionMode', ...
            'single','OKString','应用',...
             'CancelString','不选择',...
            'ListSize',[230,90],'Name','选择一个组分');
```

或者：

```
f = listdlg('ListString', ...
           {'CH4' ...
            sprintf('C2H6\nC3H8') ...
            'i-C4H10'},'SelectionMode','single',...
            'ListSize',[230,90],...
            'Name','选择一个组分','OKString','应用',...
             'CancelString','不选择');
```

注意　名值参数对要一一对应，并注意英文句点。

运行结果如图 11-31 所示。

3. 输出参数

（1）indx：选定行的索引，以索引数组形式返回。行索引对应用户从列表中选择的项目。如果用户单击取消按钮、按 Esc 键或者单击对话框标题栏中的关闭按钮，则将以空数组形式返回 indx 值。

（2）tf：选择逻辑值，返回为 1 或 0。

选择逻辑值显示用户是否做出选择。如果用户单击确定按钮、双击某个列表项或者按回车键，则 tf 返回值为 1。

如果用户单击取消按钮、按 Esc 键或者单击对话框标题栏中的关闭按钮，则 tf 返回值为 0。

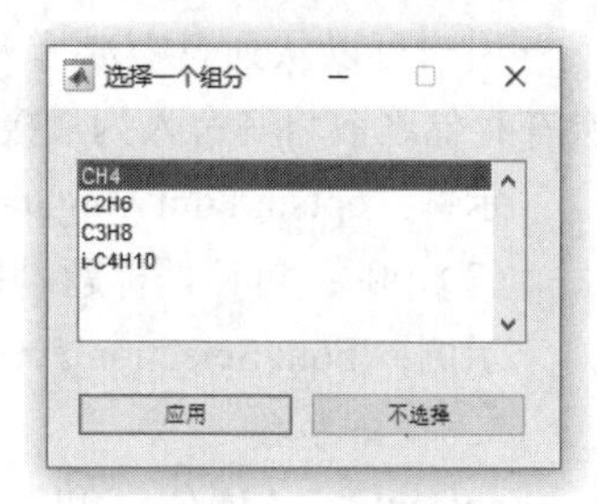

图 11-31　运行结果

11.2.4　打开字体选择对话框

函数 uisetfont 用于打开字体选择对话框。

1. 函数使用说明

（1）uisetfont：打开字体选择对话框，并选中默认的字体名称和字体样式值。如果用户单击确定按钮，将在 MATLAB 命令行窗口返回选定的字体属性。如果用户单击取消按钮或对话框标题栏中的关闭按钮，将在命令行窗口返回值 0。

（2）uisetfont(h)：指定字体选择对话框要操作的对象。对话框打开时显示的值是该对象的当前设置。

h 的值可以是 text、axes 或 uicontrol 对象。

（3）uisetfont(optsin)：使用为指定的 optsin 结构体定义的值初始化字体选择对话框中的选择项。

（4）uisetfont(___,title)：为字体选择对话框指定自定义标题。此语法可以包含上述语法中的任何输入参数。

（5）optsout=uisetfont(___)：会在用户单击确定按钮时将在对话框中选定的值返回给 optsout。如果用户单击取消按钮或发生错误，则将 optsout 设置为 0。此语法可以不指定输入参数，也可以指定上述语法中的任何输入参数。

2. 输入参数

（1）h：字体更改的目标对象，指定为 axes、text 或 uicontrol 对象。

（2）optsin：字体值，指定为由字体属性组成的结构体。

表 11-9 列出了结构体字段、默认值以及可用来更改这些值的对话框控件。

表 11-9　结构体字段、默认值以及对话框控件

结构体字段	默认值	对话框控件
FontName	取决于系统	字体列表
FontWeight	'normal'	样式列表
FontAngle	'normal'	样式列表
FontUnits	'points'	未提供，因为对于受支持的对象，FontUnits 的值始终为'points'
FontSize	取决于系统	大小列表

结构体字段值'normal'对应对话框的样式列表中的“纯文本”。

用户可以从列表中选择大小值，也可以输入未列出的值。如果用户输入浮点数，MATLAB 会在存储之前将其舍入为最接近的整数值。

示例：optsin.FontWeight='bold';。

（3）title：对话框标题，指定为字符向量或字符串标量。

示例：'Font Selection'。

3. 输出参数

optsout：字体值，以字体属性值结构体的形式返回。结构体字段包括 FontName、FontWeight、FontAngle、FontUnits、FontSize。如果用户在对应 FontSize 值的对话框输入了浮点数，MATLAB 会在返回之前将其舍入为最接近的整数值。

4. 模态对话框

字体选择对话框为模态对话框，阻止用户在响应该对话框之前与其他 MATLAB 窗口进行交互。

11.2.5 创建用来将变量导出到工作区的对话框

函数 export2wsdlg 用于创建用来将变量导出到工作区的对话框。

1. 函数使用说明

（1）export2wsdlg(labels,vars,vals)：用一系列复选框和编辑字段创建一个模态对话框。每个复选框都有一个对应的编辑字段。参数如下。

① labels：复选框的标签。

标签数量决定对话框中出现多少个复选框和编辑字段。每个复选框标签后面都会出现一个编辑字段，例如：☑ 将A的和存入变量的名字为: sumA 。

② vars：出现在编辑字段中的默认变量名称，例如 sumA 中显示的 sumA。

③ vals：要存储在变量中的值。

labels、vars 和 vals 指定的项目数量必须相同。如果 labels、vars 和 vals 都指定一个项目，对话框将只显示一个标签和一个编辑字段。

（2）export2wsdlg(labels,vars,vals,title)：指定对话框的标题。

（3）export2wsdlg(labels,vars,vals,title,defs)：指定在对话框打开时会选中的复选框。

（4）export2wsdlg(labels,vars,vals,title,defs,helpfcn)：在对话框中添加帮助按钮。helpfcn 是显示帮助的回调。

（5）export2wsdlg(labels,vars,vals,title,defs,helpfcn,flist)：指定由函数和可选参数组成的元胞数组，它们计算并返回要导出给 vars 的值。如果用户指定了 flist，MATLAB 将使用它而不是 vals。但是，用户必须将 vals 参数指定为语法占位符。flist 的长度必须与 labels 的相同。

（6）f=export2wsdlg(___)：将显示对话框的图窗对象返回给 f。用户可以将其与前面语法中的任意输入参数组合来请求此输出。

（7）[f,tf]=export2wsdlg(___)：如果用户单击确定按钮，则将 tf 返回为 1（true）；如果用户通过单击取消按钮或单击对话框标题栏中的关闭按钮关闭对话框，将返回 0。当 tf 为 0 时，将以空数组（[]）形式返回 f。在用户关闭对话框之前，export2swdlg 函数不会返回值。

2. 输入参数

（1）labels：复选框标签，指定为字符向量元胞数组或字符串数组。如果数组中只有一个项目，

export2wsdlg 将创建一个编辑字段而不是复选框。labels、vars、vals 和 defs 的长度必须全部相等。

示例：{'Temperature (Celsius)','Mass (Grams)'}。

（2）vars：打开对话框时默认显示在编辑字段中的编辑字段变量名称，指定为字符向量元胞数组或字符串数组。数组元素的数量与 labels 中指定的数量相同。

vars 中的变量名称必须唯一。

对话框用户可以编辑显示在编辑字段中的变量名称。如果用户在多个编辑字段中指定相同的名称，MATLAB 将使用该名称创建一个结构体，然后使用 defaultvars 项作为该结构体的字段名称。

示例：{'Longitude','Latitude'}。

（3）vals：变量值，指定为元胞数组。

示例：{100,200}、{sin(A),cos(A)}。

（4）title：对话框标题，指定为字符向量或字符串标量。

示例：'Save to Workspace'。

（5）defs：默认复选框选择，指定为逻辑数组。

默认情况下，对话框打开时会选中所有复选框。

示例：[true,false]表示指定对话框打开时第一个复选框处于选中状态，第二个处于未选中状态。

（6）helpfcn：帮助按钮回调，指定为函数句柄、元胞数组或字符向量（不推荐）。如果用户指定了帮助按钮回调，MATLAB 将在对话框中添加一个帮助按钮。

示例 1：@myfun 表示将回调函数指定为函数句柄。

示例 2：{@myfun,x}表示将回调函数指定为元胞数组。这种情况下，函数接收输入参数 x。

（7）flist：函数调用列表，指定为由函数名称和可选参数组成的元胞数组，它们计算并返回要导出的值。flist 的长度必须与 labels 的相同。

示例：{{@myfun1,x},{@myfun2,x,y}}。

3. 输出参数

（1）f：在其中显示对话框的图窗对象。如果请求两个返回参数，则 f 以空数组形式返回，而且在用户关闭对话框之前，export2wsdlg 函数不会返回值。

（2）tf：true 或 false 结果，返回为 1 或 0。如果用户单击确定按钮，该函数返回 1（true），否则返回 0（false）。在用户关闭对话框之前，export2wsdlg 函数不会返回值。

4. 模态对话框

用来将变量导出到工作区的对话框是模态对话框，阻止用户在响应该对话框之前与其他 MATLAB 窗口进行交互。

即使有一个导出到工作区模态对话框处于活动状态，MATLAB 程序仍会继续执行。要阻止该程序执行直到用户关闭对话框，需使用 uiwait 函数。

5. 示例

（1）将变量保存到基础工作区。

创建对话框，允许用户将变量 sumA 和/或 meanA 保存到基础工作区，代码如下。

```
A = randn(10,1);
labels = {'将 A 的和存入变量的名字为:' ...
         '将 A 的平均值存入变量的名字为:'};
```

```
vars = {'sumA','meanA'};
values = {sum(A),mean(A)};
export2wsdlg(labels,vars,values);
```

运行结果如图 11-32 所示。

如果用户输入无效的变量名称（如“9”），然后单击“确定”按钮，MATLAB 将自动返回错误对话框。单击错误对话框中的“确定”按钮后，用户有机会在“导出到工作区”对话框中输入有效的变量名称。运行结果如图 11-33 所示。

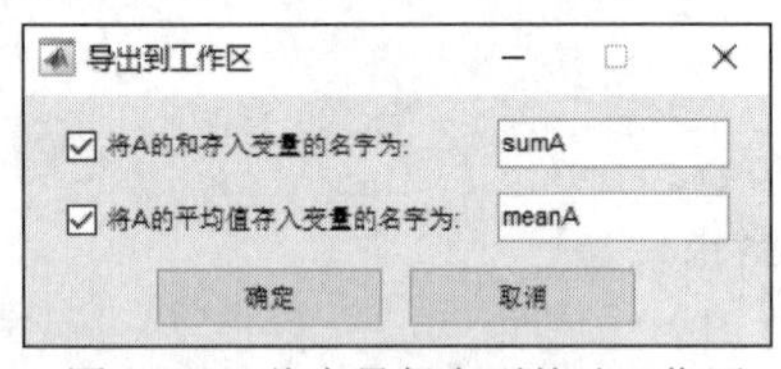

图 11-32　将变量保存到基础工作区

图 11-33　运行结果（1）

（2）指定默认复选框选择。

定义输入变量 defs，以指定在打开对话框时不选中任何复选框，代码如下。

```
A= randn(10,1);
labels = {'将 A 的和存入变量:' ...
          '将 A 的平均值存入变量:'};
vars = {'sumA','meanA'};
vals = {sum(A),mean(A)};
title = ('Save Sums to Workspace');
defs = logical([0 0]);
export2wsdlg(labels,vars,vals,...
             title,defs);
```

运行结果如图 11-34 所示。

如果用户在未选中复选框时单击“确定”按钮，MATLAB 将自动返回错误对话框。单击错误对话框中的“确定”按钮后，用户有机会在“Save Sums to Workspace”（导出到工作区）对话框中更正错误。运行结果如图 11-35 所示。

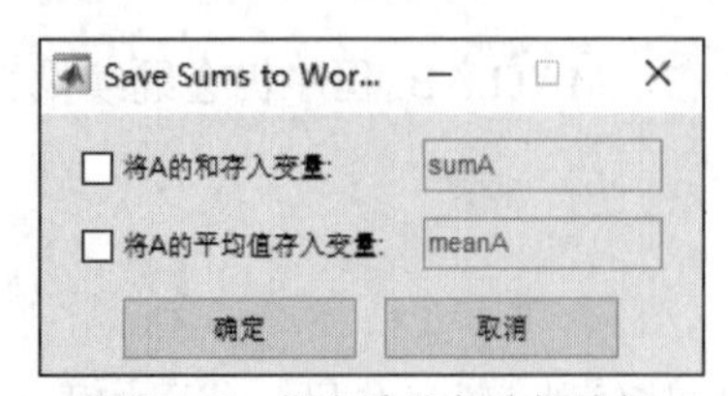

图 11-34　指定默认复选框选择

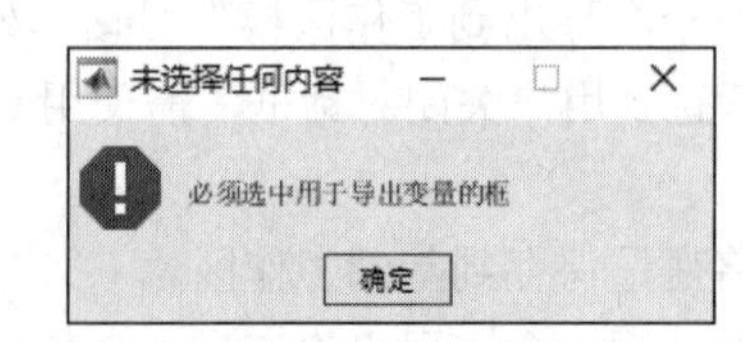

图 11-35　运行结果（2）

（3）指定函数列表。

创建一个对话框，以创建图窗对象并将其导出到工作区，代码如下。指定当用户选中相应的复选框时用来按指定颜色创建图窗窗口的函数列表，然后单击“确定”按钮。vals 输入参数只是一个语法占位符。因此，vals 值指定的元胞数组项并未被使用。

```
labels = {'Red Figure Window',...
          'Blue Figure Window',...
          'Green Figure Window'};
vars = {'fRed','fBlue','fGreen'};
vals = {0,0,0};
title = 'Figure Color Samples';
defs = [false false false];
flist = {{@figure,'color','r'},...
         {@figure,'color','b'},...
         {@figure,'color','g'}};
export2wsdlg(labels,vars,vals,title,defs,{@doc,'figure'},flist);
```

运行结果如图 11-36 所示。

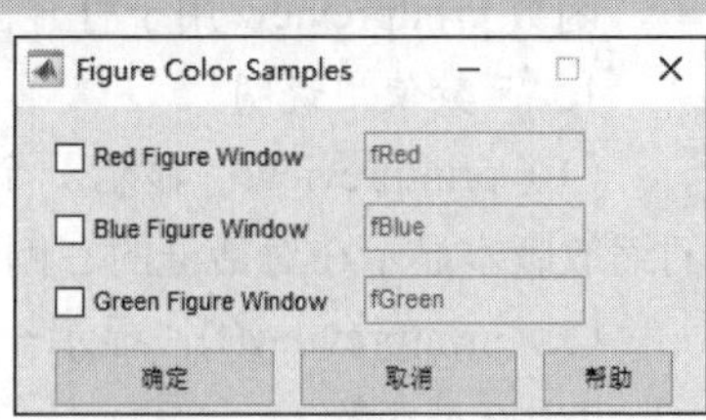

图 11-36　指定函数列表

在用户选中复选框并单击“确定”按钮后，MATLAB 将对所选复选框执行以下操作：

① 运行相应的函数（每个函数创建一个图窗）；

② 将图窗对象返回到 vars 变量；

③ 将变量导出到基础工作区。

11.3　打印和导出

11.3.1　打开图窗的“打印”对话框

函数 printdlg 用于调出系统“打印”对话框，准备打印当前图窗。

1. 函数使用说明

（1）printdlg：调出系统“打印”对话框，准备打印当前图窗。

（2）printdlg(fig)：创建一个模态对话框，用户可以通过该对话框打印句柄 fig 标识的图窗窗口。uimenu 不会被打印出来。

如果用户要设置新的“打印”对话框，可使用操作系统打印机管理实用工具。如果未看到已设置的“打印”对话框，可重新启动 MATLAB。

2. 输入参数

f：目标图窗，指定为图窗对象。

3. 示例

在命令行窗口输入 printdlg 并执行，系统将自动建立一个图窗，并调用系统“打印”对话框。运行结果如图 11-37 所示。

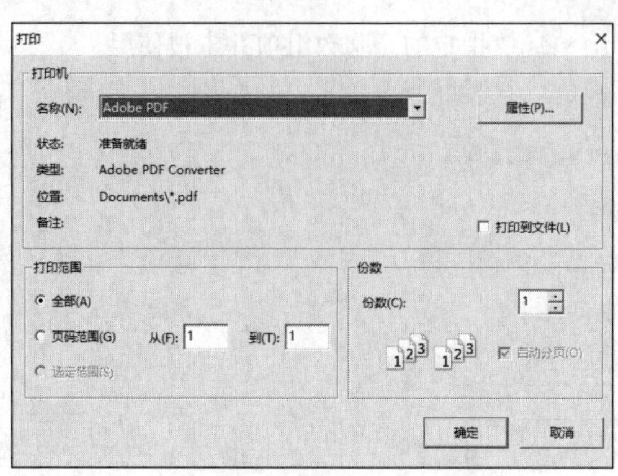

图 11-37 调用系统“打印”对话框

11.3.2 打开图窗的“打印预览”对话框

函数 printpreview 用于打开图窗的“打印预览”对话框。

1. 函数使用说明

（1）printpreview：显示一个对话框，其中显示了当前活动的图窗中的待打印图窗。该图窗的缩放版本显示在对话框的右侧窗格中。

（2）printpreview(f)：显示一个对话框，其中显示了具有句柄 f 的待打印图窗。

2. 输入参数

f：目标图窗，指定为图窗对象。

3. 示例

在命令行窗口输入 printpreview 并执行，在图窗被发送给打印机或打印文件之前，系统使用图 11-38 所示的“打印预览”对话框控制图窗的布局和外观。运行结果如图 11-38 所示。

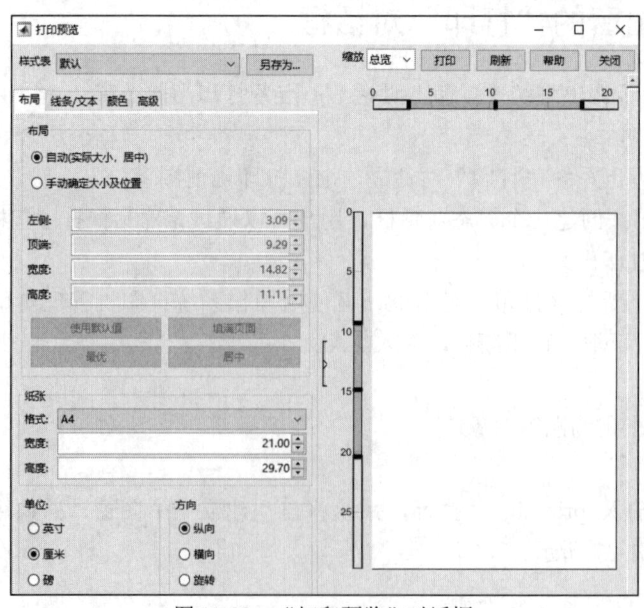

图 11-38 “打印预览”对话框

11.3.3　打开图窗的“导出设置”对话框

函数 exportsetupdlg 用于打开图窗的“导出设置”对话框。

1. 函数使用说明

（1）exportsetupdlg：将用户选择的内容应用于当前图窗。如果没有图窗，则 MATLAB 会创建一个新图窗。

（2）exportsetupdlg(f)：显示“导出设置”对话框。MATLAB 对图窗 f 应用用户的选择内容。

2. 输入参数

f：目标图窗，指定为图窗对象。

3. 示例：图窗的导出设置

创建一个图窗并显示“导出设置”对话框，代码如下。

```
f = figure;
exportsetupdlg(f);
```

运行结果如图 11-39 所示。

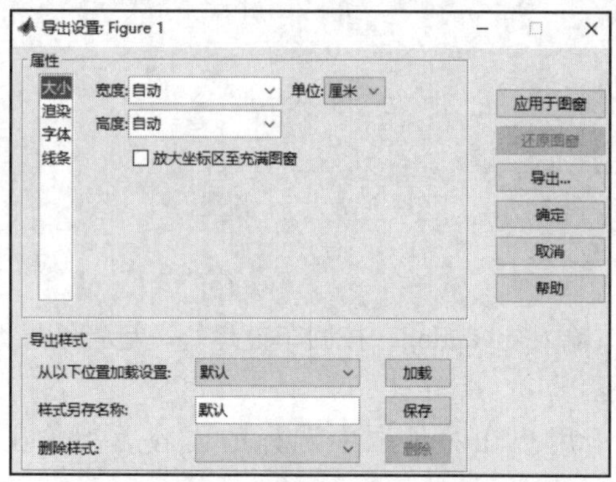

图 11-39　“导出设置”对话框

11.4　其他

11.4.1　创建空的模态对话框

函数 dialog 用于创建空的模态对话框。

1. 函数使用说明

（1）d=dialog：创建一个空对话框并返回图窗对象 d。使用 uicontrol 函数将用户界面控件添加到对话框中。

（2）d=dialog(Name,Value)：指定一个或多个 Figure 属性名称及其对应值。使用该语法可覆盖默认属性。

2. 输入参数

Name,Value：名值参数对。

示例：'WindowStyle','normal'表示将 WindowStyle 属性设置为'normal'。

3. 属性

同 Figure 属性。

4. 示例

（1）包含文本和按钮的对话框。

使用 uicontrol 函数将用户界面控件添加到对话框中。例如，创建一个名为 mydialog.m 的程序文件，用来显示包含文本和按钮的对话框。

```
function mydialog
    d = dialog('Position',[300 300 250 150],'Name','figure_Dialog');
    txt = uicontrol('Parent',d,...
              'Style','text',...
              'Position',[20 80 210 40],...
              'String','Click the colse button if you''re done.',...
              'fontsize',12);
    btn = uicontrol('Parent',d,...
              'Position',[85 20 70 25],...
              'String','Close','fontsize',12,...
              'Callback','delete(gcf)');
end
```

接下来，从命令行窗口输入 mydialog，按回车键运行。运行结果如图 11-40 所示。

（2）返回输出的对话框。

使用 uiwait 函数基于用户在对话框中选择的内容返回输出。例如，创建一个名为 choosedialog.m 的程序文件以便执行这些任务：

① 调用 dialog 函数可以创建具有特定大小和位置、标题为“选择”的对话框；

② 调用 uicontrol 函数 3 次可以分别添加文本、弹出式菜单和按钮；

③ 定义函数 popup_callback，将其用作该按钮的回调函数；

④ 调用 uiwait 函数可待到用户关闭对话之后将输出返回到命令行窗口。

函数 choosedialog 代码如下。

```
function choice = choosedialog

    d = dialog('Position',[300 300 250 150],'Name','选择');
    txt = uicontrol('Parent',d,'Style','text',...
           'Position',[20 80 210 40],...
           'String','选择一本书');

    popup = uicontrol('Parent',d,'Style','popup',...
```

```
        'Position',[75 70 100 25],...
        'String',{'庄子';'论语';'山海经'},...
        'Callback',@popup_callback);

    btn = uicontrol('Parent',d,'Position',[89 20 70 25],...
        'String','关闭','Callback','delete(gcf)');

    choice = '庄子';%该变量跨域使用

    % 等待 d 关闭后程序运行完成
    uiwait(d);

      function popup_callback(popup,event)
        idx = popup.Value;
        popup_items = popup.String;
        choice = char(popup_items(idx,:));
      end
end
```

从命令行窗口运行 choosedialog 函数，然后在对话框中选择内容，运行结果如图 11-41 所示。

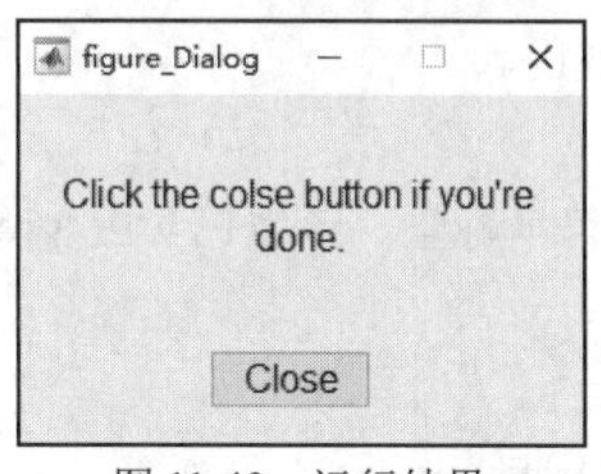

图 11-40　运行结果

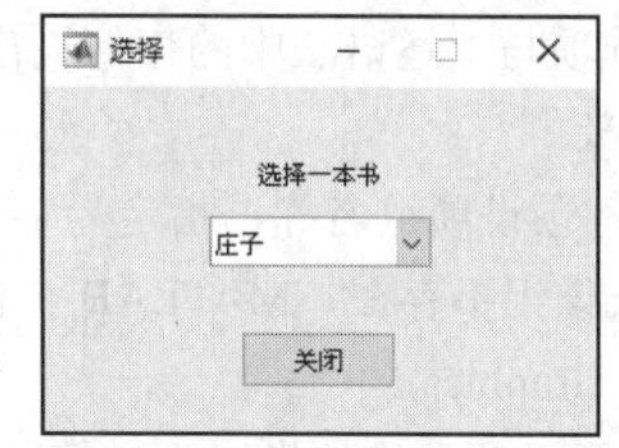

图 11-41　创建具有返回输出的对话框

关闭该对话框时，在命令行窗口 choosedialog 返回最后选择的内容。

```
>> choosedialog
ans =
   '庄子'
```

注意　uiwait 函数阻止 MATLAB 线程。虽然 uiwait 在简单的模态对话框中工作良好，但不建议将其用在较复杂的应用程序中。

11.4.2　创建根据用户预设打开的对话框

函数 uigetpref 用于创建根据用户预设打开的对话框。

1. 函数使用说明

（1）pval=uigetpref(group,pref,title,quest,pbtns)：创建一个具有指定组名称和预设名称的非模态对话框，用来收集用户的预设。组名称和预设名称结合起来可以唯一标识该对话框。对话框中包含以下内容。

① 指定的问题（quest）以及供对话框用户回答该问题的一个或多个按钮（pbtns），所单击按钮的值返回 pval。

② 一个复选框，默认情况下标记为“不再显示此对话框”。

如果用户选中该复选框，MATLAB 将存储并返回所单击按钮的值作为预设值（pval）。以后再调用 uigetpref 操作同一个对话框时，系统会检测到已经存储了预设值，并应用该选择，而不再打开对话框。

如果用户没有选中该复选框，MATLAB 将返回所单击按钮的值，但不会存储该值。而 MATLAB 会存储值'ask'。这样以后再调用 uigetpref 时，MATLAB 还会打开指定的对话框。

（2）[pval,tf]=uigetpref(group,pref,title,quest,pbtns)：返回一个逻辑值，显示是否打开了对话框。如果打开了对话框，则 tf 的值为 1（true）；否则，tf 的值为 0（false）。

（3）[___]=uigetpref(___,Name,Value)：指定一个或多个可选的名值参数对，用户可以使用这些名值参数对来执行以下任意操作。

① 自定义复选框标签；

② 指定打开对话框时是否选中复选框；

③ 提供帮助按钮以及帮助按钮的回调；

④ 指定未关联预设值的按钮；

⑤ 指定当用户在不单击预设项按钮的情况下关闭对话框时 uigetpref 为 pval 返回的值，例如，如果用户单击对话框关闭按钮、按 Esc 键或者单击未关联预设值的按钮，则会返回此值。

可以将此选项与上述语法中的任何输出参数结合使用。

2. 输入参数

（1）group：预设项组名称，指定为字符向量或字符串标量。该组包含由 pref 输入参数指定的预设项。如果该组不存在，MATLAB 会创建该组。

示例：'My Graphics'。

（2）pref：预设项名称，指定为字符向量或字符串标量。

此预设项会存储用户单击的指定 pbtns 的按钮值。如果预设项名称不存在，MATLAB 会创建该名称。

示例：'Save Graphic'。

（3）title：对话框标题，指定为字符向量或字符串标量。

示例：'Save preference'。

（4）quest：对话框中的问题，指定为字符串标量、字符串数组、字符向量或字符向量元胞数组。问题文本按如下方式换行。

① 如果将问题指定为字符串标量或字符向量，将在竖线（|）字符后进行换行或在 newline 函数所指定的换行符后进行换行。

② 如果将问题指定为字符串数组或字符向量元胞数组，将在每个数组元素后进行换行。

示例：{'Are you sure you want to convert this code?', 'Conversions can not be undone.'}、'Do you want to save this file before closing?'。

（5）pbtns：预设项按钮标签，指定为字符串标量、字符串数组、字符向量或字符向量元胞数组。

如果要指定与按钮标签不同的内部预设项值，需将 pbtns 值指定为 2×n 元胞数组或字符串数组。第一行包含预设项名称，第二行包含关联的按钮标签。例如，如果打算对对话框进行各种语言的本地化，则可以考虑使用这种方法。对于每种本地化语言，可以使用该语言来指定按钮标签，而无须更改代码逻辑（例如 switch 和 case 语句）。

如果 pbtns 不是 2×n 数组，MATLAB 会将小写标签名称存储为预设项值。

（6）Name,Value：名值参数对。

示例：uigetpref(group,pref,title,quest,pbtns,'CheckboxState',1)表示创建一个初始状态为复选框已选中的预设项对话框。

下面举例说明常用的名值参数对（Name,Value）。

① CheckboxState：对话框打开时复选框的初始状态，指定为 1、0、true 或 false。

当值为 true 或 1 时，将选中复选框；当值为 false 或 0 时，不选中复选框。

② CheckboxString：复选框标签，指定为字符串标量或字符向量（不推荐）。

③ HelpString：帮助按钮标签，指定为字符串标量或字符向量。如果不指定此名值参数对，对话框中则不会显示帮助按钮。如果指定此名值参数对，但没有指定 HelpFcn 名值参数对，则 MATLAB 默认情况下使用'doc(uigetpref)'作为帮助按钮回调。

④ HelpFcn：帮助按钮回调，指定为函数句柄、字符串标量或字符向量。当用户单击帮助按钮时，将执行该回调。指定此名值参数对时，还必须指定 HelpString 名值参数对。

⑤ ExtraOptions：其他按钮的标签，指定为字符串标量、字符串数组、字符向量或字符向量元胞数组。这些附加按钮不会关联到任何预设项值。如果用户单击这些附加按钮中的任何按钮，对话框都将关闭并返回按钮标签作为输出参数 pval。

⑥ DefaultButton：默认按钮选择，指定为字符串标量或字符向量。如果用户关闭对话框而不单击任何按钮，将为 pval 返回默认的按钮选择。此值无须与任何预设项按钮或 ExtraOption 按钮对应。

3. 输出参数

（1）pval：选定的预设项按钮，以字符向量形式返回。返回下列值之一。

① 单击的预设项按钮的标签。

② 单击的预设项按钮的内部值。

（2）tf：true 或 false 结果，返回 1 或 0。如果打开了对话框，则此函数返回 1（true）。否则，将返回 0（false）。此值（0）对应上次打开了对话框且用户选中了复选框（默认为“不再显示此对话框。”）的情况。

4. 详细信息

（1）非模态对话框：非模态对话框允许用户在响应该对话框之前与其他 MATLAB 窗口进行交互。非模态对话框也称为普通对话框。

（2）预设项：使用预设项可以指定应用程序的行为方式以及用户与其交互的方式。预设项在会话之间保持不变，并存储在预设项数据库中。

uigetpref 函数使用的预设项数据库与 MATLAB 内置产品的相同。但是，uigetpref 将其设置的预设项注册为单独的列表，以便它和 uisetpref 可以管理这些预设项。

要修改使用 uigetpref 注册的预设项，需使用 uisetpref 或 setpref。例如，使用 setpref 将预设值更改为'ask'。

（3）其他。

① uigetpref 创建指定的组和预设项（如果当前不存在）。要删除用户不再需要的预设项，需使用 rmpref。

② 要获得以前创建的组和预设项的结构体，需使用 getpref 函数。

③ 当用户选中复选框“不再显示此对话框。”并关闭对话框之后，将不再为同一个组和预设项打开该对话框。要重新启用被抑制的对话框，需使用 setpref 将预设值设置为'ask'。

④ 对话框的用户并不知道编程者在创建对话框时指定的组和预设项的名称。因此，要重新启用被预设项抑制的对话框，用户可以调用 uisetpref 函数，代码如下。

```
uisetpref('clearall')
```

按如上所示执行 uisetpref 将重新启用使用 uigetpref 定义的所有预设项对话框，而不仅是最新的预设项对话框。

5．示例

（1）创建预设项对话框。

定义每个必需的 uigetpref 输入参数，然后将它们传递给 uigetpref，代码如下。

```
group= 'Updates';

pref =  'Conversion';

title = 'Converting';

quest = {'Are you sure you want to convert this code?',...

       'Conversions cannot be undone.'};

pbtns = {'Yes','No'};

[pval,tf] = uigetpref(group,pref,title,quest,pbtns)
```

运行结果如图 11-42 所示。

单击“Yes”按钮。MATLAB 命令行窗口显示 pval 的值为'yes'，tf 的值为 1，表明显示了该对话框。

再次运行 uigetpref 函数，但这次选中“不再显示此对话框。”复选框，如图 11-43 所示。然后单击“No”按钮。

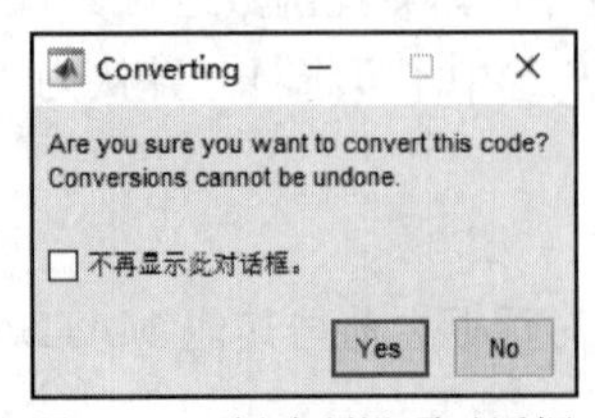

图 11-42　创建预设项对话框

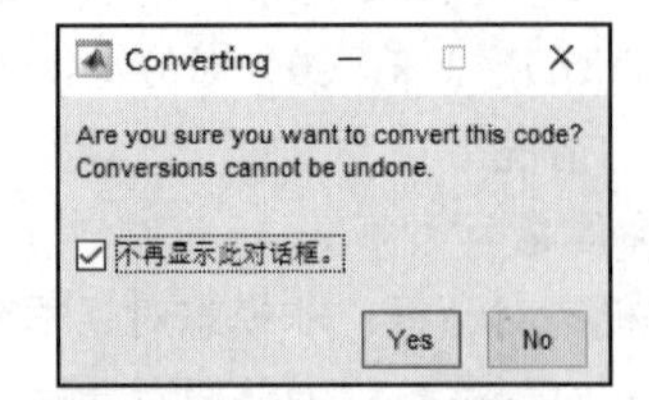

图 11-43　选中“不再显示此对话框。”复选框

MATLAB 命令行窗口显示 pval 的值为'no'，tf 的值为 1。

再次运行 uigetpref 函数。

与预期一致，这次不再显示对话框。MATLAB 命令行窗口显示 pval 的值为'no'，tf 的值为 0。

通过将预设值设置为'ask'，重新启用该对话框的显示，代码如下。

```
setpref('Updates','Conversion','ask');
```

再次运行 uigetpref 函数。对话框再次打开。

（2）在对话框中添加“Cancel”按钮。

以名值参数对的形式指定'ExtraOptions','Cancel'，在对话框中添加一个“Cancel”按钮，代码如下。如果用户单击“Cancel”按钮，MATLAB 会将按钮标签返回给 pval。运行结果如图 11-44 所示。

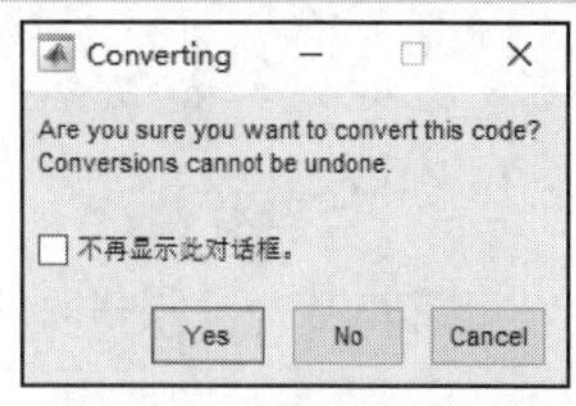

图 11-44　在对话框中添加“Cancel”按钮

```
group = 'Updates';
pref =  'Conversion';
title = 'Converting';
quest = {'Are you sure you want to convert this code?',...
         'Conversions cannot be undone.'};
pbtns = {'Yes','No'};
[pval] = uigetpref(group,pref,title,quest,pbtns,...
'ExtraOptions','Cancel');
```

（3）在图窗的 CloseRequestFcn 回调中获取预设。

创建一个函数，用它创建一个收集用户预设的对话框，代码如下。在用户关闭图窗之前，该对话框会询问用户是否要保存图窗。根据用户单击的按钮的值，此函数将打开“保存”对话框，或者关闭图窗而不保存。

```
function figure_uigetpref_savefigconditionally
fig = gcf;
group ='mygraphics';
pref = 'savefigbeforeclosing';
title = 'Closing Figure';
quest = {'Do you want to save your figure before closing?'
         ''
         'If you do not save the figure, all changes will be lost'};
pbtns = {'Yes','No'};
[pval,tf] = uigetpref(group,pref,title,quest,pbtns);

switch pval
   case 'yes'
```

```
    [file,path,indx] = uiputfile('fig', ...
                                'Save current figure', ...
                                'untitled.fig');
        if indx == 0
            delete(fig);
        else
            saveas(fig,[path,file])
            delete(fig);
        end
    case 'no'
        delete(fig);
        return
end
```

要运行此代码，需复制代码并将其粘贴到一个新的程序文件中。将该文件命名为 figure_uigetpref_savefigconditionally.m 并将其保存到可搜索路径中。要将该函数用作 CloseRequestFcn 回调，需创建一个图窗，并有选择地绘制一些图形。

```
figure('CloseRequestFcn','figure_uigetpref_savefigconditionally');
x = -5:0.1:5;
y = sin(x);
plot(x,y);
set(gcf,'position',[200 200 300 300])
```

每次运行上述代码并单击图窗标题栏中的关闭按钮时，该对话框都会打开，除非选中“不再显示此对话框。”复选框。运行结果如图 11-45 所示。

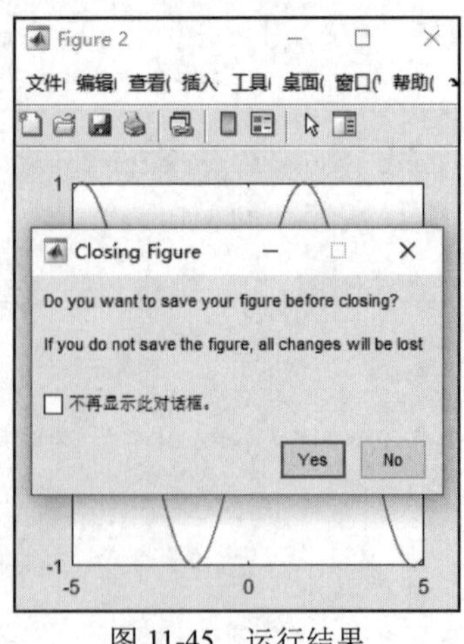

图 11-45　运行结果

第 12 章　控制流函数

控制流函数包含 8 个函数，分别用于创建输入对话框、键盘控制、暂停执行、阻止程序执行并等待恢复、恢复执行已阻止的程序、阻止执行并等待条件、等待单击或按键、默认图窗关闭请求等，在程序运行过程中起到暂停正在执行的程序或者恢复执行已阻止的程序等作用，既是一个用户交互操作，又是一个控制程序运行的条件。主要的控制流函数见表 12-1。

表 12-1　主要的控制流函数

序号	函数名	说明
1	input	创建输入对话框
2	keyboard	键盘控制
3	pause	暂停执行
4	uiwait	阻止程序执行并等待恢复
5	uiresume	恢复执行已阻止的程序
6	waitfor	阻止执行并等待条件
7	waitforbuttonpress	等待单击或按键
8	closereq	默认图窗关闭请求函数

12.1　创建输入对话框

函数 input 用于创建输入对话框。

1. 函数使用说明

（1）x=input(prompt)：显示 prompt 并等待用户输入值后按回车键。用户可以输入 pi/4 或 rand(3)之类的表达式，并可以使用工作区中的变量。

① 如果用户不输入任何内容直接按回车键，则 input 会返回空矩阵。

② 如果用户输入无效的表达式，则 MATLAB 会显示相关的错误消息，然后重新显示提示。

（2）str=input(prompt,'s')：返回输入的文本，而不会将输入作为表达式来计算。

2. 输入参数

prompt：显示给用户的文本，指定为字符串或字符向量。

要创建跨越多行的提示，需使用'\n'指定每个新行。要在提示中包含反斜杠，需使用'\\'。

3. 输出参数

（1）x：根据输入计算的结果，以数组形式返回。数组的类型和维度取决于对提示的响应。

（2）str：确切的输入文本，以字符向量形式返回。

4. 算法

当 input 等待用户响应时，工作区浏览器不会刷新。如果用户在脚本中运行 input，则在脚本运行完之前，工作区浏览器不会显示对工作区中的变量所做的更改。

5. 示例

（1）请求数值输入或表达式。

请求一个数值输入，然后将该输入乘以 10，代码如下。

```
prompt = '请输入一个数';

x = input(prompt)

y = x*10
```

在实时编辑器中运行该段代码，此时会在命令行窗口提示：

```
请输入一个数
```

输入一个数值或数组，如[2;3;5]，实时编辑器输出：

```
x =

     2

     3

     5

y =

    20

    30

    50
```

input 函数还接受表达式。例如，重新运行以下代码。

```
prompt = '请输入一个数';

x = input(prompt)

y = x*10
```

在提示下，输入 sin(1)，实时编辑器输出：

```
x =

    0.8415

y =

    8.4147
```

（2）请求未处理的文本输入。

请求一个简单的不需要计算的文本响应，代码如下。

```
prompt = 'Do you want more? Y/N [Y]: ';

str = input(prompt,'s')
```

```
if isempty(str)
    str = 'Y'
end
```

input 函数返回与输入内容完全相同的文本。如果输入为空，此代码将为 str 指定默认值'Y'。

12.2　键盘控制

函数 keyboard 用于实现键盘控制。

1. 函数使用说明

使用 keyboard 函数暂停执行正在运行的程序，并将控制权交给键盘。将 keyboard 函数放入程序中编程者希望 MATLAB 暂停的位置。当程序暂停时，命令行窗口中的提示符将被更改为 K>>，表明 MATLAB 处于调试模式。然后编程者可以查看或更改变量的值，以查看新值是否产生预期的结果。

keyboard 函数对调试函数很有用。

2. 其他

（1）要终止调试模式并继续执行，需使用 dbcont 函数。

（2）要终止调试模式并退出文件而不完成执行，需使用 dbquit 函数。

（3）dbcont 语句用于恢复执行。使用 dbcont 在暂停后恢复执行 MATLAB 代码文件。继续执行代码文件，直到遇到另一个断点、满足暂停条件、发生错误或执行成功完成为止。如果要编辑调试生成的文件，最好先退出调试模式；否则，可能会产生意外结果。

3. 示例

使用 keyboard 函数暂停执行程序，并在继续之前修改变量。

创建文件 buggy.m，其中包含以下语句。

```
function z = buggy(x)
n = length(x);
keyboard
z = (1:n)./x;
```

输入 buggy(5)，代码如下。运行 buggy.m，MATLAB 将在第 3 行（keyboard 函数所在的位置）暂停。

```
>>buggy(5)
```

将变量 x 乘以 2 并继续运行程序，代码如下。MATLAB 将使用新的 x 值执行程序的其余部分。

```
>> buggy(5)
K>> x = x * 2

x =

    10
```

12.3 暂停执行

函数 pause 用于暂停执行程序（代码）。

1. 函数使用说明

（1）pause：暂时停止执行程序并等待用户按下任意键。pause 函数还会暂时停止执行 Simulink 模型，但不会暂停其重绘。

注意　如果编程者以前禁用了暂停设置，可使用 pause('on')重新启用它，此调用才能生效。

（2）pause(n)：暂停执行 *n* 秒，然后继续执行。必须启用暂停，此调用才能生效。

（3）pause(state)：启用、禁用或显示当前暂停设置。

（4）oldState=pause(state)：返回当前暂停设置并如 state 所示设置暂停状态。例如，如果已启用暂停功能，oldState=pause('off')表示会在 oldState 中返回'on'并禁用暂停。

2. 输入参数

（1）n：暂停执行的时间（以秒为单位），指定为非负实数。

输入 pause(inf)将使编程者进入无限循环。要返回至 MATLAB 提示符，需按 Ctrl+C 键。

示例：pause(3)表示暂停执行 3 秒，pause(5/1000)表示暂停执行 5 毫秒。

数据类型：single | double | int8 | int16 | int32 | int64 | uint8 | uint16 | uint32 | uint64。

（2）state：暂停控制指示符，指定为'on'、'off'或'query'。使用'on'或'off'控制 pause 函数是否能够暂停执行程序。使用'query'查询暂停设置的当前状态。

要运行交互式无人值守的代码，需禁用暂停设置。

3. 其他

（1）pause 函数的准确度取决于用户操作系统的调度精度，以及其他并发系统活动。不保证准确度，更精细的精度会造成更大的相对误差。

（2）当 MATLAB 暂停时，以下操作继续执行。

① 图窗窗口、Simulink 框图和 Java 窗口的重绘；

② 图窗窗口中的回调；

③ Java 窗口中的事件处理操作。

4. 示例

（1）暂停执行。

暂停执行 5 秒，代码如下。MATLAB 在暂停执行时会阻止或隐藏命令提示符（>>）。

```
n = 5;
pause(n)
```

（2）禁用暂停设置。

禁用暂停设置并查询当前状态，代码如下。

```
pause('off')
pause('query')
ans = 'off'
```

暂停执行 100 秒，代码如下。由于暂停设置为 off（关闭），MATLAB 会忽略暂停执行的请求，并立即返回命令提示符。

```
pause(100)
```

启用暂停设置，代码如下。

```
pause('on')
```

（3）保存并还原暂停状态。

存储当前暂停设置，然后禁用暂停执行功能，代码如下。

```
oldState = pause('off') % 以下为输出结果

oldState = 'on'
```

查询当前暂停设置，代码如下。

```
pause('query') % 以下为输出结果

ans = 'off'
```

恢复初始的暂停状态，代码如下。

```
pause(oldState)

pause('query') % 以下为输出结果

ans = 'on'
```

编程者也可以存储暂停状态的查询值，然后禁用暂停执行功能，代码如下。

```
oldState = pause('query');

pause('off')
```

再恢复初始的暂停状态，代码如下。

```
pause(oldState)
```

12.4　阻止程序执行并等待恢复

函数 uiwait 用于阻止程序执行并等待恢复。

1. 函数使用说明

（1）uiwait：阻止程序执行，直至调用了 uiresume 函数或删除了当前图窗（gcf）。

使用 uiwait 函数阻止 MATLAB 和 Simulink 程序执行，还阻止 Simulink 模型的执行。

（2）uiwait(f)：阻止程序执行，直至调用了 uiresume 函数或删除了图窗 f。该图窗可以是使用 figure 或 uifigure 函数创建的。

使用 uiwait 函数和模态对话框可阻止程序执行并限制用户交互仅在对话框中进行，直到用户对它做出响应。

（3）uiwait(f,timeout)：阻止程序执行，直至调用了 uiresume、删除了图窗或经过了 timeout 秒。

2. 输入参数

（1）f：图窗对象，指定为使用 figure 或 uifigure 函数创建的图窗对象。

（2）timeout：超时持续时间，指定为以秒为单位的数值，该数值大于或等于 1。

3. 模态对话框

模态对话框阻止用户在响应该对话框之前与其他 MATLAB 窗口进行交互。

4. 示例

（1）等待对警报对话框的响应。

创建一个警报对话框并等待用户响应它，然后允许程序继续执行，代码如下。

在 UI 图窗中创建一个线图，并显示警报对话框。为对话框指定一个 CloseFcn 回调，该对话框在用户响应它时调用 uiresume 函数。等待用户在对话框中单击“确定”按钮或将其关闭。当程序继续执行时，在命令行窗口中显示一条消息。

```
fig = uifigure;
fig.Position(3:4) = [300 350];
ax = uiaxes(fig);
plot(ax,1:10)
uialert(fig,'A line was created.', ...
    'Program Information','Icon','info','CloseFcn','uiresume(fig)')
uiwait(fig)
disp('Program execution resumed')
```

运行结果如图 12-1 所示。

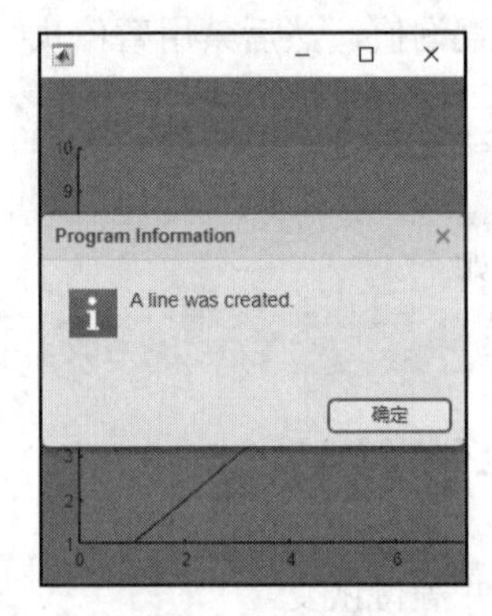

图 12-1　等待对警报对话框的响应

（2）等待对模态消息对话框的响应。

阻止程序继续执行，直到用户响应模态消息对话框，代码如下。

在图窗中创建一个线图并显示模态消息对话框。当用户单击“确定”按钮或关闭对话框时，等待对话框被关闭。当程序继续执行时，在命令行窗口中显示一条消息。

```
f = figure('Position',[300 300 220 200],'menubar','none', ...
    'name','等待','numbertitle','off','resize','on');
plot(1:5)
CreateStruct.Interpreter = 'tex';
CreateStruct.WindowStyle = 'modal';
h=msgbox('Got it!','Success',CreateStruct);
```

```
h1 = findobj(h, 'Type', 'text'); % 寻找句柄，改变属性
set(h1, 'FontSize', 20, 'Unit', 'normal'); % 改变对话框字体大小
uiwait(h)
disp('Program execution resumed.');
```

运行结果如图 12-2 所示。

图 12-2　等待对模态消息对话框的响应

（3）等待按钮按下。

创建一个具有回调的普通按钮，当单击该普通按钮时会调用 uiresume 函数。等待用户单击“Continue”按钮或关闭图窗。然后命令行窗口显示一条消息。代码如下。

```
f = figure;
f.Position(3:4) = [300 120];
c = uicontrol('String','Continue',...
   'Callback','uiresume(f)','FontSize',12);
c.Position(1:3) = [90 60 120];
uiwait(f)
disp('Program execution has resumed');
```

运行结果如图 12-3 所示。

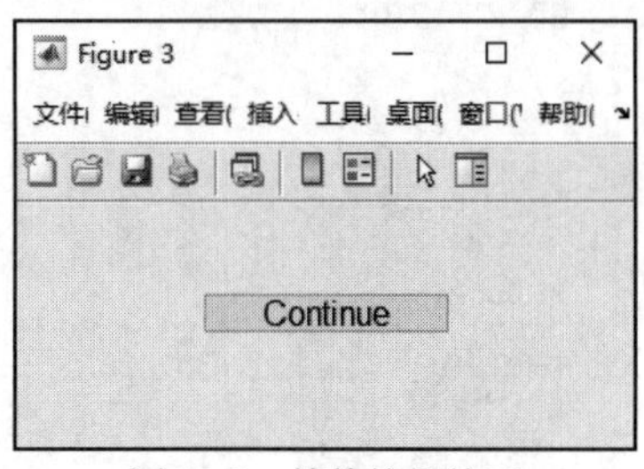

图 12-3　等待按钮按下

（4）等待超时。

创建一个在经过指定时间后会关闭的图窗，代码如下。

在 UI 图窗中创建一个线图。超时 5 秒执行下一步代码，然后，在 try 模块内调用 close 函数来关闭图窗。如果图窗已关闭，catch 模块将阻止错误图窗句柄无效显示，并允许代码继续正常执行。

```
f = figure;
f.Position(3:4) = [300 350];
```

```
ax = uiaxes(f);
plot(ax,1:5);
uiwait(f,5)
try
   close(f)
catch
end
```

12.5 恢复执行已暂停的程序

函数 uiresume 用于恢复执行已暂停的程序。

1. 函数使用说明

uiresume(h)：恢复执行 uiwait 已暂停的程序。

提示 uiwait 和 uiresume 函数用于暂停和恢复 MATLAB 程序执行。创建对话框时，应具有一个对象，该对象能够调用 uiresume 的回调或销毁对话框的回调。这是在 uiwait 函数阻止执行后恢复程序执行的唯一方法。当与模态对话框配合使用时，uiresume 可以在显示对话框时恢复执行 uiwait 已暂停的程序。

2. 示例

以下示例代码用于创建一个包含一个普通按钮的窗口。uiwait 函数会阻止程序执行，直至用户单击普通按钮为止。

```
f = figure;
f.Position = [100 100 300 200];
h = uicontrol('Position',[60 45 200 40], ...
   'String','Continue',...
   'Callback','uiresume(gcbf)','FontSize',12);
stx1 = uicontrol('Style','text',...
'String','This will print immediately',...
'Position',[60 100 200 20],'FontSize',12);
uiwait(gcf);
% CreateStruct.Interpreter = 'tex'; % 将解释器设为tex
% CreateStruct.WindowStyle = 'modal'; % 设为模式对话框
h1=msgbox('This will print after you click Continue',CreateStruct);
% h2 = findobj(h1, 'Type', 'Figure') ;% 寻找msgbox图形句柄，改变属性
% h3=set(h2, 'position', [100 100 210 60] ,'Unit', 'normal');% 改变对话框位置
% h4 = findobj(h2, 'Type', 'text'); % 寻找句柄，改变属性
```

```
% set(h4, 'FontSize', 12,'Unit', 'normal'); % 改变对话框字体大小
% h5=findobj(h1, 'Type', 'UIControl') ;% 寻找 msgbox 中按钮句柄，改变属性
% h6=set(h5, 'position', [80 9 40 17] ,'Unit', 'normal'); % 改变 msgbox 中按钮位置
% set(h5, 'FontSize', 12,'Unit', 'normal'); % 改变 msgbox 中按钮字体大小
```

运行结果如图 12-4 和图 12-5 所示。

代码中加注释符的部分表示获取 msgbox 的句柄，修改 msgbox 对话框大小、消息提示字体大小、按钮位置及按钮字体大小，运行结果如图 12-6 所示。

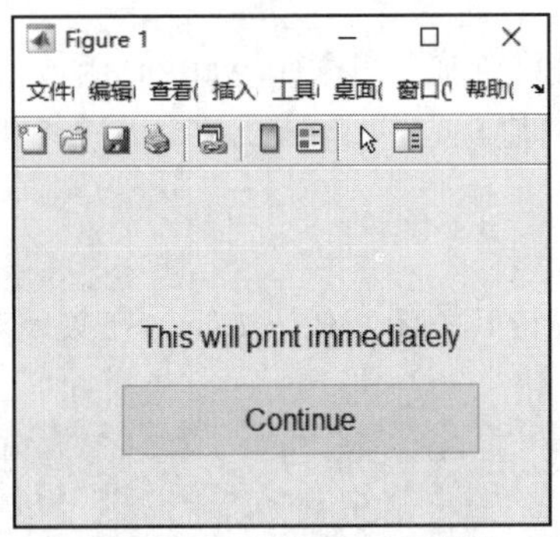

图 12-4　运行代码程序初始化

图 12-5　单击“Continue”按钮触发回调

图 12-6　运行结果

12.6　阻止执行并等待条件

函数 waitfor 用于阻止执行并等待条件。

1．函数使用说明

（1）waitfor(obj)：可阻止语句的执行，直到指定的对象被关闭（被删除）。当该对象不再存在时，waitfor 将返回并恢复语句的执行。如果该对象不存在，waitfor 将立即返回。

（2）waitfor(obj,propname)：可指定对象的属性名称并阻止语句的执行，直到该属性值更改或该对象被关闭。例如，waitfor(mytable,'Data')表示会暂停语句执行，直到 mytable 的'Data'值更改。如果指定的属性名称无效，则执行仍会被阻止。

（3）waitfor(obj,propname,propvalue)：可指定属性更改为何值时才恢复执行。如果指定的属性已等于 propvalue，则 waitfor 会立即返回并恢复执行。

2．输入参数

（1）obj：对象，例如 Axes、Text、Panel、ButtonGroup、Table 或 uicontrol 对象。该对象可以是用 figure 或 uifigure 函数创建的图窗对象的子对象，也可以是图窗对象中容器的子对象。

（2）propname：属性名称，指定为字符向量或字符串标量。使用此参数指定 obj 的一个特定属性，须在此属性的值更改之后才能恢复执行。

（3）propvalue：属性值，指定为与 propname 属性关联的有效属性值。使用此参数可指定属

性必须更改为哪个具体值后才恢复执行。

3. 其他

（1）如果在 waitfor 执行过程中关闭图窗，将会发生错误，因为代码尝试访问不存在的对象。编程者可以通过在 try/catch 块中包含 waitfor 来处理错误。

（2）通常，在使用了 waitfor 来阻止程序或 Simulink 模型继续执行的情况下，回调仍可以运行。例如，即使已调用 waitfor，用于响应用户操作的回调（如按下鼠标左键）仍可以运行。

（3）waitfor 也可用于阻止嵌套函数调用。例如，在 waitfor 函数正运行时执行的回调也可调用 waitfor。

（4）如果对象的某个回调函数当前正在执行 waitfor 函数，则可以中断该回调，而不管该对象的 Interruptible 属性值设置为何值。

4. 示例

（1）等待警告对话框关闭。

创建一个警告对话框，并等待其关闭，代码如下。在关闭对话框之前，waitfor 后的代码不会执行。

```
mydlg = warndlg('This is a warning.', 'A Warning Dialog');
waitfor(mydlg);
disp('This prints after you close the warning dialog.');
```

运行结果如图 12-7 所示。

图 12-7　等待警告对话框关闭

（2）等待属性值更改。

在将数据添加到表之前，等待用户选中复选框。复选框的 Value 属性在未选中时为 0，在选中时为 1，代码如下。

```
t = uitable;
c = uicontrol('Style','checkbox','String','Add data');
c.Position = [320 100 80 20];
waitfor(c,'Value');
t.Data = magic(5);
```

（3）等待属性更改为特定值。

当用户停止编辑文本编辑字段并单击图窗中的其他位置时，更改文本编辑字段的背景颜色。当文本编辑字段失去焦点时，Editing 属性从'on'更改为'off'，代码如下。

```
txt = text(.5,.5,'Edit text and click');
txt.Editing = 'on';
```

```
txt.BackgroundColor = [1 1 1];
waitfor(txt,'Editing','off');
txt.BackgroundColor = [1 1 0];
```

12.7　等待单击或按键

函数 waitforbuttonpress 用于等待单击或按键。

1. 函数使用说明

w=waitforbuttonpress：用于阻止语句执行，直到用户单击了鼠标左键或在当前图窗中按下某个键。

返回参数 w 具有值：0（如果检测到单击）、1（如果检测到按键动作）。

当单独按下或作为组合键按下以下任何键时，waitforbuttonpress 函数不返回值：Ctrl、Shift、Alt、Caps Lock、Num Lock 或 Scroll Lock。

2. 其他

（1）要确定按下的最后一个键、鼠标选择类型或当前图窗中鼠标指针的位置，需分别查询 Figure 中的 CurrentCharacter、SelectionType 和 CurrentPoint 等属性。

（2）使用 waitforbuttonpress 时要注意的一些重要内容如下。

① 如果为图窗定义了 WindowButtonDownFcn，则它在 waitforbuttonpress 返回值之前执行。

② 除非编程者的代码是调用 try/catch 块中的 waitforbuttonpress 函数，否则当用户通过单击关闭按钮来关闭图窗时，waitforbuttonpress 函数会出错。

3. 示例

创建一个图窗并调用 waitforbuttonpress 函数，然后创建坐标区，应注意此时运行代码，坐标区不会出现，代码如下。

```
figure;
w = waitforbuttonpress;
axes;
```

单击图窗。现在，waitforbuttonpress 返回，执行继续，坐标区显示。

12.8　默认图窗关闭请求函数

函数 closereq 是默认图窗关闭请求函数。详细信息可查阅 CloseRequestFcn 函数。

第 13 章　App 数据和预设函数

App 数据和预设函数包含 7 个函数，分别用于检索应用程序定义的数据、存储应用程序定义的数据、判断应用程序定义的数据存在性、删除应用程序定义的数据、存储或检索 UI 数据、创建包含图窗的所有子对象的结构体、管理 uigetpref 中使用的预设等，主要的 App 数据和预设函数见表 13-1。

表 13-1　主要的 App 数据和预设函数

序号	函数名	说明
1	getappdata	检索应用程序定义的数据
2	setappdata	存储应用程序定义的数据
3	isappdata	判断应用程序定义的数据存在性
4	rmappdata	删除应用程序定义的数据
5	guidata	存储或检索 UI 数据
6	guihandles	创建包含图窗的所有子对象的结构体
7	uisetpref	管理 uigetpref 中使用的预设

13.1　检索应用程序数据

函数 getappdata 用于检索应用程序数据。

1. 函数使用说明

采用此函数可检索使用 setappdata 函数存储的数据。这两个函数都提供一种在回调间或独立的 UI 间共享数据的便捷方式。

（1）val=getappdata(obj,name)：返回一个存储在图形对象 obj 中的值。名称标识符 name 可唯一标识要检索的值。

（2）vals=getappdata(obj)：返回存储在图形对象中的所有值及这些值的名称标识符。

2. 输入参数

（1）obj：包含值的图形对象，指定为任何图形对象。这是在存储操作期间传递到 setappdata 的同一图形对象。

（2）name：名称标识符，指定为字符向量或字符串标量。这是在存储操作期间传递到 setappdata 的同一名称标识符。

3. 输出参数

（1）val：存储的值，以最初存储的同一值和数据类型返回。

（2）vals：存储在图形对象中的具有名称标识符的所有值，以结构体形式返回。结构体中的每个字段对应于一个存储的值。结构体的字段名称对应于存储每个值时分配的名称标识符。

4. 示例：存储和检索日期和时间

创建一个图窗窗口，代码如下。

```
f= figure;
```

以单独变量形式获取当前日期和时间，代码如下。

```
dt = fix(clock);

currdate = dt(1:3);

currtime = dt(4:6);
```

使用 setappdata 函数存储 currdate 和 currtime，代码如下。

```
setappdata(f,'todaysdate',currdate);

setappdata(f,'presenttime',currtime);
```

检索日期信息，代码如下。

```
>> getappdata(f,'todaysdate') % 以下为输出结果

ans =

   2021  10   25
```

检索与图窗 f 关联的所有数据，代码如下。

```
>> getappdata(f) % 以下为输出结果

ans =

          todaysdate: [2021 10 25]

         presenttime: [15 25 21]

   包含以下字段的 struct:

   IsDebugFigureDirty: 1
```

13.2 存储应用程序数据

函数 setappdata 用于存储应用程序数据。

1. 函数使用说明

使用此函数将数据存储在 UI 中。编程者可以使用 getappdata 函数在代码的其他位置检索数据。这两个函数都提供一种在回调间或独立的 UI 间共享数据的便捷方式。

setappdata(obj,name,val)：存储 val 的内容。图形对象 obj 和名称标识符 name 唯一标识数据以供后续检索。

2. 输入参数

（1）obj：要存储值的图形对象，指定为任何图形对象。图形对象必须可以从编程者计划存储和检索数据的函数内进行访问。

（2）name：名称标识符，指定为字符向量或字符串标量。选择一个易记的唯一名称标识

符，方便在检索数据时轻松地记起。

示例：setappdata(h,'mydata',5)表示使用名称'mydata'存储值 5。

（3）val：要存储的值，指定为任意 MATLAB 数据类型。

3．示例：存储和检索日期信息

创建一个图窗窗口，然后使用 date 函数获取当前时间，代码如下。

```
f = figure;

val = date % 以下为输出结果

val =

    '25-Oct-2021'
```

使用 setappdata 函数存储 val 内容，代码如下。在这种情况下，会使用名称标识符'todaysdate'将 val 存储在图窗对象中。

```
setappdata(f,'todaysdate',val);
```

检索并显示数据，代码如下。

```
getappdata(f,'todaysdate') % 以下为输出结果

ans =

    '25-Oct-2021'
```

13.3 判断应用程序数据存在性

函数 isappdata 用于判断应用程序数据存在性，若存在，则为 true。

tf=isappdata(h,name)：如果应用程序定义的数据存在且满足应用程序数据具有指定的 name 值、应用程序数据与对象 h 关联两个条件，则 tf=isappdata(h,name)返回 logical(1)，否则，返回 logical(0)。

13.4 删除应用程序数据

函数 rmappdata 用于删除应用程序数据。

使用语句 rmappdata(h,name)可以删除应用程序数据 name 与对象 h 的关联。

13.5 存储或检索 UI 数据

函数 guidata 用于存储或检索 UI 数据。

1．函数使用说明

（1）guidata(obj,data)：如果 obj 是图窗，则 guidata(obj,data)表示将指定的数据存储在其应用程序数据中；如果它是另一个对象，则将指定的数据存储在 obj 的父容器的应用程序数据中。

（2）data=guidata(obj)：返回之前存储的数据，如果未存储任何内容，则返回空矩阵。

2. 输入参数

（1）obj：指定图形对象，如 Figure、Axes、Illustration 或 UI 组件。使用此参数指定存储 data 的图窗。如果指定的对象不是图窗，则该对象的父容器将用于存储 data。

（2）data：要存储在图窗中的数据，指定为任何 MATLAB 数据。通常，data 指定为结构体，以便编程者根据需要添加新字段。例如，创建具有名为 Category 的字段的数据结构体，将来自字段的数据存储在该结构体中，并在命令行窗口中显示存储的数据，代码如下。

```
data.Category='ProjectedGrowth';
guidata(gcf,data);
data=guidata(gcf)
```

3. 其他

guidata 管理数据的方式：无论何时，guidata 都只能管理每个父容器中的一个变量。对 guidata(obj,data)的后续调用会覆盖之前存储的数据。可通过创建具有多个字段的结构体来存储更多数据。

4. 示例：在编程 UI 中存储数据

创建一个编程 UI，当编程者单击它时，它会存储和检索计数器数据。

创建一个名为 figure_guidata 的程序文件，在该程序文件中进行以下操作。

（1）创建一个图窗。

（2）创建一个结构体，将其中一个字段值初始化为零。

（3）将数据存储在该图窗中。

（4）定义一个回调函数，使用回调函数从图窗中检索数据、更改数据，并在图窗中再次存储新数据。

代码如下。

```
f = figure;
data.numberOfClicks = 0;
guidata(f,data)
f.ButtonDownFcn = @My_Callback;
function My_Callback(src,event)
data = guidata(src);
data.numberOfClicks = data.numberOfClicks + 1;
guidata(src,data)
data
end
```

在命令行窗口输入 figure_guidata 并按回车键，在图窗内单击：

```
>> figure_guidata
data =
包含以下字段的 struct:
    numberOfClicks: 1
```

13.6　创建包含图窗的所有子对象的结构体

函数 guihandles 用于创建包含图窗的所有子对象的结构体。

（1）handles=guihandles(object_handle)：返回包含图窗的所有子对象的结构体。object_handle 参数可以是图窗对象或图窗的任何子对象。结构体中的字段名称与图窗中放置的对象或图形对象的 Tag 属性的值匹配。

handles 结构体通常为每个子对象包含一个字段，但也有一些例外，如下。

① 具有空 Tag 属性的对象不会列出。

② 具有隐藏句柄的对象会列出。

③ 如果多个对象具有相同的 Tag 属性，则结构体中的该字段包含一个对象向量。

（2）handles=guihandles：返回包含当前图窗的所有子对象的结构体。

13.7　管理 uigetpref 中使用的预设

函数 uisetpref 用于管理 uigetpref 中使用的预设。

p = uisetpref('clearall')：将通过 uigetpref 注册的所有预设的值重置为'ask'，然后返回更新后的预设项，这样在调用 uigetpref 时显示该对话框。

注意　使用 setpref 将特定预设的值设置为'ask'。